园林工程规划设计必读书系

园林工程材料识别应用从入门到精通

YUANLIN GONGCHENG CAILIAO SHIBIE YINGYONG
CONG RUMEN DAO JINGTONG

宁荣荣　李娜　主编

U0301470

化学工业出版社

·北京·

本书的内容主要包括园林工程基本建筑材料（石材、木材、混凝土与砂浆、水泥、砖与砌块、金属材料、胶凝材料、防水材料、建筑玻璃与陶瓷、建筑涂料与塑料）的识别与应用、园林建筑工程材料的识别与应用、园林假山与石景工程材料识别与应用、园林水景工程材料的识别与应用、园林给排水工程与喷灌工程材料的识别与应用、园路工程材料的识别与应用、园林供电工程材料的识别与应用、园林绿化工程材料的识别与应用。

本书可作为园林工程设计与施工人员的参考用书，也可供园林管理者以及其他相关人员使用，还可作为高等学校相关类专业师生的参考用书。

图书在版编目（CIP）数据

园林工程材料识别应用从入门到精通/宁荣荣，李娜主编．—北京：化学工业出版社，2016.11（2021.2 重印）

（园林工程规划设计必读书系）

ISBN 978-7-122-27511-0

Ⅰ.①园… Ⅱ.①宁…②李… Ⅲ.①园林建筑-建筑材料 Ⅳ.①TU986.3

中国版本图书馆 CIP 数据核字（2016）第 149797 号

责任编辑：董 琳　　　　　　　　文字编辑：向 东
责任校对：边 涛　　　　　　　　装帧设计：王晓宇

出版发行：化学工业出版社（北京市东城区青年湖南街 13 号　邮政编码 100011）
印　　装：北京盛通商印快线网络科技有限公司
787mm×1092mm　1/16　印张 13½　字数 330 千字　2021 年 2 月北京第 1 版第 8 次印刷

购书咨询：010-64518888　　　　　售后服务：010-64518899
网　　址：http://www.cip.com.cn
凡购买本书，如有缺损质量问题，本社销售中心负责调换。

定　　价：48.00 元　　　　　　　　　　　　　版权所有　违者必究

编写人员

主　　编　　宁荣荣　李　娜

副 主 编　　陈远吉　陈文娟

编写人员　　宁荣荣　李　娜　陈远吉　陈文娟

　　　　　　闫丽华　杨　璐　黄　冬　刘芝娟

　　　　　　孙雪英　吴燕茹　张晓雯　薛　晴

　　　　　　严芳芳　张立菡　张　野　杨金德

　　　　　　赵雅雯　朱凤杰　朱静敏　黄晓蕊

前　言
Foreword

园林，作为我们文明的一面镜子，最能反映当前社会的环境需求和精神文化的需求，是反映社会意识形态的空间艺术，也是城市发展的重要基础，更是现代城市进步的重要标志。随着社会的发展，在经济腾飞的当前，人们对生存环境建设的要求越来越高，园林事业的发展呈现出时代的、健康的、与自然和谐共存的趋势。

在园林建设百花争艳的今天，需要一大批懂技术、懂设计的园林专业人才，以充实园林建设队伍的技术和管理水平，更好地满足城市建设以及高质量地完成园林项目的各项任务。因此，我们组织一批长期从事园林工作的专家学者，并走访了大量的园林施工现场以及相关的园林规划设计单位和园林施工单位，编写了这套丛书。

本套丛书文字简练规范，图文并茂，通俗易懂，具有实用性、实践性、先进性及可操作性，体现了园林工程的新知识、新工艺、新技能，在内容编排上具有较强的时效性与针对性。突出了园林工程职业岗位特色，适应园林工程职业岗位要求。

本套丛书依据园林行业对人才知识、能力、素质的要求，注重全面发展，以常规技术为基础，关键技术为重点，先进技术为导向，理论知识以"必需"、"够用"、"管用"为度，坚持职业能力培养为主线，体现与时俱进的原则。具体来讲，本套丛书具有以下几个特点。

（1）突出实用性。注重对基础理论的应用与实践能力的培养，通过精选一些典型的实例，进行较详细的分析，以便读者接受和掌握。

（2）内容实用、针对性强。充分考虑园林工程的特点，针对职业岗位的设置和业务要求编写，在内容上不贪大求全，但求实用。

（3）注重行业的领先性。注重多学科的交叉与整合，使丛书内容充实新颖。

（4）强调可读性。重点、难点突出，语言生动简练，通俗易懂，既利于学习又利于读者兴趣的提高。

本套丛书在编写时参考或引用了部分单位、专家学者的资料，得到了许多业内人士的大力支持，在此表示衷心的感谢。限于编者水平有限和时间紧迫，书中疏漏及不当之处在所难免，敬请广大读者批评指正。

丛书编委会
2016 年 8 月

目 录
Contents

第一章

园林工程基本建筑材料的识别与应用

第一节 园林工程基本建筑材料分类及基本性能

园林工程基本建筑材料是指构成园林建筑物或构筑物的基础、梁、板、柱、墙体、屋面、地面以及室内外景观装饰工程所用的材料。

一、园林工程基本材料分类

园林景观材料设施按装饰部位分有地面装饰材料、墙面装饰材料、水景装饰材料、小品设施、照明设施等。按材质分有石材、木材、塑料、金属、玻璃、陶瓷等。市场上常见的园林建筑材料品种分类见表1-1。

表1-1 常见的园林建筑材料品种分类

类别	材料产品
木材	防腐木、塑木、竹木等
石材	花岗石、大理石、砂岩、卵石、板岩、文化石、人造石等
金属材料	铁艺大门、铁艺围墙、铁艺桌椅、铁艺雕塑等
涂料	清油、清漆、防锈漆、真石漆等
胶凝材料	水泥、大理石胶、白乳胶、玻璃胶等
铺地砖	广场砖、荷兰砖、舒布洛克砖、建菱砖、劈裂砖、植草砖、青砖、花盆砖等
其他铺底材料	塑胶地坪、人工草坪、塑胶地垫、压印混凝土、沥青、植草格等
健身、游乐设施	健身器材、游乐设施等
装饰性小品	艺术雕塑、塑石假山、花钵饰瓶等
服务性小品	护栏围墙、垃圾箱等
休憩性小品	亭台廊桥、休憩桌椅、遮阳伞罩等
展示性小品	指示牌、布告栏、警示标等
种植设施	园艺绿化箱、护树板箅子、温室覆膜、滴喷灌溉设施等
照明设施	庭院灯、道路灯、草坪灯、景观灯、墙头灯、地灯、壁灯等
防水材料	合成高分子防水卷材、防水涂料等
水景设施	抽水机泵、喷雾喷头、喷泉喷头、水下灯、控制器等

二、建筑材料的基本性能

由于不同的建筑材料所处环境及建（构）筑物部位的不同，在使用中对材料的技术性能要求也就不同，如结构材料应具有一定的力学性能；屋面材料应具有一定的防水、保温、隔热等性能；地面材料应具有较高的强度、耐磨、防滑等性能；墙体材料应具有一定的强度、保温、隔热等性能。掌握建筑材料的基本性能是正确选择与合理使用建筑材料的基础。

（一）物理性质

1. 密度

材料在绝对密实状态下，单位体积的质量称为密度。具体公式如下：

$$\rho = m/V$$

式中　ρ——材料的密度，g/cm^3；

　　　m——材料在干燥状态下的质量，g；

　　　V——材料在绝对密实状态下的体积，cm^3。

绝对密实状态下的体积是指不包括孔隙在内的体积。除了钢材、玻璃等少数接近于绝对密实的材料外，绝大多数材料都有一些孔隙，如砖、石材等块状材料。在测定有孔隙的材料密度时，应把材料磨成细粉以排除其内部孔隙，经干燥至恒重后，用密度瓶（李氏瓶）测定其实际体积，该体积即可视为材料绝对密实状态下的体积。材料磨得愈细，测定的密度值愈精确。

2. 表观密度

表观密度也称为体积密度。表观密度是指材料在自然状态下单位体积的质量。具体公式如下：

$$\rho_0 = m/V_0$$

式中　ρ_0——材料的体积密度，kg/m^3；

　　　m——材料的质量，kg；

　　　V_0——材料在自然状态下的体积，m^3。

整体多孔材料在自然状态下的体积是指材料的固体物质部分体积与材料内部所含全部孔隙体积之和。对于外形规则的材料，其体积密度的测定只需测定其外形尺寸；对于外形不规则的材料，要采用排开液体法测定，但在测定前，材料表面应用薄蜡密封，以防液体进入材料内部孔隙而影响测定值。

通常所指的体积密度，是指干燥状态下的体积密度。一定质量的材料，孔隙越多，则体积密度值越小；材料体积密度大小还与材料含水多少有关，含水越多，其值越大。

3. 堆密度

散粒状（粉状、粒状、纤维状）材料在自然堆积状态下，单位体积的质量称为堆积密度。具体公式如下：

$$\rho_0' = m/V_0'$$

式中　ρ_0'——材料的堆积密度，kg/m^3；

　　　m——散粒材料的质量，kg；

　　　V_0'——散粒材料在自然堆积状态下的体积，又称堆积体积，m^3。

在建筑工程中，计算材料的用量、构件的自重、配料，确定材料堆放空间，以及材料运输车辆时，都需要用到材料的密度。

4. 孔隙率

孔隙率是指材料内部孔隙体积占自然状态下总体积的百分率，具体公式如下：

$$P = \frac{V_0 - V}{V_0} \times 100\%$$

孔隙按构造可分为开口孔隙和封闭孔隙两种；按尺寸的大小又可分为微孔、细孔和大孔三种。材料孔隙率、孔隙特征会对材料的性质产生一定影响，如材料的孔隙率较大，且连通孔较少，则材料的吸水性较小，强度较高，抗冻性和抗渗性较好，导热性较差，保温隔热性较好。孔隙率一般是通过试验确定的材料密度和体积密度求得的。

常用建筑材料的密度、表观密度、堆积密度和孔隙率见表 1-2。

表 1-2　常用建筑材料的密度、表观密度、堆积密度和孔隙率

材料	密度/(g/cm³)	表观密度/(kg/m³)	堆积密度/(kg/m³)	孔隙率/%
石灰岩	2.4～2.6	1800～2600	1400～1700(碎石)	—
花岗岩	2.7～3.2	2500～2900	—	0.5～3.0
砂	2.5～2.6	—	1500～1700	—
烧结普通砖	2.6～2.7	1600～1900	—	20～40
烧结空心砖	2.5～2.7	1000～1480	—	—

5. 空隙率

空隙率是指散粒材料（如砂、石等）颗粒之间的空隙体积占材料堆积体积的百分率。具体公式如下：

$$P' = \frac{V_a}{V_0} \times 100\% = \frac{V_0' - V_0}{V_0'} \times 100\% = \left(1 - \frac{\rho_0'}{\rho_0}\right) \times 100\%$$

式中　ρ_0——颗粒状材料的表观密度，kg/m³；

ρ_0'——颗粒状材料的堆积密度，kg/m³。

散粒材料的空隙率与填充率也是相互关联的两个性质，空隙率大小可直接反映散粒材料的颗粒之间相互填充的程度。散粒状材料，空隙率越大，则填充率越大，在配制混凝土时，砂、石的空隙率是作为控制集料级配与计算混凝土砂率的重要依据。

6. 密实度

密实度是指材料内部固体物质填充的程度，具体公式如下：

$$D = V/V_0$$

材料的密实度与孔隙率是相互关联的性质，材料孔隙率的大小可直接反映材料的密实程度，孔隙率越大，则密实度越小。

7. 亲水性与憎水性

材料与水接触时，根据材料能否被水润湿，可将其分为亲水性和憎水性两类。亲水性是指材料表面能被水润湿的性质；憎水性是指材料表面不能被水润湿的性质。

当材料与水在空气中接触时，将出现两种情况，如图 1-1 所示。在材料、水、空气三相交点处，沿水滴的表面作切线，切线与水和材料接触面所成的夹角称为润湿角（用 θ 表示）。θ 越小，表明材料越易被水润湿。一般认为，当 $\theta \leqslant 90°$ 时，材料表面吸附水分，能被水润湿，材料表现出亲水性；当 $\theta \geqslant 90°$ 时，则材料表面不易吸附水分，不能被水润湿，材料表现出憎水性。

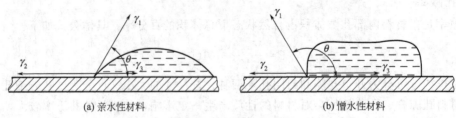

(a) 亲水性材料　　　　　　　　(b) 憎水性材料

图 1-1　材料的湿润示意

8. 吸水性

吸水性是指材料在水中吸收水分的性质。吸水性的大小用吸水率表示，吸水率有两种表示方法，为质量吸水率和体积吸水率。

（1）质量吸水率。材料在吸水饱和时，所吸收水分的质量占材料干质量的百分率。用公式表示如下：

$$w_m = \frac{m_湿 - m_干}{m_干} \times 100$$

式中　　w_m——材料的质量吸水率，%；

　　　　$m_湿$——材料在饱和水状态下的质量，g；

　　　　$m_干$——材料在干燥状态下的质量，g。

（2）体积吸水率。材料在吸水饱和时，所吸收水分的体积占干燥材料总体积的百分率。用公式表示如下：

$$w_V = \frac{(m_湿 - m_干)/\rho_水}{V_0} \times 100$$

式中　　w_V——材料的体积吸水率，%；

　　　　V_0——干燥材料的总体积，cm^3；

　　　　$\rho_水$——水的密度，g/cm^3。

材料吸水率的大小，不仅与材料的亲水性或憎水性有关，而且与材料的孔隙率和孔隙特征有关。材料所吸收的水分是通过开口孔隙吸入的。一般而言，孔隙率越大，开口孔隙越多，则材料的吸水率越大；但如果开口孔隙粗大，则不易存留水分，即使孔隙率较大，材料的吸水率也较小；另外，封闭孔隙水分不能进入，吸水率也较小。常用的建筑材料，其吸水率一般采用质量吸水率表示。对于某些轻质材料，如加气混凝土、木材等，由于其质量吸水率往往超过 100%，一般采用体积吸水率表示。

9. 吸湿性

吸湿性是指材料在潮湿空气中吸收水分的性质。吸湿性的大小用含水率表示，具体公式如下：

$$w_含 = \frac{m_含 - m_干}{m_干} \times 100$$

式中　　$w_含$——材料的含水率，%；

　　　　$m_含$——材料在吸湿状态下的质量，g；

　　　　$m_干$——材料在干燥状态下的质量，g。

材料的含水率随空气的温度、湿度变化而改变。材料既能在空气中吸收水分，也能向外界释放水分，当材料中的水分与空气的湿度达到平衡时，此时的含水率就称为平衡含水率。

材料的含水率多指平衡含水率。当材料内部孔隙吸水达到饱和时，材料的含水率等于吸水率。材料吸水后，会导致自重增加、保温隔热性能降低、强度和耐久性产生不同程度的下降。材料含水率的变化会引起体积的变化，影响使用。

10. 耐水性

材料长期在饱和水作用下不破坏，强度也不显著降低的性质称为耐水性。材料耐水性用软化系数表示，用公式表示如下：

$$K_{软} = f_{饱} / f_{干}$$

式中　$K_{软}$——材料的软化系数；

$f_{饱}$——材料在饱和水状态下的抗压强度，MPa；

$f_{干}$——材料在干燥状态下的抗压强度，MPa。

软化系数的大小反映材料在浸水饱和后强度降低的程度。材料被水浸湿后，强度一般会有所下降，因此软化系数在 0～1 之间。软化系数越小，说明材料吸水饱和后的强度降低越多，其耐水性越差。工程中将 $K_{软} > 0.85$ 的材料称为耐水性材料。对于经常位于水中或潮湿环境中的重要结构的材料，必须选用 $K_{软} > 0.85$ 的耐水性材料；对于用于受潮较轻或次要结构的材料，其软化系数不宜小于 0.75。

11. 抗渗性

抗渗性是指材料抵抗压力水渗透的性质。材料的抗渗性通常采用渗透系数表示。渗透系数是指一定厚度的材料，在单位压力水头作用下，单位时间内透过单位面积的水量，具体公式如下：

$$K = \frac{Wd}{hAt}$$

式中　K——材料的渗透系数，cm/h；

W——透过材料试件的水量，cm^3；

d——材料试件的厚度，cm；

A——透水面积，cm^2；

t——透水时间，h；

h——静水压力水头，cm。

渗透系数反映了材料抵抗压力水渗透的能力，渗透系数越大，则材料的抗渗性越差。

对于混凝土和砂浆，其抗渗性常采用抗渗等级表示。抗渗等级是以规定的试件，采用标准的试验方法测定试件所能承受的最大水压力来确定的，以 P_n 表示，其中 n 为该材料所能承受的最大水压力（MPa）的 10 倍值。

材料抗渗性与其孔隙率和孔隙特征有关。材料中存在连通的孔隙，且孔隙率较大，水分容易渗入，所以，这种材料抗渗性较差。孔隙率小的材料具有较好的抗渗性。封闭孔隙水分不能渗入，所以，对于孔隙率虽然较大，但以封闭孔隙为主的材料，抗渗性也较好。对于地下建筑、压力管道、水工构筑物等工程部位，因为经常受到压力水的作用，所以要选择具有良好抗渗性的材料。作为防水材料，则要求其具有更高的抗渗性。

12. 抗冻性

材料在饱和水状态下，能经受多次冻融循环作用而不破坏，且强度也不显著降低的性质，称为抗冻性。材料的抗冻性用抗冻等级表示。抗冻等级是以规定的试件，采用标准试验方法，测得其强度降低不超过规定值，并无明显损害和剥落时所能经受的最大冻融循环次数来确定的，以 F_n 表示，其中 n 为最大冻融循环次数。

材料抗冻性的好坏，取决于材料的孔隙率、孔隙的特征、吸水饱和程度和自身的抗拉强度。材料的变形能力大，强度高，软化系数大，抗冻性就较高。一般认为，软化系数小于 0.80 的材料，其抗冻性较差。在寒冷地区及寒冷环境中的建筑物或构筑物，必须要考虑所选择材料的抗冻性。

13. 导热性

当材料两侧存在温差时，热量将从温度高的一侧通过材料传递到温度低的一侧，材料这种传导热量的能力称为导热性。材料导热性的大小用热导率表示。热导率是指厚度为 1m 的材料，当两侧温差为 1K 时，在 1s 内通过 $1m^2$ 面积的热量。具体公式如下：

$$\lambda = \frac{Qd}{(T_2 - T_1)A}$$

式中　λ——材料的热导率，$W/(m \cdot K)$；

　　　Q——传递的热量，J；

　　　d——材料的厚度，m；

　　　A——材料的传热面积，m^2；

T_1，T_2——材料两侧的温度，K。

材料的导热性与孔隙率大小、孔隙特征等因素有关。孔隙率较大的材料，内部空气较多，由于密闭空气的热导率很小 $[\lambda = 0.023W/(m \cdot K)]$，其导热性较差。若孔隙粗大，空气会形成对流，材料的导热性反而会增大。材料受潮以后，水分进入孔隙，水的热导率比空气的高很多 $[\lambda = 0.58W/(m \cdot K)]$，从而使材料的导热性大大增加；材料若受冻，水结成冰，冰的热导率是水的 4 倍 $[\lambda = 2.3W/(m \cdot K)]$，材料的导热性将进一步增加。

建筑物要求具有良好的保温隔热性能。保温隔热性和导热性都是指材料传递热量的能力，在工程中常把 $1/\lambda$ 称为材料的热阻，用 R 表示。材料的热导率越小，其热阻越大，则材料的导热性能越差，其保温隔热性能越好。

（二）力学性质

1. 强度

材料在荷载（外力）作用下抵抗破坏的能力称为材料的强度。

当材料受到外力作用时，其内部就产生应力，荷载增加，所产生的应力也相应增大，直至材料内部质点间结合力不足以抵抗所作用的外力时，材料即发生破坏。材料破坏时，达到应力极限，这个极限应力值就是材料的强度，又称极限强度。

强度的大小直接反映材料承受荷载能力的大小。由于荷载作用形式不同，材料的强度主要有抗压强度、抗拉强度、抗弯（抗折）强度及抗剪强度等。

试验测定的强度值除受材料本身的组成、结构、孔隙率大小等内在因素的影响外，还与试验条件有密切关系，如试件形状、尺寸、表面状态、含水率、环境温度及试验时加荷速度等。为了使测定的强度值准确且具有可比性，必须按规定的标准试验方法测定材料的强度。

材料的强度等级是按照材料的主要强度指标划分的级别。

对不同材料要进行强度大小的比较可采用比强度。比强度是指材料的强度与其体积密度之比。它是衡量材料轻质高强的一个主要指标。以钢材、木材和混凝土为例，强度比较见表1-3。

表 1-3　钢材、木材和混凝土的强度比较

材料	体积密度 $\rho_0/(kg/m^3)$	抗压强度 f_c/MPa	比强度(f_c/ρ_0)
低碳钢	7860	415	0.053
松木	500	34.3(顺纹)	0.069
普通混凝土	2400	29.4	0.012

2. 弹性和塑性

弹性是指材料在外力作用下产生变形，当外力取消后，能够完全恢复原来形状的性质。这种变形称为弹性变形，其值的大小与外力成正比；不能自动恢复原来形状的性质称为塑性，这种不能恢复的变形称为塑性变形，塑性变形属永久性变形。

完全弹性材料是不存在的。一些材料在受力不大时只产生弹性变形，而当外力达到一定限度后，即产生塑性变形。很多材料在受力时，弹性变形和塑性变形同时产生。

3. 脆性和韧性

（1）脆性　材料受外力作用，当外力达到一定限度时，材料发生突然破坏，且破坏时无明显塑性变形，这种性质称为脆性，具有脆性的材料称为脆性材料。脆性材料的抗压强度远大于其抗拉强度，因此，其抵抗冲击荷载或震动作用的能力很差。建筑材料中大部分无机非金属材料均为脆性材料，如混凝土、天然岩石、玻璃、砖瓦、陶瓷等。

（2）韧性　韧性是指材料在冲击荷载或震动荷载作用下，能吸收较大的能量，同时产生较大的变形而不破坏的性质。材料的韧性用冲击韧性指标表示。

在建筑工程中，对于要求承受冲击荷载和有抗震要求的结构，如吊车梁、桥梁、路面等所用材料，均应具有较高的韧性。

4. 硬度

硬度是指材料表面抵抗其他物体压入或刻、划的能力。

5. 耐磨性

材料表面抵抗磨损的能力为耐磨性，通常用磨损率表示。

（三）耐久性

材料在使用过程中能长久保持其原有性质的能力为耐久性。

材料在使用过程中，除受到各种外力作用外，还长期受到周围环境因素和各种自然因素的破坏作用，主要有以下几个方面。

1. 物理作用

物理作用包括环境温度、湿度的交替变化，即冷热、干湿、冻融等循环作用。材料经受这些作用后，将发生膨胀、收缩或产生应力，长期的反复作用，将使材料逐渐被破坏。

2. 化学作用

化学作用包括大气和环境水中的酸、碱、盐等溶液或其他有害物质对材料的侵蚀作用，以及紫外线等对材料的作用。

3. 生物作用

生物作用包括菌类、昆虫等的侵害作用，导致材料发生腐朽、虫蛀等而被破坏。

4. 机械作用

机械作用包括荷载的持续作用，交变荷载对材料引起的疲劳、冲击、磨损等。

耐久性是对材料综合性质的一种评述，它包括抗冻性、抗渗性、抗风化性、抗老化性、

耐化学腐蚀性等内容。对材料耐久性进行可靠的判断，需要很长的时间。一般采用快速检验法，这种方法是模拟实际使用条件，将材料在实验室进行有关的快速实验，根据实验结果对材料的耐久性作出判定。在试验室进行快速实验的项目主要有冻融循环、干湿循环、炭化等。

提高材料的耐久性，对节约建筑材料、保证建筑物长期正常使用、减少维修费用、延长建筑物使用寿命等，意义重大。

三、园林施工材料设施的发展

在我国古代园林中，多用缀山叠石来营造景观，园林建筑也多为木建筑，因而常用的材料多为石材、木材、砖、瓦、卵石等。

在这些材料中占最重要位置的是石材。从缀山置石到园路铺砌以及园林建筑的建造都大量应用了石材。但同样是选景石，南方园林中常用太湖石、黄石，而北方园林则是选用北太湖石、青石。这主要是因为受地理、交通条件的限制，选材加工多是就地取材，也因此形成了不同地域的不同园林特色。封建制度的等级性也限制了不同园林的选材、用材规格，如园林建筑的样式规格，假山水池的规模，选用砖、瓦的颜色等，这也是北方皇家园林与南方私家园林形成两种不同风格的原因之一。

随着社会的进步，在沿用传统园林材料的同时，越来越多的传统材料有了新的应用方式，被开发、应用到园林中。例如，运用于地面铺装的传统灰瓦，用于园林建筑饰面的石材，用于各种小品装饰的陶罐缸缶器具等，都是根据新的设计理念与方法具有新的功能。

新的工艺与原料带来了不断涌现的园林新材料。例如，原本较少用于传统园林中的玻璃、金属等材料的广泛应用；在园林道路、景墙、水池等不同景观与使用需要中采用的马赛克砖、渗水砖、劈裂砖、陶瓷砖等不同铺装材料；在瀑布、喷泉、壁泉、雾泉等景观中带来不同效果的各种水处理设备；为普通路面带来的特殊视觉效果与良好使用性能的彩色混凝土、压印混凝土；营造出丰富夜景的环保光纤灯、太阳能灯等。

现代园林的生态保护、生态修复方面的功能也要求更多地采用新技术、新工艺。如城市供水和中水利用、城市雨水的收集和使用、太阳能的利用、水环境生态净化等都需要并将促进新科技的园林应用。

第二节 石 材

石材主要是指天然石材和人造石材。我国园林工程中，石材应用比较广泛，主要用于砌筑墙体、基础以及面层装饰等。

一、石材的主要技术性质

1. 表观密度

石材按表观密度大小可以分为重石和轻石两类。重石表观密度大于 $1800kg/m^3$，轻石表观密度小于 $1800kg/m^3$。

重石可用于建筑的基础、贴面、地面、不采暖房屋外墙、桥梁及水工构筑物等；轻石主要用于采暖房屋外墙等。

2. 强度等级

石材的强度等级可以分为 MU100、MU80、MU60、MU40、MU30、MU20 几种。石材的强度等级可以用边长为 70mm 的立方体试块的抗压强度表示。抗压强度取三个试件破坏强度的平均值。

试块也可以采用表 1-4 所列的其他尺寸的立方体，但应对其试验结果乘以相应的换算系数才可作为石材的强度等级。

表 1-4 石材强度等级的换算系数

立方体边长/mm	200	150	100	70	50
系数	1.43	1.28	1.14	1	0.86

3. 抗冻性

石材抗冻性指标用冻融循环次数表示，在规定的冻融循环次数（15 次、20 次或 50 次）时，无贯穿裂缝，质量损失不超过 5%，且强度降低不大于 25% 时，认为抗冻性合格。

石材的抗冻性主要取决于石材的成分、结构及其构造。应根据石材使用条件，选择相应的抗冻指标。

4. 耐水性

石材的耐水性按软化系数可以分为高、中、低三等。

① 高耐水性的石材软化系数大于 0.9。

② 中耐水性的石材软化系数为 0.7～0.9。

③ 低耐水性的石材软化系数为 0.6～0.7。

一般软化系数低于 0.6 的石材，不允许用于重要建筑。

二、天然石材

天然石材是指采用天然岩石，未经加工或经加工石材的总称。

（一）天然石材的分类

1. 砌筑用石材

砌筑用石材是天然岩石经机械或人工开采、加工（或不经过加工）获得的各种块状石料。

（1）毛石。毛石为形状不规则的天然石块，主要用于砌筑基础、勒脚、墙身、挡土墙、堤岸及护坡等。建筑用毛石一般要求中部厚度不小于 150mm，长度为 300～400mm，质量为 20～30kg，抗压强度应在 10MPa 以上，软化系数应大于 0.80。

（2）料石。料石为经加工形状比较规则的六面体石材，主要用于砌筑基础、石拱、台阶、勒脚、墙体等。按表面加工的平整度分为毛料石（叠砌面凹凸深度不大于 25mm）、粗料石（凹凸深度不大于 20mm）、半石料石（凹凸深度不大于 15mm）、细料石（凹凸深度不大于 10mm）。

2. 饰面石材

天然饰面石材是指从天然岩体中开采出来，经加工形成的块状或板状的石材，主要用于建筑表面的装饰和保护。饰面石材分天然花岗岩和天然大理石两类。

（1）天然花岗岩。天然花岗岩为典型的深成岩，其矿物组成为长石、石英及少量暗色矿物和云母或角闪石、辉石等。花岗岩的化学成分主要是 SiO_2，其质量分数为 65%～70%，所以花岗岩为含硅较多的重酸性深成岩。

花岗岩装饰性好，其花纹为均粒状斑及发光云母微粒，坚硬密实，耐磨性好，耐久性好。花岗岩孔隙率小、吸水率小、耐风化，具有高抗酸腐蚀性。其耐火性差，花岗岩中的石英在 573℃和 870℃会发生晶体转变，产生体积膨胀，火灾发生会导致花岗岩开裂破坏。

一般情况下，天然花岗岩的技术指标为：表观密度 2800～3000kg/m³，抗压强度 100～280MPa，抗弯强度 1.3～1.9MPa，孔隙率及吸水率小于 1%，抗冻性能为 100～200 次冻融循环，耐酸性良好，耐用年限为 200 年左右。

花岗岩板材按表面加工的方式分为：

① 粗磨板，即表面经过粗磨，光滑而无光泽；

② 磨光板，即经打磨后表面光亮、色泽鲜明、晶体裸露，再经抛光处理，即为镜面花岗岩板材；

③ 剁斧板，即表面粗糙，具有规则的条状斧纹；

④ 机刨板，即用刨石机刨成较为平整的表面，表面呈相互平行的刨纹。

天然花岗岩板材按照规格尺寸允许偏差、角度允许极限公差、外观质量分为优等品（A）、一等品（B）、合格品（C）三个等级。

天然花岗岩剁斧板和机刨板按图样要求加工。粗磨板和磨光板常用尺寸为 300mm×300mm、305mm×305mm、400mm×400mm、600mm×300mm、600mm×600mm、900mm×600mm、1070mm×750mm 等，厚度 20mm。

花岗岩属于高档建筑结构材料和装饰材料，多用于室内外墙、地面、柱面、台阶、基座、铭牌、踏步、檐口等处，许多纪念性的建筑都选用了花岗岩，如人民英雄纪念碑。

（2）天然大理石。天然大理石属于硬石材，指变质或沉积的碳酸盐类的岩石，我国的大理石储量大、品种多，花色品种有 300 多种。

天然大理石品种广泛，多达 400 余种，资源亦遍布全国各地，除了早已闻名于世的我国台湾花莲大花绿、丹东绿、莱阳绿、房山汉白玉、曲阳汉白玉、杭灰、云灰及宜兴奶油外，山东、云南、四川、两河（河南、河北）、两湖（湖南、湖北）、江浙（江苏、浙江）、两广（广东、广西）及安徽等省、自治区均蕴藏丰富的资源和众多的品种；按颜色分有黑色、白色、红色、灰色、黄色、褐色等。

因为天然大理石品种甚多，同质不同名者有之，同名不同质者也有之，所以将大理石按其颜色加以分类，择名优品种简要介绍如下。

① 白色大理石。白色大理石品种：房山汉白玉；河北曲阳的曲阳玉、汉白玉；山东莱州雪花白、水晶玉；湖南的郴州白、湘白玉；广东的蕉岭白、圳白玉、汉白玉；四川的宝兴白、宝兴青花白、蜀金白、草科白；云南的河口雪花白、云南白海棠；江西的江西白、上白玉。

② 灰色大理石。灰色大理石品种：浙江的杭灰、衢灰；山东的齐灰；广东的云花；广西的贺县灰；云南的云灰、雅灰等。

③ 黑色大理石。黑色大理石品种：湖南的双锋黑、邵阳黑、郴州黑；广西的桂林黑；四川的武隆黑、天全黑、西阳黑；贵州的毕节晶墨玉等。

④ 黄色大理石。黄色大理石品种：云南的云南米黄；广西的木纹黄、桂林黄；贵州的木纹米黄、平花米黄、金丝米黄；河南的松香黄；陕西的香蕉黄、芝麻黄；内蒙古的密黄、

米黄。

⑤ 绿色大理石。绿色大理石品种：辽宁的丹东绿；山东的莱阳绿、翠绿、栖霞绿；湖南的沱江绿、荷花绿、碧绿；陕西的孔雀绿，新疆的天山翠绿。

⑥ 红色大理石。红色大理石品种：江苏宜兴的红奶油；江西的玫瑰红、奶油红、玛瑙红；河南的雪花红、万山红、芙蓉红、鸡血红；湖南的凤凰红、荷花红；广东的灵红、广州红；广西的龙胜红；四川的南江红；新疆的海底红、秋景红等。

⑦ 褐色大理石。褐色大理石品种：北京的紫豆瓣、晚霞、螺丝转；安徽的红皖螺、灰皖螺等。

天然大理石颜色绚丽、纹理多姿、硬度中等，耐磨性次于花岗岩。其耐酸性差，酸性介质会使大理石表面受到腐蚀，容易打磨抛光，耐久性次于花岗岩，质地较密实，抗压强度高。

一般情况下，天然大理石的技术指标：表观密度 $2500\sim2700kg/m^3$，抗压强度 $50\sim190MPa$，抗弯强度 $\geqslant7.0MPa$，吸水率小于 1%，耐用年限为 150 年。

天然大理石板材分为两类：

① 普通型板材（代号 N），即正方形或长方形的板材；

② 异型板材（代号 S），即其他形状的板材。按照板材的规格尺寸允许偏差、平面度允许极限公差、角度允许极限公差、外观质量、镜面光泽度分为优等品（A）、一等品（B）、合格品（C）三个等级。

天然大理石板材常用规格为 $300mm\times150mm$、$300mm\times300mm$、$400mm\times200mm$、$400mm\times400mm$、$600mm\times300mm$、$600mm\times600mm$、$900mm\times600mm$、$1070mm\times750mm$、$1200mm\times600mm$、$1200mm\times900mm$ 等，厚度 20mm。

天然大理石可制成高级装饰工程的饰面板，适用于纪念性建筑、大型公共建筑，如宾馆、展览馆、影剧院、商场、图书馆、机场、车站等的室内墙面、柱面、地面、楼梯踏步等，有时也可作为楼梯栏杆、服务台、门脸、墙裙、窗台板、踢脚板等，是理想的高级室内装饰材料。此外，还可用于制作大理石壁画、大理石生活用品等。天然大理石板材的光泽易被酸雨侵蚀，故不宜用作室外装饰，只有少数质地纯正的汉白玉、艾叶青可用于外墙饰面。

运输大理石装饰板的过程中应防潮，严禁滚摔、碰撞。板材应在室内储存，室外储存时应加遮盖。板材应按品种、规格、等级或工程部位分别存放。板材直立码放时，应光面相对，倾斜度不大于 $15°$，层间加垫，垛高不得超过 1.5m；板材平放时，应光面相对，地面必须平整，垛高不得超过 1.2m，包装箱码放高度不得超过 2m。

（二）表面加工处理

1. 抛光

抛光是指将从大块石料上锯切下的板材通过粗磨、细磨、抛光等工序使板材具有良好的光滑度及较高的反射光线能力。

2. 亚光

亚光是指将石材表面研磨，使其具有良好的光滑度，有细微光泽但反射光线较少。

3. 烧毛

烧毛是指用火焰喷射器灼烧锯切下的板材表面，利用组成石材的不同矿物颗粒热膨胀系数的差异，使其表面一定厚度的表皮脱落，形成整体平整但局部轻微凸凹起伏的表面。烧毛石材反射光线少，视觉柔和。

4. 机刨纹理

机刨纹理是指通过专用刨石机器将板面加工成特定凸凹纹理状的方法。

5. 剁斧

现代剁斧石常指人工制造出的不规则纹理状的石材。剁斧石一般用手工工具加工，如花锤、斧子、錾子、凿子等，通过捶打、凿打、劈剁、整修、打磨等办法将毛坯加工出所需的特殊质感，其表面可以是网纹面、锤纹面、岩礁面、隆凸面等多种形式。

6. 喷砂

喷砂是指用砂和水的高压射流将砂子喷到石材上，形成有光泽但不光滑的表面。

7. 其他特殊加工

除上述基本方法外，还有一些根据设计意图产生的特殊加工方法，如在抛光石材上局部烧毛做出光面毛面相接的效果，在石材上钻孔产生类似于穿孔铝板似透非透的特殊效果等。对于砂岩及板岩，由于其表面的天然纹理，一般外露面为自然劈开状态；大理石具有优美的纹理，一般均采用抛光、亚光的表面处理以显示出其花纹，而不采用烧毛工艺隐藏其优点；而花岗岩因为大部分品种均无美丽的花纹则可采用上述所有方法。

三、人造石材

人造石材一般是指人造大理石和人造花岗岩，属于水泥混凝土或聚酯混凝土的范畴。人造石材是以大理石碎料、石英砂、石粉等集料，拌和树脂、聚酯等聚合物或水泥黏结剂，经过真空强力拌和振动、加压成型、打磨抛光以及切割等工序制成的板材。

（一）人造板材的分类

1. 按表面纹理及质感不同分类

（1）人造大理石。有类似于天然大理石的质感和花纹，具有更好的力学性能、良好的抗水解性能。

（2）人造花岗岩。有类似于天然花岗岩的花色和质感，具有更好的力学性能、良好的抗水解性能。

（3）人造玛瑙石。有类似于天然玛瑙花纹的质感，具有半透明性，填料有很高的细度和纯度。

（4）人造玉石。有类似于天然玉石的色泽，呈半透明状，填料有很高的细度和纯度。

2. 按所用原料不同分类

（1）树脂型人造石材。树脂型人造石材是以不饱和聚酯树脂为胶黏剂，与天然大理石碎石、石英砂、方解石、石粉或其他无机填料按一定的比例配合，再加入催化剂、固化剂、颜料等外加剂，经混合搅拌、同化成形、脱模烘干、表面抛光等工序加工而成的。其具有天然花岗岩和大理石的色泽花纹，颜色鲜艳丰富、光泽好、可加工性强、装饰效果好，抗污染性及抗老化性较强，且价格低廉。

（2）复合型人造石材。复合型人造石材采用的胶黏剂中，既有无机材料，又有有机高分子材料。复合型人造石材的制作工艺是先用水泥、石粉等制成水泥砂浆的坯体，然后将坯体浸于有机单体中，使其在一定条件下聚合而成。现以板材为例，底层用性能稳定而价廉的无机材料，面层用聚酯树脂和大理石粉。无机胶结材料可用快硬水泥、普通硅酸盐水泥、粉煤灰水泥、铝酸盐水泥、矿渣水泥以及熟石膏等。有机单体可用苯乙烯、甲基丙烯酸甲酯、醋酸乙烯、丙烯腈、丁二烯等。这些单体可单独使用，也可组合使用。复合型人造石材制品的造价较低，但在受温差影响后聚酯面易产生剥落或开裂。

（3）烧结型人造石材。烧结型人造石材的生产方法与陶瓷工艺相仿。将长石、石英、辉绿石、方解石等粉料和赤铁矿粉，以及一定量的高岭土共同混合，石粉占 60%，黏土占40%，采用混浆法制备坯料，用半干压法成形，再在窑炉中以 1000℃左右的高温焙烧而成。烧结型人造石材的装饰性好，性能稳定，由于需要高温焙烧，因而造价高。

（4）水泥型人造石材。水泥型人造石材是以各种水泥为胶结材料，砂、天然碎石粒为粗、细集料，经配制、搅拌、加压蒸养、磨光和抛光后制成的人造石材。在配制过程中混入色料，可制成彩色水泥石。水泥型石材的生产取材方便，价格低廉，但其装饰性较差。水磨石和各类花阶砖即属此类。

（二）人造石材常用品种

1. 聚酯型人造石材

聚酯型人造石材是以不饱和聚酯树脂为胶结料生产的聚酯合成石，属于树脂型人造石材。聚酯合成石常可以制作成饰面用的人造大理石板材、人造花岗岩板材和人造玉石板材，人造玛瑙石卫生洁具（浴缸、洗脸盆、坐便器等）和墙地砖，还可用来制作人造大理石壁画等工艺品。

2. 仿花岗岩水磨石砖

仿花岗岩水磨石砖属于水泥型人造石材，是使用颗粒较小的碎石粒，加入各种颜色的色料，采用压制、粗磨、打蜡、磨光等生产工艺制成的。砖面的颜色、纹理与天然花岗岩十分相似，光泽度较高，装饰效果好，多用于宾馆、饭店、办公楼等的内外墙和地面装饰。

3. 仿黑色大理石

仿黑色大理石属于烧结型人造石材，主要是以钢渣和废玻璃为原料，加入水玻璃、外加剂、水混合成形，烧结而成的。具有利用废料、节电降耗、工艺简单的特点，多用于内外墙、地面、台面装饰铺贴。

4. 透光大理石

透光大理石属于复合型人造石材。它将厚度加工至 5mm 以下，并与具有透光性的薄型石材和玻璃相复合，以丁醛膜为芯层，在 140~150℃热压 30min 而成。具有可以使光线变柔和的特点，多用于制作采光顶棚，以及外墙装饰。

四、其他天然砌筑、装饰石料

（一）毛石

毛石也称块石或片石，为直接采伐石块，毛石分为乱毛石和平毛石两类。

1. 乱毛石

乱毛石的形状不规则，稍加修整，可有一两个较为平整的面，厚度不小于 150mm。常用于砌筑毛石基础、勒脚、墙身、水体驳岸、挡土墙等。

2. 平毛石

平毛石是略经挑选或由乱毛石略经加工而成的，形状比乱毛石整齐，一般有两个平行面。常用于砌筑基础、勒脚、墙身、园路、桥墩等。

（二）料石

1. 细料石

细料石经过细加工，外形规则，表面凹凸深度不大于 2mm，厚度和宽度均不小于 200mm，长度不大于厚度的 3 倍。

2. 半细料石

半细料石规格尺寸与细料石相同，但表面凹凸深度不大于 10mm。

3. 粗料石

粗料石规格尺寸与细料石相同，但表面凹凸深度不大于 20mm。

4. 毛料石

毛料石为形状规则的六面体，一般不加工或仅稍加工修整，厚度不小于 200mm，长度为厚度的 1.5～3 倍。

料石在园林中主要用于花坛、墙身、踏步、台阶、山路、地坪、纪念碑等工程部位。

（三）鹅卵石

鹅卵石是一种良好的天然建筑装饰材料，在园林建筑中多用于墙体基础、围墙、挡土墙；在园林的室内外环境中，铺于室内地面、柱面、墙面等处，颇有自然情趣。在装饰环境中，创造出别具一格的格调。

（四）太湖石

天然太湖石是中国传统园林造园用石，主要产于江苏、浙江之间的太湖地区，所以名为太湖石。

（五）冰花辉绿岩饰面板

辉绿岩属于天然花岗石范畴，因其具有水花显见而著称。冰花辉绿岩饰面板是由辉绿岩石料磨制而成的。该板美观大方，具有密度大、强度高、耐酸碱等性能，与雪花形大理石饰面板有同样效果，是饰面板中的优良材料。

（六）青石板

青石板是一种水成岩，材质软，易风化。由于它不属于高档材料，又便于用简单工具加工，因此常用于园林墙面、勒脚饰面。其规格通常为长宽 300～500mm 不等的矩形块，颜色有暗红、灰、绿、蓝、紫等。

石材广泛应用于园林建筑的室内、室外、道路、桥梁、广场、假山、水景等环境。通常情况下，可按园林建筑物室内、室外、园林景点等划分。

五、石材防护剂

石材防护剂是一种专门用来保护石材的液体，主要由溶质、溶剂和少量添加剂组成。

（一）按溶解性能分类

1. 油性石材防护剂

油性石材防护剂是指能够被油溶性溶剂溶解的石材防护剂。如油溶性溶剂石材防护剂等。这类防护剂一般渗透力强，但其相对毒性较大、易燃、有较强的气味，适合于石材正面和致密表面的防护处理。

2. 水性石材防护剂

水性石材防护剂是指能够被水溶解的石材防护剂。如水基型石材防护剂、水溶性溶剂型石材防护剂、乳液型石材防护剂等。这类防护剂一般渗透力相对较弱一些（水溶性溶剂型防护剂除外），毒性和气味相对都要小一些，不可燃。适用于疏松石材表面的防护处理。

（二）按溶剂类型分类

1. 水基型石材防护剂

水基型石材防护剂是指完全以水为稀释剂的防护剂。这种防护剂气味小、毒性低、不可燃、安全性能高。

2. 溶剂型石材防护剂

溶剂型石材防护剂是指用除水以外的其他溶剂为稀释剂的防护剂。溶剂型石材防护剂一般有强气味，毒性相对较大，易燃，相对密度一般小于1。可分为水溶性溶剂型石材防护剂和油溶性溶剂型石材防护剂。

（1）水溶性溶剂型石材防护剂。水溶性溶剂型石材防护剂是指以水溶性溶剂为稀释剂的防护剂。它是与水具有完全相溶性的一类溶剂，如醇类。

（2）油溶性溶剂型石材防护剂。油溶性溶剂型石材防护剂是指以油溶性溶剂为稀释剂的防护剂。它是与油性物质具有相溶性但不能与水相溶的一类溶剂。如苯类、酮类、酯类等。

3. 乳液型石材防护剂

乳液型石材防护剂采用油溶性溶剂并以水为稀释剂，加入乳化剂高速搅拌后乳化而成。其为乳白色，气味小、不可燃，毒性相对较小。

（三）按作用机理分类

1. 成膜型石材防护剂

成膜型石材防护剂是指使用后停留在石材表面并形成一种可见膜层的防护剂。如丙烯酸型防护剂、硅丙型防护剂、硅树脂型防护剂等。主要适用于非抛光面石材表面的防护处理。

2. 渗透型石材防护剂

渗透型石材防护剂是指使用后其有效成分全部由毛细孔渗入石材内部进行作用，石材表面无可见膜层的防护剂。如有机硅型石材防护剂、氟硅型石材防护剂等，适用于所有石材表面的防护处理。

（四）按界面作用力分类

1. 憎水性石材防护剂

憎水性石材防护剂在使用后会扩大石材表面与水之间的张力（张力大于附着力），可以使水在石材表面呈现水珠滚动的效果，在毛面石材表面时更能体现。但这种效果的时效性短，会随着表面有效成分的流失而很快消退，最终起作用的还是防护剂的耐水性能和抗水压能力的大小。

憎水性石材防护剂不能用于石材的底面防护，其憎水性会在石材与水泥之间形成界面而影响黏结度，使石材出现空鼓现象。

2. 亲水性石材防护剂

亲水性石材防护剂在使用后不会扩大石材表面与水之间的张力（附着力大于张力），水在石材表面能够均匀吸附，没有水珠滚动的效果，但不会进入石材内部。这种防护剂的效果主要由它的耐水性和抗水压能力的大小来决定。

亲水性石材防护剂可以用于石材的六面防护，用于底面防护时不会形成界面，不影响黏结度。由于其渗透力不强，所以不能用于结构致密的石材防护处理。

（五）按防护用途分类

1. 底面石材防护剂

这类防护剂主要包括一些亲水性的有机硅和成膜型防护剂，专门用于石材底面防护处理，不会形成界面，不影响石材与水泥的黏结。有些防护剂配方中还加有黏结物质，可以增加其黏结强度。

2. 表面石材防护剂

表面石材防护剂是一种不能用于石材底面防护处理的防护剂，一般都具有憎水效果。使用时需按不同饰面区别选用，主要为油性石材防护剂和部分水性石材防护剂等。

3. 特殊石材品种专用防护剂

特殊石材品种专用防护剂是指专门用于某些特定石材品种防护处理的防护剂。

4. 通用型石材防护剂

通用型石材防护剂是指适合于所有石材的任何表面做防护处理的防护剂。如亲水性的有机硅石材防护剂、氟硅型石材防护剂等。

（六）按防护效果分类

1. 防水型石材防护剂

防水型石材防护剂可以阻止水分渗透到石材内部，同时还具有防污（部分）、耐酸碱、抗老化、抗冻融、抗生物侵蚀等功能。如丙烯酸型、硅丙型等。

2. 防污型石材防护剂

防污型石材防护剂是专门为石材表面防污而设计的防护剂，主要注重防污性能，其他性能、效果一般。如玻化砖表面防污剂等。

3. 综合型石材防护剂

综合型石材防护剂除具有优异的防油、防污和抗老化性能外，同时还具有防水型石材防护剂的所有功能。

4. 专业型石材防护剂

专业型石材防护剂是特意为满足石材表面上光、增色等特殊要求而开发研制的防护剂。如增色型石材防护剂、增光型石材防护剂等。

六、石材在园林工程中的应用项目

石材被广泛应用于园林建筑的室内、室外、园林景点工程中。

室内石材装饰工程项目和部位主要有：园林建筑物室内的地面、墙面、柱面、踢脚、墙裙、勒脚、隔断、窗台、服务台、柜台、花式格带、楼梯踏步、卫生间、水池、游泳池、花坛、假山、影壁、壁画等。

室外石材装饰工程项目和部位主要有：各种建筑的外墙面、柱基、柱头、柱面、广场、台阶、踏步、围墙、外廊、门楣、桥梁、园路路面、假山、水池、水体的驳岸和护坡、牌匾、石雕花格、勒脚、石雕、壁画等。

园林景点的石材装饰工程项目主要有：入口、门楣、桥栏、石桌、石凳、石灯、石砌小道、石像、石刻、石雕等。

七、鉴定优质天然石材的方法和技巧

天然石材的自然花纹驱使人们去仿造它，尤其是在缺少矿山资源的地区。人造石材产品看上去很逼真，但仔细观察，较易区别。

（一）人造石材的基本特点

① 人造石材花纹无层次感，因层次感是仿造不出来的。

② 人造石材花纹、颜色是一样的，无变化。

③ 人造石材板背面有模衬的痕迹。

（二）天然石材的鉴定

1. 天然石材染色识别

① 染色石材颜色艳丽，但不自然。

② 在板的断口处可看到染色渗透的层次。

③ 染色石材一般采用石质不好、孔隙度大、吸水率高的石材，用敲击法即可辨别。

④ 染色石材同一品种光泽度都低于天然石材。

⑤ 涂机油以增加光泽度的石材其背面有油渍感。

⑥ 涂膜的石材，虽然光泽度高，但膜的强度不够，易磨损，对光看有划痕。

⑦ 涂蜡以增加光泽度的石材，用火柴或打火机烘烤，蜡面即失去，现出本来面目。

2. 优质石材要看表面

优质石材表面花纹清晰，布色均匀，有着自然的美丽花纹和色彩的石材，较其他工业化产品更具独特的魅力。当追求自然、崇尚绿色环保成为时尚之际，天然石材也被越来越多的人用于家庭装修。

3. 好的天然石材装饰板材取决于石料的品质和加工工艺

优质的石材表面花纹色泽不含太多的杂色，布色均匀，没有忽淡忽浓的情况，而质次的石材经加工后会有很多无法弥盖的"缺陷"，所以说，石材表面花纹色调是评价石材质量优劣的重要指标。如加工技术和工艺不过关，加工后的成品就会出现翘曲、凹陷、色斑、污点、缺棱掉角、裂纹、色线、坑窝等现象，则不能与上品"同伍"。据专门加工销售进口石材的专家介绍，优质天然石材板材切割边整齐无缺角，面光洁、亮度高，用手摸没有粗糙感。同时，在选择石材时，除了要注意选择石材表面的颜色花纹、光泽度和外观质量等装饰性能外，还应考虑石材的抗压强度、抗折强度、耐久性、抗冻性、耐磨性、硬度等理化性能指标。

八、石材应用的常见问题

1. 锈斑与吐黄现象

天然石材内部的铁被侵入石材表面的空气中的二氧化碳和水接触氧化，透过石材毛细孔排出，从而形成黄斑。这种情况可用强力清洗剂加以清除，而不能用双氧水或腐蚀性强酸。防止锈斑再生最有效的方法是除锈后即作防护处理，可以杜绝水分再渗入石材内部导致锈斑再生。

2. 污染斑

污染斑主要是由于包装、存放和运输不合理，遇到下雨或与外界水分接触，包装材料渗出物的污染所致。或者是加工过程中表面附有金属物质或在锯割过程中表面残留有铁屑，如果未冲洗干净，长期存放，金属物质或铁屑在空气中形成的锈就会附于石材表面。

3. 色斑及水斑现象

色斑及水斑现象最容易发生在浅色石材上。由于这一类石材是中酸性岩浆岩，结晶程度较高，且晶体之间的微裂隙丰富，吸水率较高，各种金属矿物含量也较高。在应用过程中，遇到水分子氧化就会产生此现象。

4. 白华斑

白华斑的成因是在铺砌时，水泥砂浆在同化过程中，透过石材毛细孔将砂浆中的色素排出石材表面，形成色斑。或者水泥中的碱性物质被水分子带入石材内，与石材中的金属类矿物质发生化学反应，生成矾类、盐类或氢氧化钙的结晶体，主要存在于岩石的节理间与接缝间。白华斑可用强力清洗剂清除，白华斑清除的关键措施是防止水分的再渗入，可以从石材表面做防护处理及加强填缝部分的防水功能来着手。

石材防护中主要采用石材防护剂，即将一些防护剂采取刷、喷、涂、滚、淋和浸泡等方法，使其均匀分布在石材表面或渗透到石材内部形成一种保护，使石材具有防水、防污、耐酸碱、抗老化、抗冻融、抗生物侵蚀等功能，提高石材的使用寿命和装饰性能。

第三节 木 材

一、天然木材

木材在园林工程中被广泛应用，正确认识并合理选用木材是提高园林工程质量、降低成本的重要措施之一。木材对人类生活起着很大的支持作用。根据木材不同的性质特征，人们将它们用于不同途径。

（一）木材的结构

从外观看，树木主要分为3部分：树干、树冠和树根。树干是由树皮、形成层、木质部和髓心4个部分组成。木质部是树干最主要的部分，也是木材主要使用的部分。髓心是位于树干中心的柔软薄壁组织，其松软、强度低、易裂和易腐朽。

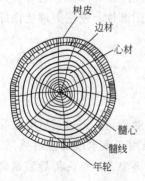

图1-2 木材的结构

1. 心材和边材

木质部靠近髓心部分颜色较深，称为心材；靠近外围部分颜色较浅，称为边材。边材含水高于心材容易翘曲，木材的结构如图1-2所示。

2. 年轮、春材和夏材

从横切面上看到深浅相同的同心圆，称为年轮。年轮内侧颜色较浅部分是春天生长的木质，组织疏松，材质较软，称为春材（早材）。年轮外侧颜色较深部分是夏、秋两季生长的，组织致密，材质较硬，称为夏材（晚材）。树木的年轮越均匀、密实，材质越好。夏材所占比例越多，木质强度越高。

（二）木材的性质

木材具有轻质高强，弹性、韧性好，耐冲击、振动，保温性好，易着色和油漆，装饰性好，易加工等优点。但其存在内部构造不均匀，易吸水、吸湿，易腐朽、虫蛀，易燃烧，天然瑕疵多，生长缓慢等缺点。

1. 密度和表观密度

木材的密度一般为 $1.48 \sim 1.56 \mathrm{g/cm^3}$，表观密度一般为 $400 \sim 600 \mathrm{kg/m^3}$。木材的表观密度越大，其湿胀干缩变化也越大。

2. 含水率

木材细胞壁内充满吸附水，达到饱和状态，而细胞腔和细胞间隙中没有自由水时的含水量，称为纤维饱和点，一般在 $25\% \sim 35\%$。它是木材物理力学性质变化的转折点。

3. 湿胀与干缩

当木材含水率在纤维饱和点以上变化时，木材的体积不发生变化；当木材的含水率在纤维饱和点以下时，随着干燥，体积收缩；反之，干燥木材吸湿后，体积将发生膨胀，直到含水率达到纤维饱和点为止。一般表观密度大、夏材含量多的，胀缩变形大。由于木材构造的不均匀性，造成各方向的胀缩值不同，其中纵向收缩小，径向较大，弦向最大。

4. 吸湿性

木材具有较强的吸湿性，木材在使用时其含水率应接近或稍低于平衡含水率，即木材所含水分与周围空气的湿度达到平衡时的含水率。长江流域一般为 15%。

5. 力学性质

当含水率在纤维饱和点以下时，木材强度随含水率增加而降低。木材的天然疵病会明显降低木材强度。

（三）木材的分类

1. 按加工程度和用途分

木材按照加工程度和用途的不同分为原条、原木、锯材和枕木 4 类。

（1）原条。指除去皮、根、树梢、树桠等，但尚未加工成材的木料，用于建筑工程的脚手架、建筑用材、家具等。

（2）原木。指已加工成规定直径和长度的圆木段，用于建筑工程（如屋架、檩、椽等）、桩木、电杆、胶合板等加工用材。

（3）锯材。指经过锯切加工的木料。截面宽度为厚度的 3 倍或 3 倍以上的称为板材，不足 3 倍的称为枋材。

（4）枕木。指按枕木断面和长度加工而成的成材，用于铁道工程。

2. 按树叶形状分

树木按树叶形状分为针叶树和阔叶树两大类。木材的微观构造如图 1-3 所示。

（1）针叶树。树干通直高大，纹理顺直，材质均匀、较软、易加工，又称为"软木材"。其表观密度和胀缩变形小，耐腐蚀性好，是主要的建筑用材，用于各种承重构件、门窗、地面和装饰工程。常用的树种有红松、马尾松、兴安落叶松、华山松、油松、云杉、冷杉等。

（2）阔叶树。树干通直部分短，密度大，材质硬，难加工，又称为"硬木材"。其胀缩

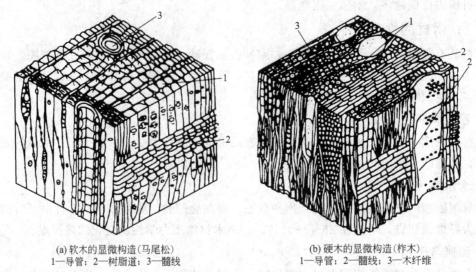

(a) 软木的显微构造(马尾松)
1—导管；2—树脂道；3—髓线

(b) 硬木的显微构造(柞木)
1—导管；2—髓线；3—木纤维

图 1-3　木材的微观构造

和翘曲变形大，易开裂，建筑上常用作尺寸小的构件，如制作家具、胶合板等。常用的树种有卜氏杨、红桦、枫杨、青冈栎、香樟、紫椴、水曲柳、泡桐、柳桉等。

(四) 木材的缺陷

1. 节疤

节疤是指树木的枝条在生长过程中埋藏在树干内部的枝条基部。有节疤是树木的一种正常生理现象，但是节疤的存在，破坏了木材的纹理，靠近节疤附近的年轮被挤弯，影响木材的物理和力学性质。因此在木材的利用上，一般都认为节疤是一种缺陷。

节疤按其构造和性质可分为活节、死节和漏节。活节是树干中的活树枝形成的节疤，节的纤维与周围木材相连生，节的质地坚硬、构造正常。死节是树木的枯枝形成的，它和周围木材部分或全部脱离，死节按材质情况又可分为死硬节、松软节、脱落节和腐朽节。若节疤腐朽严重，形成筛孔状或粉末状，并且腐朽已深入树干内部，和树干的内部腐朽相连，这种节疤就是漏节。漏节常成为树干或树木内部腐朽的外部标志。

2. 易燃

木材最大的缺点是易燃，常采用以下几种措施对木材进行防火处理。

① 用防火浸剂对木材进行浸渍处理。

② 将防火涂料刷或喷洒于木材表面构成防火保护层。

防火处理能推迟或消除木材的引燃过程，降低火焰在木材上蔓延的速度，延缓火焰破坏的速度，从而给灭火或逃生提供时间。

3. 腐蚀虫蛀

(1) 腐蚀。木材的腐蚀是由真菌侵入导致的。真菌侵入将改变木材的颜色和结构，使细胞壁受到破坏，导致木材物理力学性能降低，使木材松软或成粉末状。引起木材变质腐蚀的真菌分三种：霉菌、变色菌和腐朽菌。霉菌只寄生于木材表面，对木材不起破坏作用，通常称为发霉。变色菌以细胞腔内淀粉、糖类等为养料，不破坏细胞壁，所以对木材的破坏作用也很小，但损害木材外观质量。腐蚀菌分解细胞壁物质，进行繁殖、生长，初期使木材颜色改变，之后真菌逐渐深入内部，木材强度开始下降，直至腐朽后期丧失强度。

真菌在一定的条件下才能生存和繁殖，其生存繁殖的条件是：

① 水分。木材的含水率为18％时即能生存，30％～60％时最宜生存、繁殖。

② 温度。真菌最适宜生存繁殖的温度为15～30℃，高于60℃无法生存。

③ 氧气。有5％的空气即可生存。

④ 养分。木质素、淀粉、糖类等为养料。

（2）虫害。木材虫害是指因各种昆虫（白蚁、天牛、蠹虫等）危害而造成的木材缺陷。木材中被昆虫蛀蚀的孔道称为虫眼或虫孔。虫眼对材质的影响与其大小、深度和密集程度有关。深的大虫眼或深而密集的小虫眼能破坏木材的完整性，降低其力学性质，也成为真菌侵入木材内部的通道。

（3）防腐防虫的措施。可从破坏菌虫生存条件和改变木材的养料属性着手，进行防腐防虫处理，延长木材的使用年限。在适当的温度（25～30℃）和湿度（含水率在35％～50％）等条件下，菌类、昆虫易在木材中繁殖，破坏木质，严重影响木材的使用。为了延长木材的使用寿命，对木材可采用以下两种防腐处理方法。

① 结构预防法（干燥法）。在设计和施工中，使木材构件不受潮。在良好的通风条件下，在木材和其他材料之间用防潮衬垫；不将支节点或其他任何木构件封闭在墙内；木地板下设置通风洞；木屋顶采用山墙通风，设置老虎窗等。

② 防腐剂法。防腐剂法是指通过涂刷或浸渍防腐剂，使木材含有有毒物质，以起到防腐和杀虫作用。常用的防腐剂有水剂（如氯化钠、氯化锌、硫酸铜、硼酚合剂）、油剂（如林丹五氯合剂）和乳剂（如氯化钠沥青膏浆）。

（4）干燥及机械加工引起的缺陷。如干裂、翘曲、锯口伤等，这些缺陷会降低木材的利用价值。

二、人造板材

木材在加工成型和制作构件时，会留下大量的碎块废屑，将这些废脚料或含有一定纤维量的其他作物作为原料，采用一般物理和化学方法加工而成的即为人造板材。这类板材与天然木材相比，板面宽，表面平整光洁，没有节子，不翘曲、开裂，经加工处理后还具有防水、防火、防腐、防酸性能。常用人造板材有胶合板、纤维板、刨花板，还有木质复合地板等。

（一）胶合板

胶合板是用原木旋切成薄片，经干燥处理后，再用胶黏剂按奇数层数，以各层纤维互相垂直的方向黏合热压而成的人造板材。胶合板构造示意图如图1-4所示。一般为3～13层，建筑工程中常用的有三合板和五合板。一般可分为阔叶树普通胶合板和松木普通胶合板。

胶合板是一组单板通常按相邻层木纹方向互相垂直组坯而成的板材，通常其表板和内层板对称地配置在中心层或板芯的两侧。胶合板改善了天然木材各向异性的特点，具有物理性

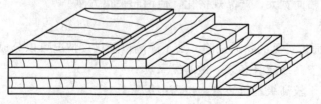

图1-4 胶合板构造示意

能好、幅面大、表面美观、易于加工等优点。

胶合板品种繁多，分类方法不一。按用途可分为普通胶合板和特种胶合板。普通胶合板按耐水性可分为耐气候胶合板、耐水胶合板、耐潮胶合板和不耐潮胶合板。胶合板的幅面尺寸见表1-5，胶合板分类、特性及适用范围见表1-6。

表 1-5　胶合板的幅面尺寸　　　　　　　　　　　　单位：mm

宽度	长度				
915	915	1220	1830	2135	
1220		1220	1830	2135	2440

表 1-6　胶合板分类、特性及适用范围

种类	分类	名称	胶种	特性	适用范围
阔叶树材普通胶合板	I	NOF(耐气候胶合板)	酚醛树脂胶或其他性能相当的胶	耐久、耐煮沸或蒸汽处理、耐干热、抗菌	室外工程
	II	NS(耐水胶合板)	脲醛树脂或其他性能相当的胶	耐冷水浸泡及短时间热水浸泡、不耐煮沸	室外工程
	III	NC(耐潮胶合板)	血胶、带有多量填料的脲醛树脂胶或其他性能相当的胶	耐短期冷水浸泡	室内工程，一般常态下使用
	IV	BNS(不耐潮胶合板)	豆胶或其他性能相当的胶	耐久、耐热、抗真菌	室外长期使用工程
松木普通胶合板	I	I类胶合板	酚醛树脂或其他性能相当的合成树脂胶	耐久、耐热、抗真菌	室外长期使用工程
	II	II类胶合板	脱水脲醛树脂胶、改性脲醛树脂胶或其他性能相当的合成树脂胶	耐水、抗真菌	潮湿环境下使用的工程
	III	III类胶合板	血胶和加少量填料的脲醛树脂胶	耐湿	室内工程
	IV	IV类胶合板	豆胶和加多量填料的脲醛树脂胶	不耐水、不耐湿	室内工程（干燥环境下使用）

1. 胶合板特点

胶合板常用作门面、隔断、吊顶、墙裙等室内高级装修，其主要有以下特点：

① 消除了天然疵点、变形、开裂等缺点，各向异性小，材质均匀，强度较高。

② 纹理美观的优质材做面板，普通材做芯板，增加了装饰木材的出产率。

③ 因其厚度、幅面宽大，产品规格化，使用起来很方便。

2. 胶合板等级

胶合板按成品面板可见的材质缺陷、加工缺陷以及拼接情况可以分成以下四个等级：

① 特等。适用于高级建筑装修，做高级家具。

② 一等。适用于较高级建筑装修，做高中级家具。

③ 二等。适用于普通建筑装修，做家具。

④ 三等。适用于低级建筑装修。

（二）纤维板

纤维是以植物纤维为原料，经破碎、浸泡、研磨成浆，然后经热压成型、干燥等工序制成的一种人造板材。纤维板所选原料可以是木材采伐或加工的剩余物，如板皮、刨花、树枝，也可以是稻草、麦秸、玉米秆、竹材等。

纤维板按其体积密度分为三种：硬质纤维板（体积密度＞800kg/m³）、中密度纤维板（体积密度500～800kg/m³）和软质纤维板（体积密度＜500kg/m³）。

硬质纤维板密度大、强度高，主要用作壁板、门板、地板、家具和室内装修等。中密度纤维板是家具制造和室内装修的优良材料。软质纤维板体积密度小、吸声绝热性能好，可作为吸声或绝热材料使用。

为了提高纤维板的耐热性和耐腐性，可在浆料里添加或在湿板坯表面喷涂耐火剂或防腐剂。

纤维板的主要特点是：材质均匀，完全避免了节子、腐朽、虫眼，胀缩性小、不翘曲、不开裂。

（三）刨花板、木丝板和木屑板

刨花板、木丝板和木屑板是利用刨花碎片、短小废料刨制的木丝和木屑，经干燥、拌胶黏剂、加压成型而制得的板材。

所用胶结材料有动物胶、合成树脂、水泥、石膏和菱苦土等。若使用无机胶结材料，则可大大提高板材的耐火性。

体积密度小、强度低的板材主要作为绝热和吸声材料，表面喷以彩色涂料后，可以用于天花板等；体积密度大、强度较高的板材可粘贴装饰单板或胶合板做饰面层，用作隔墙等。

（四）细木工板

细木工板也称复合木板，是一种夹心板，芯板用木板条拼接而成，两个表面胶贴木质单板，经热压黏合制成。一般厚度为20mm，长2000mm、宽1000mm，表面平整，幅面宽大，可代替实木板，使用非常方便。它集实木板与胶合板之优点于一身，可作为装饰构造材料，用于门板、壁板等。

木质复合地板，也是建筑装饰工程中的主要材料，其种类和性能也各有不同。人造板材在装饰工程中使用时，其污染物如甲醛、TVOC等指标应符合《民用建筑工程室内环境污染控制规范》（GB 50325—2010）的规定。

三、常用木材树种的选用和对材质的要求

常用木材树种的选用和对材质的要求见表1-7。

表1-7　常用木材树种的选用和对材质的要求

使用部位	材质要求	建议选用树种
屋架（包括木梁、格栅、桁条、柱）	要求纹理直、有适当的强度、耐久性好、钉着力强、干缩小的木材	黄杉、铁杉、云南铁杉、云杉、红皮云杉、细叶云杉、鱼鳞云杉、紫罗云杉、冷杉、杉松冷杉、臭冷杉、油杉、云南油杉、兴安落叶松、四川红杉、红杉、长白落叶松、金钱松、华山松、白皮松、红松、广东松、黄山松、马尾松、樟子松、油松、云南松、水杉、柳杉、杉木、福建柏、侧柏、柏木、桧木、响叶杨、青杨、辽杨、小叶杨、毛白杨、山杨、樟木、红楠、楠木、木荷、西南木荷、大叶桉等

使用部位	材质要求	建议选用树种
墙板、镶板、天花板	要求具有一定强度、质较轻和有装饰价值花纹的木材	除以上树种外，还有异叶罗汉松、红豆杉、野核桃、核桃楸、胡桃、山核桃、长柄山毛榉、栗、珍珠栗、木槠、红椎、栲树、苦槠、包栎树、铁椎、面槠、槲栎、白栎、柞栎、麻栎、小叶栎、白克木、悬铃木、皂角、香椿、刺楸、蚬木、金丝李、水曲柳、栲、楸树、红楠、楠木等
门窗	要求易干燥、不易变形、材质较轻、易加工、油漆及胶黏性质良好并具有一定花纹和材色的木材	异叶罗汉松、黄杉、铁杉、云南铁杉、云杉、红边云杉、细叶云杉、鱼鳞云杉、紫果云杉、冷杉、杉松冷杉、臭冷杉、油杉、云南油杉、杉木、柏木、华山松、白皮松、红松、广东松、七裂槭、色木槭、青榨槭、满洲槭、紫椴、椴木、大叶桉、水曲柳、野核桃、核桃楸、胡桃、山核桃、枫杨、枫桦、红桦、黑桦、亮叶桦、香桦、白桦、长柄山毛榉、栗、珍珠栗、红楠、楠木等
地板	要求耐腐蚀、耐磨、质硬和具有装饰花纹的木材	黄杉、铁杉、云南铁杉、油杉、云南油杉、兴安落叶松、四川红杉、长白落叶松、红杉、黄山松、马尾松、樟子松、油松、云南松、柏木、山核桃、枫杨、红桦、黑桦、亮叶桦、香桦、白桦、长柄山毛榉、栗、珍珠栗、米槠、红椎、栲树、苦槠、包栎树、铁槠、槲栎、白栎、柞栎、麻栎、小叶栎、蚬木、花榈木、红豆木、栲、水曲柳、大叶桉、七裂槭、色木槭、青榨槭、满洲槭、金丝李、红松、杉木、红楠、楠木等
椽子、挂瓦条、平顶筋、灰板条、青筋等	要求纹理直、无翘曲的木材	钉时不劈裂的木材通常利用制材中的废材，以松、杉树种为主
桩木、坑木	要求抗剪、抗劈、抗压、抗冲击力好，耐久、纹理直，并具有高度天然抗害性能的木材	红豆杉、云杉、红皮云杉、细叶云杉、鱼鳞云杉、紫果云杉、冷杉、杉松、臭冷杉、铁杉、云南铁杉、黄杉、油杉、云南油杉、兴安落叶松、四川红杉、长白落叶松、红杉、华山松、白皮松、红松、广东松、黄山松、马尾松、樟子松、油松、云南松、杉木、桧木、柏木、包栎树、铁槠、面槠、槲栎、白栎、柞栎、麻栎、小叶栎、栓皮栎、栗、珍珠栗、春榆、大叶榆、大果榆、椰榆、白榆、光叶榉、金丝李、樟木、檫木、山合欢、大叶合欢、皂角、槐、刺槐、大叶桉等

四、木材的识别技巧

（一）常用木材识别方法和技巧

通常情况下，木材识别方法可分为宏观识别、微观识别和辅助识别等。木材是由许多细胞组成的，准确识别木材的树种，应以微观识别特征为主要参考依据。

宏观识别，是指在肉眼下或借助放大镜，依据所观察到的木材宏观构造特征来识别木材，通常只能识别出木材类别。

微观识别，是指在显微镜下观察木材细胞组织的微观特征，据此微观特征来鉴定木材。

辅助识别，是指通过眼、鼻、舌、手等器官，研究木材的辅助特征来识别木材，如颜色、光泽、气味、滋味、纹理、结构、花纹、质量、硬度、树皮等。

1. 木材切面的准备

为了观察木材细胞的特点，通常使用10倍放大镜来观察横切面，因此制作好的木材切面是重要的。木材具有三种相互垂直的切面，分别是横切面、径切面和弦切面。横切面是与树干垂直的切面；径切面是与射线平行并与年轮垂直的切面；弦切面是与射线垂直并与年轮平行的切面。为了制作好观察的切面，需要一把锋利的刀片以切断细胞。如果用钝刀片或者切得太深将会引起木材纤维部分撕裂，造成表面不光滑，从而分辨不清，并可能会伤到手指。好的大切面不易获得，最好切几个小的切面以扩大观测视野。另外，用清水润湿表面有利于获得一个良好、清洁的切面。

2. 木材切面的观察

从伐倒树木的端头可以看到横切面，树皮、韧皮部、形成层和木质部。心材是位于树干中心颜色较深的部分，心材包括抽提物，抽提物是带有香味的化学物质，心材的颜色和气味是木材的特性之一。边材包围着心材，颜色较浅。边材的大小和宽度在树种之间变化较大。

年轮是另外一个重要的观察特征。一个年轮代表一年内形成的木材。一个年轮内的变化是由生长季节引起的。早材在春季和初夏形成，当时气候温暖、湿润，促进木材快速生长。因此，早材细胞有较大的尺寸和较薄的细胞壁。晚材在夏末和秋天形成，干燥的环境减慢了新生木材的生长。晚材位于年轮的外部区域，细胞有着厚壁和小尺寸的特点。

3. 区分阔叶树材和针叶树材

在对切面进行观察对比之后，第一步是判断树种是阔叶树材还是针叶树材。

针叶树材中 90%～95% 的细胞是管胞，管胞具有水分输导和支撑的作用。针叶树材细胞类型较少，使其较难分辨。

阔叶树材的结构比针叶树材复杂，不同树种之间变化大。大多数阔叶树材由纤维细胞组成，用来支撑树干。在阔叶树材和针叶树材之间最大的不同是有无导管。导管只在阔叶树材中出现，其主要作用是传输水分。不同树种之间、早材和晚材之间，导管在大小、数量上有很大变化。如橡树的导管极大、数量较多；杨树的导管大小、数量比较一致，平均分布在年轮周围。通过用放大镜观察，可以确定导管是否存在。

基于导管的存在与否我们可以确定该种木材是阔叶树材还是针叶树材。在此基础上，可以对其他细胞类型进行观察，以便进一步识别。

（1）阔叶树材的识别

① 管孔类型。识别阔叶树材的一个重要步骤是观察孔的大小及其在一个年轮内的变化。阔叶树材主要有三种管孔类型。

a. 环孔材。在年轮中早材管孔比晚材管孔大得多，肉眼观察下显著，并沿年轮呈环状排列。在每一个年轮内，早材的管孔明显，可以用肉眼看到；晚材管孔很小，需要用放大镜来观察。

b. 半环孔材。在年轮中，管孔的大小及排列介于散孔材与环孔材之间。早材管孔直径很大。在进入晚材区域内逐渐减小，管孔从大到小的转变是逐渐变化的。

c. 散孔材。在年轮中，管孔大小、疏密几乎一致，没有早、晚材之分。这些管孔一般大小一致，用肉眼很难看到。

② 管孔的排列。在横切面上，管孔可以通过它们的相对位置来描述。不同的种类有不同的排列：

a. 单管孔。管孔之间互不相连，平均分布在横切面上。

b. 复合管孔。2 个或 5 个管孔连在一起。

c. 管孔链。只在射线方向上分布。

d. 管孔团。大量管孔在一起，径向和弦向两个方向都有排列。

③ 木射线。当了解管孔的分布和排列之后，应重点观察木射线的宽窄和排列。木射线是从树皮到树髓心穿过年轮的窄线。木射线在树木的径向传递营养物质和水分。

针对不同种类的木材来说，木射线的宽窄和分布在横切面上是不同的。如红栎、白栎有非常宽的射线，很容易用肉眼看到；杨树、枫树有着大量极细的木射线。射线的分布可以用来识别木材树种。如山毛榉有明显的宽射线，在它们之间有着细微的射线。

当从径切面或者弦切面观察一种木材的时候，木射线可以作为一个很重要的判别依据。射线不但在宽度上有所差异，而且在高度上也不同。最好从弦切面观察射线高度。射线高度在树种之间变化很大，如红橡，射线高度从不超过 2.5mm，但是白橡射线高度总是大于 3mm。

④ 侵填体。侵填体是在一些阔叶树材内形成的。

由于侵填体只在阔叶树材中形成，所以对于木材识别是有用的。它是一种在管孔内呈泡沫状或膜状的物质，木材形成过程中，由导管周围的薄壁细胞被挤压进导管腔内而形成，常具有白色的光泽。红橡木材可能没有侵填体或者分散分布，而在白橡和刺槐中稠密且多。侵填体阻塞导管，因此阻碍了水分的流动，这是用白橡木材制作酒桶的原因。

⑤ 轴向薄壁组织。薄壁组织是由小的、细胞壁薄的纵向细胞组成的，能贮存营养物质。这些细胞在针叶树材中分布稀少，而在阔叶树材中通常较多。但是，有许多树种具有可以看到的、排列独特的薄壁细胞，是木材的识别特征之一。

薄壁组织有傍管型和离管型两种。两者之间主要的不同之处是：傍管型薄壁组织和管孔导管相连，而离管型薄壁组织则和管孔分开。

⑥ 颜色、气味和密度。木材其他的特点包括颜色、气味和密度。这些明显的特点在阔叶树材中有明显变化，通常是辨别木材的第一线索。阔叶树材有很多颜色和花纹，因此不易引起误辨。如紫檀木的深紫红色、乌木的黑色、枫树的白色等。

许多阔叶树材有独特的天然气味，如红木中的花梨就具有令人舒适的奶香气味，酸枝木生材具有酸香气味，香樟木具有樟脑气味等。

阔叶树材在密度上也变化较大。世界上最硬的木材之一是蛇桑木，其密度高达 $1.2g/cm^3$ 以上；世界上最轻的木材是轻木，其密度只有 $0.2g/cm^3$。木材的密度和硬度、强度有关，硬度在辨认软硬枫树时比较有用。软枫可以轻易地用指甲剪或者刀刃划痕，但是硬枫难以划痕。

(2) 针叶树材的识别

① 树脂道。当确定一种木材是针叶树材之后（无管孔），下一步是观察横切面有无树脂道。树脂道大多数在晚材附近。松科的松属、油杉属、黄杉属、银杉属、云杉属、落叶松属木材具正常树脂道。正常树脂道有轴向和径向之分，除油杉属仅有轴向树脂道外，其余均有轴向树脂道与径向树脂道。

② 年轮、早材和晚材。在针叶树材中，早材和晚材的特点可以提供辨认木材的信息。其特点包括：

a. 早晚材之间的转变为急变或渐变。

b. 晚材在年轮中所占的比例。

生长季节对管胞生长的影响导致早、晚材之间的不同。早材区域管胞细胞壁薄、大，晚材管胞细胞壁厚、小。因此，对于大多数树种，早材相比晚材颜色浅，晚材颜色一般较深。

对于早材颜色浅、晚材颜色深的木材，早、晚材的转变明显，为急变。其他木材，早、晚材变化不明显，为渐变。一些树种早材和晚材的转变介于这两者之间。

③ 颜色、气味和密度。针叶树材的颜色、气味和密度对于辨别木材很重要。一些树种有独特的颜色，如红桧有独特的深红色。气味，如松树的松香、红桧的柏木香气、云杉等的相关气味。

针叶树材密度变化也很大。许多树种密度大、强度高，如落叶松，一般作为建筑材料。杉木、白松和红桧等的密度相对较低。

（二）常用雕塑木材的识别技巧

1. 紫檀木

在各种硬木中，紫檀木质地最为细密，木材的分量最重，木纹不明显。紫檀木的木花放在白酒中，木花将立即分解，呈粉红色，且与酒形成较黏的胶状物，倾倒时能连成线，这是鉴别紫檀木的有效方法。紫檀木的产地主要在印度，我国的云南、广东和广西等地也有出产。有两种分布于我国：一种是紫檀，俗称小叶檀；另一种是蔷薇木，俗称大叶檀。小叶檀很少有大料，材料直径多在 200mm 以内，再大就会空心而无法使用。小叶檀木纹不明显，色泽紫黑，有的黝黑如漆，几乎看不出纹理。一般认为中国从印度进口的紫檀木是蔷薇木，即大叶檀。大叶檀纹理较粗，颜色较浅，打磨后有明显木线，即有棕眼出现。

我国自古认为紫檀木是最名贵的木材，因为过于名贵，所以紫檀器物比黄花梨的要少。虽然紫檀不及黄花梨那样华美，但其静穆沉古的特性是任何木材都不能比拟的。

2. 黄花梨

这种材料颜色不静不喧，恰到好处，纹理或隐或现，生动多变。花梨木颜色从浅黄到紫赤，木质坚实，花纹精美，呈八字形，锯解时芳香四溢。中国海南产的花梨木最佳，其显著特点是花纹面上有鬼脸（即树结子），花粗色淡者为低。另一特点是其心材和边材差异很大，其心材呈红褐至深红褐或紫红褐色，深浅不匀，常带有黑褐色条纹。其边材呈灰黄褐或浅黄褐色。黄花梨古无此名，只有"花梨"或写作"花榈"，后来冠之黄花梨，主要是为了区别现在的"新花梨"。因为海南花梨早在明朝末年就已砍伐殆尽，所以现在的用料多为缅甸等东南亚国家进口的花梨木，但品种繁多，质次各异，品质相差很大。

3. 鸡翅木

鸡翅木属红豆科，有 40～60 种，在我国有 26 种，主要产于福建省。因其花纹秀美似鸡翅而得名。匠师们普遍认为鸡翅木有新、老两种，新鸡翅木木质粗糙，紫黑相间，纹理浑浊不清，僵直无旋转之势，且木丝有时容易翘裂、起茬。老鸡翅木肌理细致紧密，紫褐色深浅相间成纹。特别是纵切面细丝浮动，具有禽鸟头翅那样灿烂闪耀的光辉。目前市场上的鸡翅木，绝大部分是新鸡翅木。

4. 铁力木

铁力木或作"铁犁木"或"铁栗木"，在几种硬木中长得最高大，价格较低廉。铁力木有时有花纹，似鸡翅木而较粗，过去家具商曾用它冒充鸡翅木出售。铁力木是较大的常绿乔木，树干直立，高可达十余米，直径达 1m 左右，我国广东和广西皆有分布。木质坚硬耐久，心材呈暗红色，色泽及纹理略似鸡翅木，质糙纹粗，棕眼显著。在热带多用于建筑，极经久耐用。

5. 榉木

榉木属榆种，产于江浙等地，别名榉榆或大叶榆，木材坚致，色泽兼美，用途极广，颇为贵重，其老龄木材带赤色故名"血榉"，又叫红榉。它比一般木材坚实，但不能算是硬木。榉木有很美丽的大花纹，层层如山峦重叠，被木工称为"宝塔纹"。

6. 沉香

（1）进口沉香。进口沉香又名沉水香、燕口香、蓬莱香、蜜香、芝兰香、青桂香等。来自瑞香科植物沉香的含树脂的心材。主产于印度尼西亚、马来西亚、新加坡、越南、柬埔寨、伊朗、泰国等地。越南产的沉香习称惠安香，质量最好，燃之香味甚善，带有甜味。印度尼西亚、马来西亚、新加坡所产的沉香习称星洲香，质量次之，燃之香味清幽。进口沉香多呈圆柱形或不规则棒状，表面为黄棕色或灰黑色。质坚硬而重，能沉于水或半沉于水。气味较浓，燃之发浓烟，香气强烈。进口沉香性微温，味苦辛，具有行气止痛、温中止呕、纳气平喘的功效，药效比白木香佳。

（2）国产沉香。国产沉香又名沉水香、沉香木、耳香、上沉、白木香、海南沉香、女儿香、莞香、岭南沉刀香，来自瑞香科植物白木香的含树脂的心材。国产沉香分为四种规格，即一号香（质重香浓）、二号香（质坚香浓）、三号香（质较松、香味佳）、四号香（质浮松、香淡）。其状不规则，表面多呈朽木状凹凸不平，有刀痕，偶有孔洞，可见黑褐色树脂与黄白色木质相间的斑纹。

7. 黑檀木

黑檀木属柿树类，主要产于印度、印度尼西亚、泰国、缅甸等国。黑檀木心、边材区别明显，边材呈白色（带黄褐或青灰）至浅红褐色，心材呈黑色（纯黑色或略带绿玉色）或不规则黑色（深浅相间排列条纹）。木材有光泽，无特殊气味。纹理黑白相间，深浅交错。结构均匀，耐腐、耐久性强，材质硬重、细腻，是一种十分稀少的珍贵家具及工艺品用材。

8. 绿檀木

绿檀主要生长在亚热带地区，产于印度、越南及非洲，我国云南也有少量分布。其木质坚硬，香气怡人，色彩绚丽多样，且含有丰富的人体所需的多种微量元素，其中硒、钴为抗癌物质。其香味需经35℃以上方可蒸发出来。中医理论认为檀香味能起到定心、安神、醒脑、通窍等作用，因此人们常把它作为吉祥物，自己佩戴或馈赠亲友。

9. 檀香木

檀香木是檀香的心材部分，不包括檀香的边材（没有香气，呈白色）。檀香是一种半寄生性小乔木，高可达8～1.5m，胸径为200～300mm，小者仅30～50mm。原产地为印度哥达维利亚河流域，南至迈索尔邦及印度尼西亚东、西努沙登加拉省及东帝汶。檀香木通常呈黄褐色或深褐色，时间长了则颜色稍深。光泽好，包浆不如紫檀或黄花梨明显。香气醇厚，经久不散，久则不甚明显，但用刀片刮削，仍香气浓郁，与香樟、香楠刺鼻的浓香相比略显清淡。檀香分老山香、新山香、地门香和雪梨香等。

10. 酸枝木

酸枝木有多种，为豆科植物中蝶形花亚科黄檀属植物。在黄檀属植物中，除海南岛降香黄檀被称为"香枝"（俗称黄花梨）外，其余尽属酸枝类。酸枝木大体分为三种，即黑酸枝、红酸枝和白酸枝。它们的共同特性是在加工过程中会发出一股食用醋的香气，故名酸枝。在三种酸枝木中，以黑酸枝木最好。其颜色由紫红至紫褐或紫黑，木质坚硬，抛光效果好。有的黑酸枝与紫檀木极为接近，常被人们误认为是紫檀，其大多纹理较粗。红酸枝纹理较黑酸枝更为明显，纹理顺直，颜色大多为枣红色。白酸枝颜色较红酸枝要浅得多，色彩接近草花梨，有时极易与草花梨相混淆。

11. 香樟木

香樟木有一种很好闻的类似樟脑的香味。生于山坡、溪边，多栽培。主产于长江以南及西南各地。树皮有不规则的纵裂纹。木材块状大小不一，表面呈红棕色至暗棕色，横断面有可见年轮。质重而硬，味清凉，有辛辣感。香樟木有祛风湿、通经络、止痛、消食等功效。

12. 黄杨木

黄杨木是热带、温带较常见的常绿植物，我国东南沿海、西南地区、台湾地区都有广泛的分布。黄杨科树种有 4 属 100 多种，为常绿灌木或小乔木。木材淡黄色，质地坚韧，纹理细腻，没有棕眼，生长期长，无大料。黄杨木生长非常缓慢，逢冬开花，春到结子，通常要生长四五十年才能长到 3~5m 高，直径也不足 150mm。所以有"千年难长黄杨木""千年黄杨难做拍"（乐器中的一种拍子）的说法。常用其制作木梳及刻印，用于家具则多做镶嵌材料。

13. 楠木

楠木中比较著名的品种可分以下几种。

① 香楠木。微紫而带清香，纹理也很美观。

② 金丝楠木。纹里有金丝，是楠木中最好的一种。更为难得的是，有的楠木材料会结成天然山水人物花纹。

③ 水楠木。质较软，多用其制作家具。

14. 椴木

椴木的白木质部分通常颇大，呈奶白色，逐渐并入淡至棕红色的心材，有时会有较深的条纹。这种木材具有精细均匀的纹理及模糊的直纹。椴木机械加工性良好，容易用手工工具加工，所以是一种上乘的雕刻材料。钉子、螺钉及胶水固定性能尚好。经砂磨、染色及抛光能获得良好的平滑表面。干燥尚算快速，且变形小、老化程度低。干燥时收缩率颇大，但尺寸稳定性良好。椴木重量轻，质地软，强度比较低，抗蒸汽弯曲能力不良，抗腐力低，白木质易受常见的甲虫蛀食，可渗透防腐处理剂。

15. 阴沉木

阴沉木即炭化木，蜀人称为乌木，西方人称为"东方神木"。经大自然千年磨蚀造化，阴沉木兼备木的古雅和石的神韵，其质地坚实厚重，色彩乌黑华贵，断面柔滑细腻，且木质油性大、耐潮、有香味，万年不腐不朽，不怕虫蛀，浑然天成。据记载，个别树种还具有药用价值。它集"瘦、透、漏、皱"的特性于一身，不愧享有"东方神木"和"植物木乃伊"的美誉。

阴沉木自古以来就被视为名贵木材，稀有之物，是尊贵及地位的象征。严格来说，阴沉木已超出了木头的范围，而应将之列为珍宝的范畴。在故宫博物院的"珍宝苑"就珍藏有阴沉木雕刻而成的巧夺天工的艺术品，可见其珍贵程度已远远不是一般木材所能企及的。阴沉木家具及艺术品就其质地、文化价值和升值前景看，可以说是无与伦比的，甚至已经超过了名贵的紫檀木。由于阴沉木为不可再生资源，开发量越来越少，一些天然造型的阴沉木艺术品极具收藏价值。

五、木材的防护

木材作为土木工程材料，最大缺点是容易腐朽、虫蛀和燃烧，这些因素大大缩短了木材的使用寿命，并限制了它的应用范围。采取措施来提高木材的耐久性，对木材的合理使用具有十分重要的意义。

（一）木材的腐朽与防腐

木材的腐朽是真菌在木材中寄生引起的。真菌在木材中生存和繁殖，必须同时具备四个条件：①温度适宜；②木材含水率适当；③有足够的空气；④适当的养料。

真菌生长最适宜温度是 25～30℃，最适宜含水率在木材纤维饱和点左右。含水率低于20％时，真菌难于生长；含水率过大时，空气难于流通，真菌得不到足够的氧或排不出废气。破坏性真菌所需养分是构成细胞壁的木质素或纤维素。

根据木材产生腐朽的原因，木材防腐有两种方法：一种是创造条件，使木材不适于真菌的寄生和繁殖；另一种是把木材变成有毒的物质，使其不能作真菌的养料。

（二）木材的防虫与防火

1. 木材的防虫

木材除受真菌侵蚀而腐朽外，还会遭受昆虫的蛀蚀。常见的蛀虫有白蚁、天牛等。

木材虫蛀的防护方法，主要是采用化学药剂处理。木材防腐剂也能防止昆虫的危害。

2. 木材的防火

木材是可燃性建筑材料。在木材被加热过程中，析出可燃气体，随着温度不同，析出的可燃气浓度也不同，此时若遇火源，析出的可燃气也会出现闪燃、引燃。若无火源，只要加热温度足够高，也会发生自燃现象。

对木材及其制品的防火保护有浸渍、添加阻燃剂和覆盖三种方法。

第四节　混凝土与砂浆

混凝土，简称为砼，是指由胶凝材料将集料胶结成整体的工程复合材料的统称。通常讲的混凝土一词是指用水泥作胶凝材料，砂、石作集料与水（可含外加剂和掺合料）按一定比例配合，经搅拌而得的水泥混凝土，也称普通混凝土，它广泛应用于土木工程。

一、混凝土

（一）普通混凝土

普通混凝土是指以水泥为胶凝材料，砂和石子为集料，经加水搅拌、浇筑成形、凝结固化形成的具有一定强度的人工石材，即水泥混凝土。水泥混凝土是目前工程上使用量最大的混凝土品种。

1. 组成材料的作用

在混凝土的组成材料中，砂、石是集料，对混凝土起骨架作用，其中小颗粒的集料填充大颗粒的空隙。水泥和水组成水泥浆，它包裹在所有粗、细集料的表面并填充在集料空隙中。在混凝土硬化前，水泥浆起润滑作用，赋予混凝土拌合物流动性，便于施工；在混凝土硬化后起胶结作用，把砂、石集料胶结成整体，使混凝土产生强度，成为坚硬的人造石材。

2. 组成材料的技术要求

混凝土的质量和技术性质，在很大程度上是由原材料的性质及其相对含量决定的，还与混凝土施工工艺（配料、搅拌、捣实成形、养护）有关。因此，首先必须了解混凝土原材料的性质、作用及质量要求，合理选择原材料，才能保证混凝土的质量，并降低成本。

（1）水泥。水泥是混凝土中最重要的组分，水泥的合理选用主要包括以下问题：

① 水泥品种的选择。配制混凝土用的水泥品种，应根据混凝土的工程性质与特点、工程所处环境与施工条件，按所掌握的各种水泥特性进行合理选择。

② 水泥强度等级的选择。原则上是配制高强度等级的混凝土选用高强度等级的水泥，低强度等级的混凝土选用低强度等级的水泥。一般对于普通混凝土，以水泥强度为混凝土强度的 1.5 倍左右为宜，对于高强度等级的混凝土可取 1 倍左右。

（2）集料。混凝土用的集料按其粒径大小分为细集料和粗集料两种，粒径为 0.16～5mm 的集料称为细集料，粒径大于 5mm 的称为粗集料。通常在混凝土中，粗、细集料的体积要占混凝土总体积的 70%～80%，集料质量的优劣，会对混凝土各项性质造成很大影响。

① 细集料。混凝土的细集料主要采用天然砂，有时也可用人工砂。天然砂是由天然岩石经长期风化等自然条件作用而成的，按其产源不同可分为河砂、湖砂、海砂及山砂等几种。河砂、湖砂和海砂颗粒的表面比较圆滑而洁净，产源多，但海砂中常含有碎贝壳及盐类等有害杂质。山砂是岩体风化后在山间适当地形中堆积下来的岩石碎屑，其颗粒多具棱角，表面粗糙，砂中的含泥量及有机杂质较多。相对比较河砂较为适用，所以建筑工程中普遍采用河砂作为细集料。我国标准规定，天然砂按其技术要求分为优等品、一等品及合格品三个等级。人工砂是将天然岩石破碎而成的，其颗粒富有棱角，比较洁净，但砂中的针片状颗粒及细粉含量较多，且成本较高，一般只有在当地缺少天然砂源时才采用人工砂。

混凝土用砂要求其砂粒质地坚实、洁净，有害杂质含量要少，不宜混有草根、树叶、树枝、塑料、煤块和煤渣等杂物；不能含有活性二氧化硅等物质，以免产生碱-集料反应而导致混凝土破坏。合格品砂中的含泥量（粒径小于 0.08mm 的黏土、淤泥与岩屑）不大于 5.0%，黏土块的含量（浸水后粒径大于 0.63mm 的块状黏土）小于 1.0%。

在配制混凝土时，要考虑砂的颗粒级配和粗细程度。

a. 砂的颗粒级配。砂的颗粒级配指砂中不同粒径颗粒的组配情况。若砂的粒径相同，则其空隙很大，如图 1-5（a）所示，在混凝土中，填充砂间空隙的水泥浆用量就多；当用两种粒径的砂搭配时，空隙就减少了，如图 1-5（b）所示；如果用三种粒径的砂组配，空隙就更少，如图 1-5（c）所示。由此可以得出结论，当砂中含有较多的粗颗粒，并以适量的中颗粒及少量的细颗粒填充其空隙时，即具有良好的颗粒级配，则可使砂的空隙率和总表面积均较小，这种砂比较理想。使用良好级配的砂，不仅所需水泥浆量较少，经济性好，而且还能提高混凝土的和易性、密实度和强度。

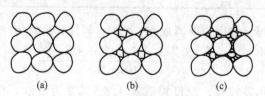

（a）　　　　　　（b）　　　　　　（c）

图 1-5　集料的颗粒级配

对细度模数为 1.6～3.7 之间的普通混凝土用砂，根据 0.6mm 筛的累计筛余百分率分成三个级配区，见表 1-8。混凝土用砂的颗粒级配应处于三个级配区中的任一级配区。一般处于Ⅰ区的砂较粗，属于粗砂；Ⅲ区砂细颗粒多；Ⅱ区砂的粗细适中，级配良好，拌制混凝土时宜优先选用。

表1-8　砂的颗粒级配

累计筛余/% 筛孔直径	级配区		
	Ⅰ区	Ⅱ区	Ⅲ区
9.5mm	0	0	0
4.75mm	10～0	10～1	10～0
2.36mm	35～5	25～0	15～0
1.18mm	65～35	50～10	25～0
600μm	85～71	70～41	40～16
300μm	95～80	92～70	85～55
150μm	100～90	100～90	100～90

b. 砂的粗细程度。砂的粗细程度指不同粒径的砂粒混合在一起后的平均粗细程度。砂通常分为粗砂、中砂、细砂和特细砂等几种。在配制混凝土时，在相同用砂量的条件下，采用细砂则其总表面积较大，而用粗砂则其总表面积较小。砂的总表面积越大，则在混凝土中需包裹砂粒表面的水泥浆越多，当混凝土拌合物的和易性要求一定时，用较粗的砂拌制混凝土显然要比用较细的砂所需的水泥浆量少。但若砂过粗，易使混凝土拌合物产生离析、泌水等现象，影响混凝土的工作性。因此，用于配制混凝土的砂，既不宜过细，也不宜过粗。

评定砂的粗细，通常用筛分析法。筛分析法是用一套孔径为5.00mm、2.50mm、1.25mm、0.630mm、0.315mm、0.160mm的标准筛，将预先通过孔径为10.0mm筛的干砂试样500g由粗到细依次过筛，然后称量各筛上余留砂样的质量，计算出各筛上的分计筛余百分率（a）和累计筛余百分率（β），见表1-9。

表1-9　分计筛余百分率和累计筛余百分率

筛孔尺寸/mm	分计筛余/g	分计筛余百分率/%	累计筛余百分率/%
5.00	m_1	$a_1 = m_1/m$	$\beta_1 = a_1$
2.50	m_2	$a_2 = m_2/m$	$\beta_2 = a_1 + a_2$
1.25	m_3	$a_3 = m_3/m$	$\beta_3 = a_1 + a_2 + a_3$
0.063	m_4	$a_4 = m_4/m$	$\beta_4 = a_1 + a_2 + a_3 + a_4$
0.315	m_5	$a_5 = m_5/m$	$\beta_5 = a_1 + a_2 + a_3 + a_4 + a_5$
0.160	m_6	$a_6 = m_6/m$	$\beta_6 = a_1 + a_2 + a_3 + a_4 + a_5 + a_6$

砂的粗细程度，工程上常用细度模数M_x表示，其计算公式为

$$M_x = \frac{(\beta_2 + \beta_3 + \beta_4 + \beta_5 + \beta_6) - 5\beta_1}{100 - \beta_1}$$

细度模数越大，表示砂越粗。细度模数在1.6～2.2为细砂，在2.3～3.0为中砂，在3.1～3.7为粗砂。普通混凝土用砂的细度模数范围在1.6～3.7，以中砂为宜。

② 粗集料。粗集料常用碎石和卵石。碎石与卵石相比，表面比较粗糙、多棱角，空隙率大、表面积大，与水泥的粘接强度较高。粗集料的颗粒级配按供应情况分为连续粒级和单

粒级，判定级配也是通过筛分法进行的。粗集料的粗细程度通常用最大粒径表示。粗集料的最大粒径不得大于结构截面最小尺寸的 1/4，并不得大于钢筋最小净距的 3/4；对混凝土实心板，最大粒径不得大于板厚的 1/2，并不得超过 50mm。粗集料最大粒径增大时，集料总表面积减少，可减少水泥浆用量，节约水泥，有助于提高混凝土密实度。因此，当配制中等强度以下的混凝土时，应尽量采用粒径大的粗集料。

（3）混凝土拌和及养护。凡能饮用的自来水及清洁的天然水都能用于养护和拌制混凝土。不能使用污水、酸性水和含硫酸盐超过 1‰ 的水。海水可用于拌制素混凝土，但不能拌制钢筋混凝土和预应力钢筋混凝土，也不能拌制有饰面要求的混凝土。

3. 配合比设计

普通混凝土配合比是指混凝土中水泥，粗、细集料和水等各项组成材料用量之间的比例关系。通常用两种表示方法：一种是以每立方米混凝土中各材料的用量来表示，如水泥 500kg，石子 1560kg，水 380kg；另一种是以各种材料相互间的质量比来表示（以水泥质量为 1），如水泥：砂子：石子：水 =1:2.1:4.2:0.6。

在混凝土配合比中，水灰比、单位用水量、砂率是三个重要参数，直接影响混凝土的技术性质和经济效益。混凝土配合比设计就是要正确确定这三个参数。

混凝土配合比设计的步骤如下。

① 根据选定的原材料及配合比设计的基本要求，通过经验公式、经验表格进行初步配合比设计，即确定配制强度→确定水灰比→确定单位用水量→计算混凝土的单位水泥用量→确定合理砂率→确定 1m³ 混凝土的砂、石用量。

② 在初步配合比的基础上，经试拌、检验，并调整到和易性满足要求时，得出基准配合比；在实验室进行混凝土强度检验、复核，得出设计配合比。

③ 以现场原材料情况（如砂、石的含水率等）修正设计配合比，得出施工配合比。

混凝土配合比设计要满足混凝土结构设计的强度等级、施工时混凝土拌合物和易性要求、与使用环境相适应的耐久性要求和节约成本的经济性要求四个方面。

4. 技术性质

混凝土是由各组成材料按一定比例拌和而成的，尚未凝结硬化的材料称为混凝土拌合物，硬化后的人造石材称为硬化混凝土。混凝土拌合物的主要性质是和易性，硬化混凝土的主要性质为强度和耐久性。

（1）和易性。和易性是指混凝土是否易于施工操作和均匀、密实，是一项综合性能。和易性包括流动性、黏聚性和保水性三个方面。

① 流动性是指混凝土能够均匀、密实地填满模型的性能。

② 黏聚性是指拌合物在运输及浇筑过程中具有一定的黏性和稳定性，不会产生分离和离析现象，保持整体均匀的能力。黏聚性差的拌合物中，集料容易与砂浆分离，并出现分层现象，振实后的混凝土表面还会出现蜂窝和孔洞。

③ 保水性是指拌合物保有一定水分不使泌出的能力。保水性差的拌合物易在混凝土内部形成泌水通道，降低混凝土的密实度、抗渗性、强度和耐久性。

影响和易性的因素有：用水量、水灰比（通常在 0.5~0.8）、砂率（指混凝土中砂的用量占砂、石总量的质量分数）、水泥品种、集料性质、时间、温度及外加剂等。

拌合物的和易性用维勃稠度法和坍落度法测定。混凝土拌合物按照维勃稠度的大小分为超干硬性混凝土、特干硬性混凝土、干硬性混凝土和半干硬性混凝土。混凝土拌合物按照坍落度的大小分为低塑性混凝土、塑性混凝土、流动性混凝土和大流动性混凝土。

（2）混凝土强度。混凝土的抗压强度和强度等级。混凝土强度包括抗压强度、抗拉强度、抗弯强度和抗剪强度，其中以抗压强度为最高，所以混凝土主要用于抗压。根据标准规定，以边长为150mm的立方体试块，在温度为20℃左右、相对湿度大于90%的标准养护条件下养护28d测得的抗压强度值，称为立方体抗压强度 f_{cu}。

混凝土按强度分成若干强度等级。混凝土的强度等级是按立方体抗压强度标准值 $f_{cu,k}$ 划分的。立方体抗压强度标准值是立方体抗压强度总体分布中的一个值，强度低于该值的百分率不超过5%，即有95%的保证率。混凝土的强度等级分为C7.5、C10、C15、C20、C25、C30、C35、C40、C45、C50、C55、C60。影响混凝土强度的因素包括以下几个方面。

① 水泥强度和水灰比。混凝土强度主要决定于水泥石与粗集料界面的黏结强度，黏结强度又取决于水泥石强度。水泥石强度取决于水泥强度和水灰比。在水泥强度相同的情况下，混凝土强度则随水灰比的增大有规律地降低。但并不是说水灰比越小越好，水灰比过小，水泥浆过于干稠，混凝土不易密实，反而会导致混凝土强度降低。

② 龄期。在正常情况下，混凝土强度随着龄期的增长而增加，最初的7~14d内增长较快，以后逐渐变慢，28d后强度增长更慢，可持续几十年。

③ 养护温度和湿度。混凝土浇捣后，必须保持适当的温度和足够的湿度，使水泥充分水化，以保证混凝土强度的不断发展。一般规定，在自然养护时，对由硅酸盐水泥、普通水泥和矿渣水泥配制的混凝土，浇水保湿的养护日期不少于7d；火山灰水泥、粉煤灰水泥和掺有缓凝型外加剂或有抗渗性要求的混凝土，浇水保湿的养护日期不得少于14d。

为提高混凝土强度，通常可采取以下几种措施。

a. 采用高强度等级水泥。

b. 采用干硬性混凝土拌合物。

c. 采用湿热处理，包括蒸汽养护和蒸压养护。蒸汽养护是在温度低于100%的常压蒸汽中进行的，一般混凝土经16~20h的蒸汽养护后，强度可达正常养护条件下28d强度的70%~80%；蒸压养护是在175℃、0.81MPa的蒸压釜内进行的，在高温、高压条件下提高混凝土强度。

d. 改进施工工艺。加强搅拌和振捣，采用混凝土拌和用水磁化和混凝土裹石搅拌法等新技术均可提高混凝土强度。

e. 加入外加剂。如加入减水剂和早强剂等，可提高混凝土强度。

（3）混凝土的耐久性。混凝土的耐久性是抗渗性、抗冻性、抗侵蚀性、抗炭化性以及防止碱-集料反应等的统称。提高耐久性的主要措施包括以下几点。

① 选用质量好的砂、石，严格控制集料中的泥及有害杂质的含量。

② 选用适当品种的水泥。

③ 严格控制水灰比并保证足够的水泥用量。

④ 采用级配好的集料。

⑤ 适当掺用减水剂和引气剂。

5. 主要优、缺点

（1）普通混凝土的主要优点

① 原材料来源丰富。混凝土中约70%以上的材料是砂、石料，属地方性材料，可就地

取材，避免远距离运输，因而价格低廉。

② 施工方便。混凝土拌合物具有良好的流动性和可塑性，可根据工程需要浇筑成各种形状、尺寸的构件及构筑物。混凝土拌合物既可现场浇筑成形，也可预制。

③ 性能可根据需要进行调整。通过调整各组成材料的品种和数量，特别是掺入不同的外加剂和掺合料，可获得不同施工和易性、强度、耐久性或具有特殊性能的混凝土，满足工程上的不同要求。

④ 抗压强度高。混凝土的抗压强度一般在 $7.5 \sim 60 MPa$ 之间。当掺入高效减水剂和掺合料时，强度可达 $100 MPa$ 以上。而且，混凝土与钢筋具有良好的匹配性，浇筑成钢筋混凝土后，可以有效地改善混凝土抗拉强度低的缺点，使混凝土能够应用于各种结构部位。

⑤ 耐久性好。原材料选择正确、配合比合理、施工和养护良好的混凝土具有优异的抗渗性、抗冻性和耐腐蚀性能，且对钢筋有保护作用，可保证混凝土结构长期性能稳定。

（2）普通混凝土存在的主要缺点

① 自重大。$1 m^3$ 混凝土重约 $2400 kg$，所以构筑物自重较大，导致地基处理费用增加。

② 抗拉强度低，抗裂性差。混凝土的抗拉强度一般只有抗压强度的 $1/10 \sim 1/20$，易开裂。

③ 收缩变形大。水泥水化和凝结硬化引起的自身收缩和干燥收缩大，易产生混凝土收缩裂缝。

（二）防水混凝土

普通混凝土由于不够密实，在有压力水作用下会造成透水现象，同时水的不断浸透将会加剧其溶出型侵蚀，因此，经常受水压力作用的工程和构筑物，必须在其表面制作防水层，如使用水泥砂浆防水层、沥青防水层或金属防水层等。但是这些防水层施工复杂、成本又高，若能够提高混凝土本身的抗渗性能、达到防水要求，就可省去防水层。

防水混凝土是指提高混凝土抗渗性能，以达到防水要求的一种混凝土，一般是通过改进混凝土组成材料质量、合理选取混凝土配合比和骨料级配以及掺加适量高效外加剂的方法，保证混凝土内部密实或堵塞混凝土内部毛细血管通路，使混凝土具有较高的抗渗性能。防水混凝土多适用于园林给排水工程、水景工程、水中假山基础等防水工程及地下水位较高的各种建筑基础工程。

1. 普通防水混凝土

普通防水混凝土是依据提高砂浆密实性和增加混凝土的有效阻水截面，常采用较小的水灰比（不大于 0.6），较高的水泥用量（不小于 $320 kg/m^3$）和砂率（不小于 0.35），改善砂浆质量，减少混凝土孔隙率，改变孔隙特征，使混凝土具有足够的防水性。

2. 集料级配法防水混凝土

集料级配法防水混凝土是指将三种及以上不同级配的砂、石集料按照一定的比例混合调制，使砂、石混合级配满足混凝土的最大密实度要求，即提高抗渗性，以达到防水的目的。

3. 外加剂防水混凝土

外加剂防水混凝土是掺入适量外加剂来改善混凝土结构，以提高抗渗性，常用的外加剂有以下几种。

① 加气剂。常用松香热聚物或由松香皂和氯化钙组成的复合加气剂。

② 密实剂。一般用氢氧化铁或氢氧化铝的溶液。

（三）装饰混凝土

装饰混凝土采用的是表面处理技术，它在混凝土基层面上进行表面着色强化处理，通过色彩、色调、质感、款式、纹理、机理和不规则线条的创意设计、图案与颜色的有机组合，创造出各种天然大理石、花岗岩、砖、瓦、木地板等天然石材铺设效果，具有图形美观自然、色彩真实持久、质地坚固耐用等特点。

表面处理可以用在平面上，例如路面、坡道和台阶踏步，也可用在立面上，例如墙、柱。尽管平面、立面都可以进行表面处理，但是具体方法却不一样。平面上的表面处理可以和混凝土凝固过程同时进行；而立面上的表面处理则只能等到混凝土完全凝固，模具拆除以后才能进行。

1. 平面表面处理

和所有户外路面一样，安全性是选择表面处理方式的最主要的考虑因素。混凝土可以用抹子刮平，产生非常光滑的表面。这种表面也许适合家里的车库或地下室，但是如果用于室外空间，就太滑了，尤其是湿了的时候。几乎在所有的情况下，都应该给路面加上可以增加摩擦力的肌理。所以在选择表面处理方式的时候，千万不能在安全性上面犯错。

（1）抹平表面。手工抹平表面处理在现浇混凝土凝固之前就完成了。这种工艺可选的工具种类很多，可以根据具体要求做出选择。钢制或铝制的金属泥刀可以创造出更光滑的表面，木质泥刀则会制造出更多的肌理。熟练的工人既能够制造出与众不同的、由弧线和漩涡组成的图案，也可以制造出十分光滑的表面。

（2）扫帚纹表面。扫帚纹是室外现浇混凝土表面最常用的处理方法。其名称来自于使用的工具，在制造扫帚纹时，使用一把很宽的扫帚在混凝土表面刮出连贯的、细细的、平行的条纹。绘制详图时，设计师只在现浇混凝土旁边标注"扫帚纹"是不够的。因为这种纹理也是路面的重要视觉因素，所以设计师有责任提供全部有关条纹的角度和方向等信息。通常条纹的方向与交通流向互相垂直，这样条纹的曲折和不均匀就不容易被看到。另一种常见的图案是将条纹按平行方向与垂直方向交错布置，可以在控制缝处改变条纹方向，也可以在面状混凝土路面上呈棋盘形交错布置，每个相邻的格子纹路相互垂直。

（3）浮露集料表面。在现浇混凝土路面上，将混凝土中的一部分集料暴露出来，会形成一种颇具吸引力的表面，这种表面被命名为浮露集料表面，将集料的地位提升到了路面设计中的主角。浮露集料现浇混凝土路面的施工有两种基本的方法：第一种，也是最常用的一种方法，是在混凝土凝固过程中的特定时间点，将其表面的一部分材料去除，露出集料；第二种方法，是将用在表面的集料铺在未凝固的混凝土路面上，再施压将其嵌进混凝土的表面中。这两种方法对施工技术、时间掌握的要求都很高，直接关系到最后是否能成功。不管采用哪种方法，都会耗费更多劳动力，增加投资。

就像扫帚纹一样，设计师应该完全掌握浮露集料表面最终的景观效果。因为露出的集料对总体外观有着决定性的作用，所以设计师有责任精心选择并指定其颜色、质地、一致性和尺寸。最好的浮露集料表面，结合了石粒温暖、丰富的视觉趣味和混凝土的强度、持久性。

（4）印花表面。印花表面是在混凝土还湿着的时候将花色压印上去的。印花表面混凝土路面的铺设与平整过程和其他现浇混凝土路面相同。然后，趁着混凝土仍然是可塑的，将指定的图案印到它的表面上。在早期的仿石印花表面中，图案的重复方式与壁纸相同，很容易看出图案是按某种规律重复出现的。但是自然界中没有两块石板完全一样，所以这时的仿石印花人工痕迹很重。现在，随着技术的进步，允许图案有更大的随机性。这种模式中的每块"石板"是靠一种"关节"连接，一块块铺展开来的。这种关节就是各种长度的接缝，由接缝隔出一块块"石板"。一段这种图案可以反复镜像，从而产生一个连续不断的图案。这样就在一定程度上消除了图案的规律性。

尽管印花混凝土的施工过程和最终表现都已经经过了许多改进和提高，但是本质上还是用一种材料模仿其他的材料。所以这种方法往往被一些不屑伪饰的设计师抛弃。最终，个别设计师在特定项目中使用印花表面，因为它的各项指标符合具体的客户、预算，以及物质环境和历史沿革的要求。

（5）岩盐表面。岩盐表面是指新浇的混凝土表面散布着盐晶体。盐晶体是用辊子碾压进混凝土表面的。混凝土凝固后，清洗其表面，这个过程使盐溶解进入混凝土表面上的麻点和小洞中。

2. 垂直表面处理方法

尽管用于水平面和垂直面的现浇混凝土配方可能十分类似，但是它们的施工方法却有着根本的不同。混凝土铺装时使用的模板留下的纹理很少能被看到，因为之后还要进行表面处理，模压成型的路面板被表面层所覆盖，本章前面已经讲述了各种表面处理方法。相反，模压成型的混凝土墙面在模板拆除后却保留下模板的纹理。因此，模板本身在墙面或其他垂直面上扮演着更加重要的角色。此外，因为在混凝土完全凝固前，模板都不能被拆除，所以任何运用在水平铺装面上的要趁湿进行的表面处理方法都无用武之地了。

（1）模压表面。模压表面是指墙的暴露表面是由模板压成的。这是成本最低、施工步骤最少的浇筑方法，不过也是设计师最难以控制最终质量和效果的方法。除非设计师为了创造某种特别的纹理或图案而定制模板，否则最终的效果就是由施工承包商所使用的模板决定的。湿的混凝土会填满模板间的所有空隙。低档胶合板制成的模板会直接将自己的纹理印在混凝土表面形成暗纹，并且不整齐。这也许适用于工业建筑、货运停车场和货运码头，但是对于公共性的景观来说就难免太粗糙了。即使承包商尽了最大努力充分灌注模板，经过充分振捣的混凝土，依然会产生气泡和空隙，并且要等到混凝土完全凝固，模板拆除后才能看到它们。为了填补这些空隙，通常唯一的方法就是给墙面打上难看的、很难与原墙面匹配的补丁。在不同的工作日内，或使用不同批次的混凝土浇筑的墙体也可能会不匹配。模板接缝处也是导致墙面不一致的潜在隐患。如果密封不严密，这里的混凝土会更快地干燥和凝固，因此留下明显的颜色差异，也可能渗出潮湿的混凝土，导致墙面出现高差或皱褶。鉴于模压成型的现浇混凝土墙面存在这么多的视觉不一致的风险，所以人们已经发明了多种方法来隐藏、减轻或消除这些问题。

（2）喷砂表面。喷砂，顾名思义，是用高压将粗砂高速喷射到墙面上的表面处理方法，能够去除一定量的墙面厚度。这种方法可以软化和减轻墙面上的任何缺陷，赋予墙面一种砂纸般的质感。设计者可以指定轻度、中度或重度的喷砂处理。这些等级的意思是，在设定的范围内，在喷砂过程中去除的表面材料的数量不同。去除了混凝土的"外壳"后，会使其中的集料暴露出来。这还能够增加混凝土墙面的趣味性，改变其整体色调。这种方法也可以用来掩饰模压混凝土表面固有的一些缺陷。

（3）凿石锤处理表面。凿石锤处理的表面可以被认为是一种极端的喷砂处理表面。与高速喷射的粗砂不同，这种方法是用机械工具（锤）反复冲击混凝土表面，创造了比重度喷砂表面更加粗糙的肌理。凿石锤最常用的动力方式是气动，所以也被称为气动锤；人力凿石锤是一个成本较低、但工作量极高的选择。凿石锤处理后的表面有很多小坑，这些小坑的形状、排列方式等是决定表面肌理是否自然的关键。

凿石锤表面甚至可以隐藏模压成型混凝土表面上最严重的缺陷，但这种表面太粗糙了，容易刮伤皮肤。与喷砂处理的表面一样，这两种表面的总体均匀度和一致性都很大程度上取决于操作人员的技术和经验。

（4）衬层模板成型表面。以上讨论的垂直表面处理方法都是在混凝土完全凝固，模板拆除后进行的。还有一种与它们不同的做法是在模板内侧加上可多次使用的塑料或橡胶衬层，这些衬层上带有各种纹理和图案。湿的混凝土灌注进模板后就会复制出这些纹理和图案。衬层的选择范围非常广，唯一的限制就是预算的大小。有时人们希望用混凝土来模拟其他材料，如砖或石（规则的或不规则的）；有时希望创造几何的、抽象的图案；有时又希望创造有机的、具象的纹理。衬层模板成型的表面与印花表面有相似之处，有许多相同的优点，例如经济性和视觉趣味性；也有许多共同的关键点，例如对技巧和一致性的要求。和印花混凝土一样，混凝土墙面也能够拥有色彩和光泽，并且两者可以使用同样的染色剂。

衬层模板成型同样不能避免气泡或空隙的问题，进行修补后可能和模压成型的混凝土表面一样难看。然而，衬层模板确实为创造传统形式的墙面提供了一种更经济的方法，因为用的是现浇混凝土，而不是真正的一块块的砖或石。

（四）沥青混凝土

对于沥青混凝土公认的平庸视觉品质和它对雨水排水、径流的影响，批评之声已经是老生常谈了。然而，这种材料的广泛使用，特别是大量用于道路、停车场，也是完全可以预料到的，因为不断增多的机动车和司机都要求更安全、更方便、更工程化的行驶路面。如今这种材料的经济性、功能性和易维护性一同赋予了它在各种表面铺装材料中的突出地位。

1. 沥青混凝土的特性

在很多方面，沥青混凝土和水泥混凝土存在相似性。两者本质上都是将大量集料（如砂、石）黏结在一起，硬化形成的聚合物，都是可以形成各种形状的、不可弯折的固体，并会随着时间逐渐变硬。二者的不同在于水泥混凝土的强度来自于水泥的水化，而沥青混凝土的强度来自一种石油黏结剂——沥青。因为使用了沥青，沥青混凝土相比水泥混凝土就有一个独特的优点：结构弹性。两者都完全固化后，前者拥有一定的结构弹性，后者则没有此特性且易碎。这种弹性使路面不再需要伸缩缝和控制缝，因此节省了施工时间和费用。

沥青混凝土路面施工必须趁混合物保持一定温度的时候进行，所以称为热拌沥青混凝土，其中的黏结剂温度超过 148.9℃，并且在混合物的温度降到 85℃ 之前必须完成摊铺和碾压。热拌沥青混凝土通过压路机多次滚压加强密度和表面平滑度。随着混合物逐步降温，就形成了耐用的、均匀的路面。

2. 装饰性沥青混凝土

通过技术处理，改善沥青混凝土固有的弱点——视觉兴奋点或丰富性的缺失，称为装饰性沥青混凝土。热拌混凝土可以在一定程度上具备其原本没有的色彩、肌理、图案，供设计师选择。这些装饰效果会耗费额外的工作量和材料，所以不是免费的。但是即使沥青混凝土增加装饰性后，施工费用还是比石材等单元铺装的费用低，是设计师的经济选择。

集料黏结，是将设计师选定的集料浸渍在热拌混凝土面层中的过程，可以用多种方式完成。可以简单地将集料铺好，再将其碾压进热的面层中间。如果选用环氧沥青作为黏结剂，则可以达到更耐用的效果，因为这种黏结剂能将集料和沥青混凝土牢固地黏在一起。集料浸渍工艺能创造出均匀一致的表面，并且保留了集料的色彩和纹理。因为色彩是来自集料而非染料，所以这种工艺趋向于有机和自然。

压花沥青混凝土，是在热拌混凝土面层冷却之前，或再次加热之后，在其上压上由细缝组成的图案。这种工艺可以模仿多种石作花样，形成的路面兼具单元铺装的视觉趣味和沥青混凝土的平整、低维护费的优点。还可以在旧的铺装上铺上新面层，再在新面层上压上花纹。这样设计师就可以选择在原地把牢固的旧铺装作为基础层再利用起来。

热熔断系统能够使耐用的热塑性塑料熔进热拌混凝土的表面，创造出不同的图案和形状。第一步是在沥青混凝土表面制造出凹痕，这一步很像压花。然后这些凹痕会被热塑性塑料填满，同时这种塑料会与沥青混凝土熔接在一起。最后的成品表面平滑易保洁，并且易于维护。热熔断工艺适用于高密度交通的路面。

彩色涂层，是将颜料加入耐用的、抗磨损的涂层中，覆盖于沥青混凝土表面涂层颜色可以由生产者自由选择，正常是模仿砖或石的颜色，以追求更生动的效果。选择颜色时须参照其太阳能反射率指标，尽量减小城市热岛效应。

3. "绿色"沥青混凝土

上面已经讨论过，使用沥青混凝土并不是典型的可持续规划的手段，实际上，它常常被认为是生态友好型发展的对立面。负责任的设计师应该想出有效的办法，在利用沥青混凝土已被证实的好处的同时，减轻它对环境的不利影响。景观设计师就有很多有效手段可以将沥青混凝土铺装对环境的冲击降到最小。

透水沥青混凝土与传统沥青混凝土相比，就有很大的环境优势。正如其名，透水沥青混凝土允许水流透过其中的孔隙渗进路基层，而不是在其表面快速流动，汇入雨水排水系统。使用透水沥青混凝土至少有 3 个重要的优点：

① 减缓雨水进入排水系统的速率；

② 增加了渗入土壤的水量，减少了径流水量；

③ 能够过滤掉一部分路面和停车场径流中固有的污染物，如固体颗粒、金属、汽油、润滑油等，从而提高水质。

从视觉特点来说，透水沥青混凝土与一般沥青混凝土相似，但是带有轻微的、疏松的肌理。这是由其中的孔隙形成的，正是这些孔隙才使水流能够快速渗透。这种面层按视觉特点分类被归入"开放型"类别。

透水沥青混凝土的关键是以加强的集料作为基础，这是一种粒大的、规格一致的压碎石，这样形成的铺装其空隙率大约 40%。这里使用的集料颗粒必须严格一致。如果颗粒大小差别过大，或使用了含有各种大小颗粒的"密实"集料，都会导致渗水效果减弱。因为混进去的杂质会堵塞合格颗粒之间的孔隙，明显减缓渗水速度。在透水沥青混凝土路面的整个生命周期中，能否保持渗水孔隙不被破坏，是决定透水沥青混凝土性能表现的关键因素。很重要的一点是路基在施工时不能使用传统的压实手段，这样才能保持高渗透率。因为路基没有压实而损失的稳定性则由加厚的集料基础来补偿。

"温拌"沥青混凝土技术是人们降低混合物温度，淘汰热拌混凝土的尝试。温拌沥青混凝土要求环境温度在 $-1.1 \sim 37.8℃$，低于传统的热拌沥青混凝土。低温的好处很多：减小能量消耗；减少温室气体排放；减少众所周知的热拌沥青混凝土施工中的刺激性气味和有毒废气排放。

温拌沥青混凝土是一个相当新的技术，是在全球减少温室气体排放的共识中应运而生的。现在发展这项技术面临的最大挑战是如何使其达到甚至超过热拌混凝土的强度和耐久性，这样才能发挥其显著的环境效益。

设计师可以通过使用浅色的沥青混凝土来减小城市热岛效应。深色的路面和屋顶会在白天吸收热量，夜间释放热量。空气中的污染物不可避免地成为包围城市区域热岛的组成部分，大大降低了空气质量。城市地区被困住的热量和低质量的空气意料之中地促进了空调的使用，这反过来又消耗更多的能源。浅色的表面能够更好地反射太阳辐射，驱散热量和空气中的污染物。

4. 沥青混凝土块单元铺装

和预制混凝土块一样，沥青混凝土块是在受控的工厂条件下制造的。它比起热拌混凝土有很多明显的优点，每个铺装单元看起来几乎一样，因为制造过程中不受气候、天气、场地条件不同的影响。另外，还能做到热拌混凝土无法实现的颜色和表面处理。多样的色彩、尺寸、形状、规格使得沥青混凝土块具备了更大的视觉趣味性，扩大了设计师的选择范围。另外，人性化的单元尺寸比大面积的连续的热拌混凝土铺装看起来更舒服。

根据厂商的不同，沥青混凝土单元铺装可以制成多种形状和漂亮、有机的色彩。其等级和厚度分为家用、商用和工业用。其中含有的石油衍生物成分能够防止沥青混凝土块在低温下变脆，使其碎裂的可能性降到了最低；这种成分还赋予了沥青混凝土块优异的防水性能和很低的吸附性。在表面处理方面，可以有两种选择：一种是直接保留光滑表面，能够突出黏结剂的暗色调，或者突出集料的色彩；另一种方式是使表面具备不同的肌理。和预制混凝土一样，沥青混凝土的制造商们也在不断地开发新的表面处理样式。

沥青混凝土块的安装不需要砂浆或其他任何接缝密封剂。不管是在柔性基础（集料或砂）、半刚性基础（热拌沥青混凝土）还是刚性基础（水泥混凝土）上，都采用手工紧合的方法，通常要使用沥青混凝土专用垫。

沥青混凝土块在设计方面占有优势，却不会增加费用。安装方面也比热拌沥青混凝土更经济，要是比起砖块或预制混凝土来，经济优势就更明显了。

（五）混凝土表面缺陷的识别与修补

1. 混凝土表面缺陷的识别

（1）塑性开裂

① 表现特征：通常不延续，多发生在顶面。

② 原因分析

a. 温度收缩是混凝土开裂的重要原因。

b. 早期干缩是混凝土产生裂缝的又一重要原因。

c. 混凝土硬化之前的沉降也会造成开裂。

d. 基层不平整也会造成混凝土的开裂。

e. 单位用水量过大和水泥用量过大都可能引起混凝土开裂。

③ 预防办法

a. 严格控制水灰比，减少混凝土拌合物中的含水率。

b. 选用合适的水泥，合格的砂、石料，准确掌握配合比。

c. 加强养护。混凝土收面后可以采用喷雾养护，以增加空气湿度和补充混凝土过早蒸发的水分。在混凝土终凝后立即覆盖草袋（或砂、土工布）并充分洒水养护，以保证混凝土强度的正常增长，避免由于失水过快而产生干缩裂缝。

（2）应力开裂

① 表现特征：通常产生较长、横距相同的裂缝。

② 原因分析

a. 已硬化混凝土的温度变化。

b. 过早承受荷载。

c. 拆模（底模）过早。

③ 预防办法

a. 检查构造钢筋的设计和施工缝的位置。

b. 注意浇筑程序。

c. 控制拆模时间，防止结构超载。

（3）气孔

① 表现特征：分散、单独、小于 10mm 的气孔。

② 原因分析

a. 集料级配不合理。粗集料过多，细集料偏少。

b. 集料尺寸不当，针片状颗粒含量较多。

c. 用水量较大，混凝土的水灰比较高。

d. 振捣不充分。

e. 使用了表面刷油的钢模板。

③ 预防办法

a. 把好材料关。严格控制集料尺寸和针片颗粒含量，备料时要认真筛选，剔除不合格材料。

b. 选择合理级配，使粗集料和细集料比例适中。

c. 选择适当的水灰比。

d. 重视混凝土的振捣。

e. 确保模板坚硬，涂抹适当厚度的脱模剂。

（4）蜂窝麻面

① 表现特征：石子外露且表面粗糙。

② 原因分析

a. 混凝土拌合物中细料不够。

b. 粗集料中细料不足。

c. 振捣不充分。

d. 施工中在模板接缝处或在连接螺栓孔处漏浆。

③ 预防办法

a. 检查水泥和砂的配合比。

b. 检查粗集料的级配。

c. 充分拌和，精心浇筑，充分振捣。

d. 确保模板不漏浆。

（5）失准（错牙）

① 表现特征：凸出、呈波形或其他形状与原设计不符的情况。

② 原因分析

a. 模板安装不准确。

b. 浇筑时，在荷载作用下或由于模板含水率发生变化而造成变形。

③ 预防办法

a. 检测模板是否顺直。

b. 检查是否有足够的模板固定夹具，模板加固是否稳定可靠。

c. 检测浇筑频率和混凝土数量，避免超过模板的设计承载力。

d. 使用木模板时，避免模板中的含水率变化过大。

（6）掉落（掉角）

① 表现特征：硬化的混凝土掉落。

② 原因分析

a. 拆模过早。提前拆模时，施工中不小心而使模板与混凝土结构发生碰撞，极易发生掉落。

b. 混凝土本身的强度过低，不能承受碰撞。

c. 集料不符合要求，易碎。

d. 模板表面粗糙，脱模剂涂抹不均匀，混凝土与模板黏附在一起，拆模时造成脱皮。

③ 预防办法

a. 检查混凝土强度是否达到拆模强度。

b. 推迟拆模时间，尤其是在天气较冷时。

c. 检查模板的设计，以及清理和涂抹脱模剂的情况。

（7）集料透露

① 表现特征：大小相近的深色斑点，并呈粗集料状。

② 原因分析。在模板面与粗集料之间的接触处，由于振捣造成细集料及其结合水的离析。

③ 预防办法

a. 模板加固要合格，减少模板的晃动。

b. 增加含砂率。

c. 使用相同连续级配的集料。

d. 使用插入式振捣器。

（8）盐霜

① 表现特征：粉笔状的白色粉粒或沉淀物。

② 原因分析。通常由于雨水作用在混凝土表面形成不溶性的碳酸钙。

③ 预防办法

a. 在混凝土浇筑完后的最初几天要注意防雨。

b. 空气潮湿时能减少炭化作用，而干燥条件下能增加炭化作用。

（9）污染（变色）

① 表现特征：混凝土表面呈现与混合料组成材料无关的变色，混凝土表面呈奶黄色或棕色，有时露砂。

② 原因分析

a. 受钢筋或绑扎接头污染。

b. 受模板面上或脱模剂中的颜色或污物污染。

c. 受脱模剂的污染。

d. 钢模板表面未清理干净，在钢模板表面有浮锈（呈黄色）时直接涂刷脱模剂。

③ 预防办法

a. 确保模板上没有污染混凝土的物质。

b. 确保脱模剂纯净，防止已涂有脱模剂的模板受污染。

c. 不要抹过多的脱模剂，在混凝土浇筑前一天抹脱模剂。

2. 混凝土表面缺陷的修补

（1）调配颜色。多数修补工作的失败是由于未使用与周围混凝土表面相同配合比的材料而造成的。即使是使用了与原混凝土相同的配合比，也很难保证修整部分的颜色与周围混凝土颜色一致。为了弥补这一缺陷，通常修补用的混合料有以下几种配合比（具体最优配合比需通过现场调试得出）：

① 白色硅酸盐水泥＋粉煤灰＋水。

② 白色硅酸盐水泥＋粉煤灰＋砂＋水。

③ 白色硅酸盐水泥＋普通水泥＋砂＋水。

④ 白色硅酸盐水泥＋砂＋水。

⑤ 普通水泥＋砂＋水。

（2）控制吸水。用水泥材料进行修补时，不能在干燥的混凝土表面上进行。这是因为干燥的混凝土表面会吸取用于修补的砂浆中的水分，从而降低新材料与原混凝土表面的粘接，也会降低修补材料的质量和耐久性。修整的表面首先要浸湿，最好的做法是充分湿润表面，在表面有点潮湿时进行修补效果最佳。

（3）打磨。对于漏浆造成的挂帘和模板安装不稳固造成的失准（混凝土表面凸起），可以直接使用角磨机（金刚石磨盘）在混凝土表面打磨。

（4）破碎边角的修整。对于因意外碰撞或拆模不小心造成的边角破碎，在修补时应先把边角修整成四边形，洒水湿润后使用砂浆进行修补。在修补前应调试混合料的颜色，争取修补后的混凝土颜色与原混凝土颜色一致。

（5）气孔的修饰

① 把需要修补的部分用水湿润。

② 用镘刀将调配好的砂浆压入气孔，同时刮掉多余的砂浆。

③ 注意养护，待修补的砂浆达到一定强度后，使用角磨机打磨一遍。对于要求较高的部位可用砂纸进行打磨。

（6）蜂窝麻面的修饰

① 把松散的混凝土清除，直到露出坚硬的混凝土。

② 把四周修整成四方形，凿除的深度应大致相同。

③ 对需要修补的部位洒水湿润。

④ 根据凿除的深度决定使用砂浆或细石混凝土，将砂浆（或细石混凝土）压入。

⑤ 洒水养护。

（六）混凝土养护的方法

混凝土养护期间，应重点加强混凝土的湿度和温度控制，尽量减少表面混凝土的暴露时间，及时对混凝土暴露面进行紧密覆盖（可采用篷布、塑料布等进行覆盖），防止表面水分蒸发。暴露面保护层混凝土初凝前，应卷起覆盖物，用抹子搓压表面至少两遍，使之平整后再次覆盖，此时应注意覆盖物不要直接接触混凝土表面，直至混凝土终凝为止。混凝土养护的常见方法有以下几种。

1. 蒸汽法

混凝土的蒸汽养护可分静停、升温、恒温、降温四个阶段，混凝土的蒸汽养护应分别符合下列规定：

① 静停期间应保持环境温度不低于 5℃，灌筑结束 4～6h 且混凝土终凝后方可升温。

② 升温速度不宜大于 10℃/h。

③ 恒温期间混凝土内部温度不宜超过 60℃，最大不得超过 65℃，恒温养护时间应根据构件脱模强度要求、混凝土配合比情况以及环境条件等通过试验确定。

④ 降温速度不宜大于 10℃/h。

2. 箱梁蒸汽法

混凝土灌注完毕采用养护罩封闭梁体，并输入蒸汽控制梁体周围的湿度和温度。气温较低时输入蒸汽升温，混凝土初凝后桥面和箱内均蓄水保湿。升温速度不超过 10℃/h；恒温不超过 45℃，混凝土芯部温度不宜超过 60℃，个别最大不得超过 65℃。降温时降温速度不超过 10℃/h；当降温至梁体温度与环境温度之差不超过 15℃时，撤除养护罩。箱梁的内室降温较慢，可适当采取通风措施。罩内各部位的温度保持一致，温差不大于 10℃。蒸汽养护定时测温度，并做好记录。压力式温度计布置在内箱跨中和靠梁端 4m 处以及侧模外。恒温时每 2h 测一次温度，升、降温时每 1h 测一次，防止混凝土裂纹产生。蒸汽养护结束后，要立即进行洒淡水养护，时间不得少于 7d。对于冬季施工浇筑的混凝土要采取覆盖养护，当平均气温低于 5℃时，要按冬季施工方法进行养护，箱梁表面喷涂养护剂养护。

3. 自然养护

混凝土带模养护期间，应采取带模包裹、浇水、喷淋洒水等措施进行保湿、潮湿养护，保证模板接缝处不致失水干燥。为了保证顺利拆模，可在混凝土浇筑 24～48h 后略微松开模板，并继续浇水养护至拆模后再继续保湿至规定龄期。混凝土去除表面覆盖物或拆模后，应对混凝土采用蓄水、浇水或覆盖洒水等措施进行潮湿养护，也可在混凝土表面处于潮湿状态时，迅速采用麻布、草帘等材料将暴露面混凝土覆盖或包裹，再用塑料布或帆布等将麻布、草帘等保湿材料包覆。包覆期间，包覆物应完好无损，彼此搭接完整，内表面应具有凝结水珠。有条件地段应尽量延长混凝土的包覆保湿养护时间。

4. 养生液法

喷涂薄膜养生液养护适用于不易洒水养护的异型或大面积混凝土结构。它是将过氯乙烯树脂料溶液用喷枪喷涂在混凝土表面上，溶液挥发后在混凝土表面形成一层塑料薄膜，将混凝土与空气隔绝，阻止其中水分的蒸发以保证水化作用的正常进行。有的薄膜在养护完成后自行老化脱落，否则不宜于喷洒在以后要作粉刷的混凝土表面上。在夏季，薄膜成型后要防晒，否则易产生裂纹。混凝土采用喷涂养护液养护时，应确保不漏喷。在长期暴露的混凝土表面上一般采用灰色养护剂或清亮材料养护。灰色养护剂的颜色接近于混凝土的颜色，而且对表面还有粉饰和加色作用，到风化后期阶段，它的外观要比用白色养护剂好得多。清亮养护剂是透明材料，不能粉饰混凝土，只能保持原有的外观。

5. 满水法

采用厚为 12mm 以上的九夹板条（宽为 100mm）在浇捣混凝土板过程中随抹平时沿现浇板四周临边搭接铺贴，每米用两个长 35mm 的铁钉固定；楼梯踏步和现浇板高低处也同样用板铺贴，楼梯踏步贴板要求平整，踏步高差小于 3mm；混凝土板较大时应按浇捣时间及平面大小分块养护，分界处同样用 100mm 宽九夹板条铺贴；板条铺设要求平整，紧靠临边；混凝土浇捣后要及时用粗木蟹抹平，及时养护，尤其是夏天高温初凝前应采用喷雾养护，及粗木蟹二次抹平，在终凝前用满水法（即在板面先铺一张三夹板之类平板，水再通过板面流向混凝土面，直到溢出板条）养护 3～7d，条件允许养护时间宜延长；在养护期间切忌搅动混凝土；楼梯踏步板条宜在混凝土强度达到 100％ 以后再取消。这种养护方式能很好地保证混凝土在恒温、恒湿的条件下得到养护，能大大减少因温湿变化及失水所引起的塑性收缩裂缝，能很好地控制板厚及板面平整度，能很好地保证混凝土表面强度，避免楼面面层空鼓现象，能很好地保证混凝土外观质量、减少装饰阶段找平、凿平、护角等费用。

二、砂浆

砂浆是由无机胶凝材料、细集料、掺加料和水，按一定比例配制而成的。砂浆按照其作用可分为砌筑砂浆、抹面砂浆和防水砂浆，在园林工程中应用广泛。

（一）砌筑砂浆

1. 砂浆原材料质量要求

（1）水泥进场使用之前，应分批对其强度、安定性进行复验。检验批宜以同一生产厂家、同一编号为一批。

在使用中若对水泥质量有怀疑或是水泥出厂超过 3 个月（快硬硅酸盐水泥超过一个月），应复查试验，并按其结果使用。

不同品种的水泥，不得混合使用。

水泥的强度及安定性是判定水泥是否合格的两项技术要求，因此在水泥使用前应进行复检。

由于各种水泥成分不一，当不同水泥混合使用后，往往会发生材性变化或强度降低现象，引起工程质量问题，故不同品种的水泥不得混合使用。

（2）砂浆用砂不得含有有害杂物。砂浆用砂的含泥量应满足以下要求。

① 对水泥砂浆和强度等级大于 M5 的水泥混合砂浆，不应超过 5％。

② 对强度等级小于 M5 的水泥混合砂浆，不应超过 10％。

③ 人工砂、山砂及特细砂，应经试配后能满足砌筑砂浆技术条件要求。

砂中含泥量过大，不但会增加砌筑砂浆的水泥用量，还可能使砂浆的收缩值增大，耐久性降低，影响砌体质量。对于水泥砂浆，事实上已成为水泥黏土砂浆，但又与一般使用黏土膏配制的水泥黏土砂浆在性质上有一定差异，难以满足某些条件下的使用要求。M5 以上的水泥混合砂浆，如砂子含泥量过大，有可能导致塑化剂掺量过多，造成砂浆强度降低。因而砂子中的含泥量应符合规定。

对人工砂、山砂及特细砂，由于其中的含泥量一般较大，如按上述要求执行，则一些地区的施工用砂要从外地运送，不仅影响施工，又增加工程成本，故经试配能满足砌筑砂浆技术条件时，含泥量可适当放宽。

(3) 配制水泥石灰砂浆时，不可采用脱水硬化的石灰膏。

(4) 消石灰粉不得直接使用在砌筑砂浆中。

(5) 拌制砂浆用水，水质需符合国家现行标准《混凝土用水标准》(JGJ 63—2006)的规定。考虑到目前水源污染比较普遍，当水中含有有害物质时，将会影响水泥的正常凝结，并可能对钢筋产生锈蚀作用。因此，使用饮用水搅拌砂浆时，可不对水质进行检验，否则应对水质进行检验。

2. 砌筑砂浆配合比

(1) 砌筑试配。砌筑砂浆应通过试配来确定配合比。当砌筑砂浆的组成材料有变化时，其配合比也要重新确定。

砂浆的强度对砌体的影响很大，目前不少施工单位不重视砂浆的试配，有的试验室为了图省事，仅对配合比作一些计算，并未按照要求进行试配，因此不能保证砂浆的强度满足设计要求。

(2) 砌筑砂浆配合比要求

① 砌筑砂浆的强度等级可采用 M15、M10、M7.5、M5、M2.5。

② 水泥砂浆拌合物的密度不应小于 $1900kg/m^3$；水泥混合砂浆拌合物的密度不应小于 $1800kg/m^3$。

③ 砌筑砂浆稠度、分层度、试配抗压强度必须同时符合要求。

④ 砌筑砂浆的稠度应按表 1-10 的规定选用。

表 1-10 砌筑砂浆的稠度

砌体种类	砂浆稠度/mm
烧结普通砖砌体	70～90
轻集料混凝土小型空心砌块砌体	60～90
烧结多孔砖、空心砌体砖	60～80
烧结普通砖平拱式过梁空斗砖、筒拱普通混凝土小型空心砌块砌体加气混凝土砌块砌体	50～70
石砌体	30～50

⑤ 砌筑砂浆的分层度不得大于 30mm。

⑥ 水泥砂浆中水泥用量不应小于 $200kg/m^3$；水泥混合砂浆中水泥和掺加料总量宜为 $300～350kg/m^3$。

⑦ 具有冻融循环次数要求的砌筑砂浆，经冻融试验后，质量损失率不得大于 5%，抗压强度损失率不得大于 25%。

(3) 配合比计算

① 砂浆配合比的确定，应按下列步骤进行。

a. 计算砂浆试配强度 $f_{m,0}$ (MPa)。

b. 计算出每立方米砂浆中的水泥用量 Q_c (kg)。

c. 按水泥用量 Q_c 计算每立方米掺加料用量 Q_d (kg)。

d. 确定每立方米砂用量 Q_s (kg/m^3)。

e. 按砂浆稠度选用每立方米砂浆用水量 Q_w (kg)。

f. 进行砂浆适配。

g. 确定配合比。

② 砂浆的配制强度，可按下式确定。

$$f_{m,0} = f_2 + 0.645\sigma$$

式中　$f_{m,0}$——砂浆的适配强度，精确到 0.1，MPa；

f_2——砂浆设计强度，精确到 0.1，MPa；

σ——砂浆现场强度标准差，精确到 0.01，MPa。

③ 砌筑砂浆现场强度标准差应按下式或表 1-11 确定。

$$\sigma = \sqrt{\frac{\sum\limits_{i=1}^{n} f_{m,i}^2 - n\mu_{f,n}^2}{n-1}}$$

式中　$f_{m,i}$——统计周期内同一品种砂浆等 i 组试件的强度，MPa；

$\mu_{f,n}$——统计周期内同一品种砂浆等 n 组试件强度的平均值，MPa；

n——统计周期内同一品牌砂浆试件的总组数，$n \geqslant 25$，当不具有近期统计资料时，其砂浆现场强度标准差 σ 可按表 1-11 取用。

表 1-11　砂浆现场强度标准差 σ 选用值　　　　　　　　　　单位：MPa

施工水平	砂浆等级强度				
	M2.5	M5.0	M7.5	M10.0	M15.0
优良	0.50	1.00	1.50	2.00	3.00
一般	0.62	1.25	1.88	2.50	3.75
很差	0.75	1.50	2.25	3.00	4.50

④ 水泥用量的计算应符合下列规定。

a. 每立方米的砂浆中的水泥用量，应按下式计算：

$$Q_c = \frac{1000(f_{m,0} - \beta)}{\alpha f_{ce}}$$

式中　Q_c——每立方米砂浆中的水泥用量，精确到 1kg；

$f_{m,0}$——砂浆的适配强度，精确至 0.1MPa；

f_{ce}——水泥的实测强度，精确至 0.1MPa；

α，β——砂浆的特征系数，其中 $\alpha = 3.03$，$\beta = -15.09$。

各地区也可用本地区试验资料确定 α、β 值，统计用的试验组数不得少于 30 组。

b. 在无法取得水泥的实测强度值时，可按下式计算 f_{ce}。

$$f_{ce} = \gamma_c f_{ce,k}$$

式中　$f_{ce,k}$——水泥强度等级对应的强度值；

γ_c——水泥强度等级的富余系数，该值应按实际统计资料计算，无统计资料时，γ_c 取 1.0。

c. 当计算出水泥砂浆中的水泥计算用量不足 200kg/m³ 时，应按 200kg/m³ 采用。

⑤ 水泥混合砂浆的掺加料用量应按下式计算。

$$Q_d = Q_a - Q_c$$

式中　Q_d——每立方米砂浆的掺加料用量，精确至 1kg，石灰膏、黏土膏使用时的稠度为 120mm±5mm；

Q_a——每立方米砂浆中水泥和掺加料的总量，精确至1kg，宜在300～350kg之间；

Q_c——每立方米砂浆的水泥用量，精确至1kg。

⑥ 每立方米砂浆中的砂子用量，含水率小于0.5%的堆积密度值作为计算值（kg）。

⑦ 每立方米砂浆中的用水量，根据砂浆稠度等要求可选用240～310kg。

⑧ 具体操作时须注意下列事项。

a. 混合砂浆中的用水量，不包括石灰膏或黏土膏中的水。

b. 当采用细砂或粗砂时，用水量分别取上限或下限。

c. 稠度小于70mm时，用水量可小于下限。

d. 施工现场气候炎热或干燥季节，可酌量增加用水量。

（4）水泥砂浆配合比选用。每立方米水泥砂浆材料用量可按表1-12选用。

表1-12 每立方米水泥砂浆材料用量

强度等级	每立方米水泥砂浆 水泥用水量/kg	每立方米砂子用量	每立方米砂浆用水量/kg
M2.5～M5	200～300		
M7.5～M10	220～280	1m³砂子的堆积密度值	270～330
M15	280～340		

注：1. 此表水泥强度等级为32.5级，大于32.5级水泥用量宜取下限。

2. 根据施工水平，合理选择水泥用量。

3. 当采用细砂或粗砂时，用水量分别取上限或下限。

4. 稠度小于70mm时，用水量可小于下限。

5. 施工现场气候炎热或干燥季节，可酌量增加用水量。

6. 试配强度应按配合比计算中的规定。

（5）配合比试配、调整与确定

① 试配时，应采用工程中实际使用的材料；搅拌时间应符合下列规定。

a. 对水泥砂浆和水泥混合砂浆不得小于120s。

b. 对掺用粉煤灰和外加剂的砂浆不得小于180s。

② 按计算或查表所得配合比进行试拌时，应测定其拌合物的稠度和分层度，当不能满足要求时，应调整材料用量，直到符合要求为止。然后确定为试配时的砂浆基准配合比。

③ 试配时，至少应采用三个不同的配合比，其中一个为根据上条的规定得出的基准配合比，其他配合比的水泥用量应按基准配合比分别增加及减少10%。在保证稠度、分层度合格的条件下，可将用水量或掺加料用量作相应调整。

④ 对三个不同的配合比进行调整后，应按现行行业标准《建筑砂浆基本性能试验方法标准》（JG/T 70—2009）的规定成型条件，测定砂浆强度，并选定符合试配强度要求且水泥用量最低的配合比作为砂浆配合比。

（二）抹面砂浆

抹面砂浆又称为抹灰砂浆，抹在建筑物的表面的薄层，可保护建筑物、增加建筑物的耐久性，同时又使其表面平整、光洁美观。为施工方便，保证抹灰的质量，要求抹灰砂浆要比砌筑砂浆和易性好，并且抹灰砂浆要与底面能很好地黏结。所以抹面砂浆的胶凝材料（也包括掺和料）的用量一般要比砌筑砂浆多，用来提高抹面砂浆的黏合力。为保证抹灰表面的平整，避免裂缝和脱落，施工应分两层或三层进行，根据各层抹灰要求不同，用的砂浆也不同。

底层砂浆主要起与基层黏结的作用。一般砖墙抹灰多用石灰砂浆；有防水、防潮要求时用水泥砂浆；板条或板条顶棚的底层抹灰多用混合砂浆或石灰砂浆；混凝土墙、梁、柱顶板等底层抹灰多用混合砂浆。中层砂浆主要起找平作用，多用混合砂浆或石灰砂浆。面层主要起装饰作用，多采用细砂配制的混合砂浆、麻刀石灰浆或纸筋石灰浆；在容易碰撞或潮湿的地方应采用水泥砂浆。一般园林给排水工程中的水井等处常用 1:2.5 水泥砂浆。

抹面砂浆的流动性和集料的最大粒径参考见表 1-13。

表 1-13　抹面砂浆的流动性和集料的最大粒径

抹面层名称	沉入度（人工抹面）/mm	砂的最大粒径/mm
底层	10～12	2.6
中层	7～9	2.6
面层	7～8	1.2

（三）装饰砂浆

装饰砂浆是指专门用于建筑物室内外表面装饰，以增加建筑物美观为主的砂浆。常以白水泥、彩色水泥、石膏、普通水泥、石灰等为胶凝材料，以白色、浅色或彩色的天然砂、大理石或花岗岩的石屑或特制的塑料色粒为集料，还可利用矿物颜料调制多种色彩，再通过表面处理来达到不同要求的建筑艺术效果。

装饰砂浆饰面可分为两类：灰浆类饰面、石渣类饰面。灰浆类砂浆饰面是通过水泥砂浆的着色或表面形态的艺术加工来获得一定色彩、线条、纹理质感达到装饰目的一种方法，常用的做法有拉毛灰、甩毛灰、搓毛灰、扫毛灰、喷涂、滚涂、弹涂、拉条、假面砖、假大理石等。石渣类砂浆饰面是在水泥浆中掺入各种彩色石渣作集料，制出水泥石渣浆抹于墙体基层表面，常用的做法有水刷石、斩假石、拉假石、干贴石、水磨石等。

（四）防水砂浆

防水砂浆是指专门用做防水层的特种砂浆，是在普通水泥砂浆中掺入防水剂制成的。防水砂浆主要用于刚性防水层，这种刚性防水层仅用于不受振动和具有一定刚度的混凝土和砖石砌体工程，对变形较大或可能发生不均匀沉陷的建筑物，不宜采用刚性防水层。

1. 防水砂浆的原材料

（1）水泥　水泥强度等级大于 32.5 级。

（2）砂　中砂，不得含有有害物质和泥块。

（3）水　饮用水。

（4）外加剂　金属氯化物类防水剂，也可用其他防水剂。

2. 配合比和稠度

防水砂浆配合比及稠度见表 1-14。

表 1-14　防水砂浆配合比及稠度

序号	名称	配合比		水灰比	稠度
		水泥	砂		
1	水泥浆	按工程需要定量	—	0.37～0.4	—
2	水泥浆	按工程需要定量	—	0.55～0.6	—

序号	名称	配合比		水灰比	稠度
		水泥	砂		
3	水泥砂浆	1	2.5	0.6～0.65	7～8

3. 防水砂浆的检查频率

防水砂浆的检查频率为 $100m^2$ 抽查 1 处，且不应少于 3 处。

(五) 干粉砂浆

干粉砂浆又称为干混砂浆，它是将干粉状的建筑集料、胶黏剂（水泥、石膏、石灰）与各种添加剂按用途的不同配方进行配比，在搅拌设备中均匀混合，用袋装或散装的形式运到建筑工地，加水后就可直接使用的砂浆类建材。

使用干粉料可以实现大规模机械化作业，节约人工成本，大大提高生产效率；同时避免传统施工中原材料现场混配时出现的比例差错而影响施工质量。

由各种添加剂改性的干粉料，产品质量能精确控制，并保持其一致性，能满足现代建筑的各种要求，尤其是对于一些质量有特殊要求的工程。干粉料生产工艺不复杂，没有化学反应，无废物产生。使用过程对环境的污染小，有利于环保。

第五节　水　泥

水泥呈粉末状，与水泥混合后，经物理化学作用能由可塑性浆体变成坚硬的实体状，并能将散粒状材料胶结成为整体，所以水泥是一种良好的矿物胶凝材料。水泥浆体不但能在空气中硬化，还能在水中硬化，保持并继续增长其强度，故水泥属于水硬性胶凝材料。

水泥是建筑业的主要材料，素称"建筑工业的粮食"，它和钢材、木材被称为是建筑工的三大材料。其应用极其广泛，常用来制造各种形式的混凝土、钢筋混凝土、预应力混凝土构件和建筑物，也常用于配制砂浆，以及用作灌浆材料等。

一、硅酸盐水泥

凡由硅酸盐水泥熟料、0～5％石灰或粒化高炉矿渣、适量石膏磨细制成的水硬性胶凝材料，称为硅酸盐水泥（波特兰水泥）。硅酸盐水泥分两种类型，不掺加混合材料的称Ⅰ型硅酸盐水泥，其代号为 P·Ⅰ。在硅酸盐水泥熟料粉磨时掺加不超过水泥质量5％石灰石或粒化高炉矿渣混合材料的称Ⅱ型硅酸盐水泥，其代号为 P·Ⅱ。

(一) 硅酸盐水泥的生产工艺及矿物组成

生产硅酸盐水泥的主要原料有石灰质原料（提供氧化钙 CaO，有石灰石、贝壳、石灰质凝灰岩）、黏土质原料（提供氧化硅 SiO_2 和氧化铝 Al_2O_3，少量氧化铁 Fe_2O_3，有黏土、黄土、页岩、泥岩、粉砂岩、河泥等），有时两种原料化学组成不能满足要求，还要加入少量校正原料，如黄铁矿渣等铁矿粉用于提高氧化铁 Fe_2O_3 的含量。另外，为了改善煅烧条件，常常加入少量的矿化剂（如萤石等）。

硅酸盐水泥的生产工艺流程简单概括起来就是"二磨一烧"。这是应用最广、研究最多的一种工艺。即把生料磨细，经煅烧成熟料，熟料磨细成成品，生产工艺如图1-6所示。

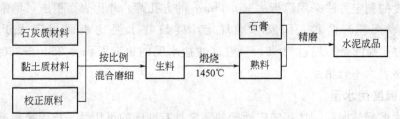

图 1-6　水泥生产工艺

其中第一磨是水泥质量的关键，煅烧是生产水泥的主要工艺。磨细时，加入不同的掺合料，制成不同品种的水泥。

硅酸盐水泥熟料的主要矿物的名称如下：

硅酸三钙 $3CaO \cdot SiO_2$，简写为 C_3S，含量 $37\% \sim 60\%$；

硅酸二钙 $2CaO \cdot SiO_2$，简写为 C_2S，含量 $15\% \sim 37\%$；

铝酸三钙 $3CaO \cdot Al_2O_3$，简写为 C_3A，含量 $7\% \sim 15\%$；

铁铝酸四钙 $4CaO \cdot Al_2O_3 \cdot Fe_2O_3$，简写为 C_4AF，含量 $10\% \sim 18\%$。

另外，还有少量的游离 CaO、MgO 以及碱性氧化物 K_2O、Na_2O。

（二）硅酸盐水泥的凝结硬化

各种熟料矿物单独与水作用时表现出的特征如表 1-15 所示。

表 1-15　水泥熟料矿物组成的性质

名称	硅酸三钙	硅酸二钙	铝酸三钙	铁铝酸四钙
凝结硬化速度	快	慢	最快	中
28d 水化放热量	多	少	最多	中
强度	离	早期低、后期高	低	低

硅酸盐水泥的凝结过程是指水泥加水拌和后，成为可塑的浆体，逐渐变稠、失去塑性，但尚不具有强度的过程；随后产生明显的强度，并逐渐发展而成为坚硬的人造石，这过程称为硬化过程。

水泥加水后，其颗粒为水所包围，颗粒表面的熟料矿物立即与水反应。这是一个很复杂的物理化学反应过程。未水化的水泥颗粒分散在水中，成为水泥浆体。加入石膏主要限制水泥矿物组成的水化速度，延缓水泥的凝结。硬化后的水泥石包含有凝胶体、结晶体、未水化的水泥内核、水和孔隙。

硅酸盐水泥凝结硬化过程是由表及里进行的，同时水分和温度是其凝结硬化的必要条件。

（三）硅酸盐水泥的技术性质

硅酸盐水泥的技术性质参见硅酸盐水泥的技术标准（GB 175—2007）。

1. 细度

细度是指水泥的粗细程度，水泥颗粒粒径一般在 $0.007 \sim 0.2mm$ 范围内。水泥的水化是从水泥的表面进行的，所以水泥越细，总表面积越大，与水的接触面越大，水化反应快且完全，有利于强度的发展，尤其是早期强度。但水泥细度过细，硬化后收缩大，易产生裂缝，且能耗高，成本高；若过粗，水泥活性得不到发挥。

水泥细度的测定方法采用筛析法（0.08mm 的方孔筛）和比表面积法（单位质量的粉末所具有的总表面积）两种。国家标准规定：硅酸盐水泥比表面积应大于 300m²/kg，0.08mm 的方孔筛筛余不超过 10%。一般硅酸盐水泥的比表面积为 2500～3500m²/kg。水泥细度不合格者为不合格品。

2. 标准稠度用水量

为了使水泥凝结时间、体积安定性等的测定具有准确的可比性，按国家标准规定，用标准稠度仪测定水泥净浆达到标准稠度时的用水量为标准稠度用水量。它不是水泥本身的技术性质，只是实验时规定的一个标准。

3. 凝结时间

水泥的凝结时间分为初凝时间和终凝时间。初凝时间是从水泥加水拌和到标稠，水泥净浆开始失去可塑性所需的时间。终凝时间是从水泥加水拌和到标稠，净浆完全失去可塑性，并产生强度所需的时间。

凝结时间对建筑施工、水泥制品生产有很大关系，水泥砂浆、混凝土的搅拌运输、浇筑、成型等工序必须在初凝之前，拆模在终凝之后。国家标准规定：初凝不大于 45min，终凝不迟于 390min；初凝不合格者为废品，终凝不合格者为不合格品。

4. 体积安定性

水泥体积安定性是指水泥浆在凝结硬化过程中，体积变化的均匀性能，是评定水泥质量的指标之一。水泥体积安定不良的原因，主要是熟料中含过量的游离氧化钙、游离氧化镁、三氧化硫或粉磨熟料时掺入的石膏过量，它们熟化慢，往往在水泥凝结硬化后，才慢慢熟化，体积膨胀，使水泥石开裂。石膏过量，多余的硫酸钙与已固化的水化铝酸钙反应。生成水化硫铝酸钙晶体，其膨胀率是 1.5 倍，从而造成已硬化的水泥石开裂。

国家标准规定，由游离氧化钙引起的水泥体积安定性不良的测定方法用沸煮法检验，沸煮法包括试饼法和雷氏法两种。由游离氧化镁、三氧化硫引起的，水泥中游离氧化镁的含量不得超过 5.0%，三氧化硫不得超过 3.5%。安定性不合格者作废品处理。硅酸盐水泥的技术标准见表 1-16。

表 1-16 硅酸盐水泥的技术标准（GB 175—2007）

项目	细度比表面积/(m²/kg)	凝结时间/min		安定性（沸煮法）	不溶物/%		水泥中 MgO 含量/%	水泥中 SO₃ 含量/%	烧失量/%		水泥中碱含量/%
		初凝	终凝		Ⅰ型	Ⅱ型			Ⅰ型	Ⅱ型	
指标	＞300	≥45	≤390	必须合格	≤0.75	≤1.5	≤5.0	≤3.5	≤3.0	≤3.5	0.60
试验方法	GB/T 8074—2008	GB/T 1346—2011						GB/T 176—2008			

5. 强度

强度是表示水泥质量高低的重要指标，决定于熟料的矿物组成和细度。另外混合材料的掺量、加水量、水化龄期、石膏掺量、强度的检验方法、试件的养护条件等都影响着强度。硅酸盐水泥的强度指标见表 1-17。

表 1-17 硅酸盐水泥的强度指标 （GB 175—2007）

强度等级	抗压强度/MPa		抗折强度/MPa	
	3d	28d	3d	28d
42.5	17.0	42.5	3.5	6.5
42.5R	22.0	42.5	4.0	6.5
52.5	23.0	52.5	4.0	7.0
52.5R	27.0	52.5	5.0	7.0
62.5	28.0	62.5	5.0	8.0
62.5R	32.0	62.5	5.5	8.0

注：R 表示早强型。

各强度等级水泥的各龄期，不得低于国家规定。储存时，应防潮，过期应降低等级使用。因为水泥在空气中易炭化，失去胶凝作用。一般水泥 3 个月强度降低 10%～20%，6 个月降低 15%～30%，一年降低 25%～40%。

6. 水化热

水泥水化是一个放热反应。在水泥凝结硬化过程中放出大量的热量，称水泥导热性水化热。水化热取决于水泥的矿物组成、水泥的细度。

1～3d 龄期内水化放热量为总放热量的 50%，7d 为 75%，6 个月为 83%～91%。水化热会使大块基础、桥墩等大体积的园林建筑物的混凝土内部温度上升 50～60℃，产生内外温差造成开裂，但对冬期施工有利。

二、普通硅酸盐水泥

由硅酸盐水泥熟料，加入 6%～15%混合材料及适量石膏，经磨细制成的水硬性胶凝材料称为普通硅酸盐水泥（简称普通水泥），代号为 P·O。活性混合材料的最大掺量不得超过 15%，其中允许用不超过水泥质量 5%的窑灰或不超过水泥质量 10%的非活性混合材料来代替。掺非活性混合材料时，最大掺量不得超过水泥质量的 10%。普通硅酸盐水泥分为 32.5、32.5R、42.5、42.5R、52.5、52.5R 6 个强度。普通水泥的初凝时间不得少于 45min，终凝时间不得迟于 10h。

普通水泥中绝大部分仍为硅酸盐水泥熟料，其性质与硅酸盐水泥相近。但由于掺入少量混合材料，与硅酸盐水泥相比，早期强度略低，水化热略低，耐腐蚀性略有提高，耐热性稍好，抗冻性、耐磨性、抗炭化性略有降低，应用范围与硅酸盐水泥基本相同。

三、掺混合材料硅酸盐水泥

1. 矿渣硅酸盐水泥

凡由硅酸盐水泥熟料、粒化高炉矿渣和适量石膏磨细制成的水硬化性胶凝材料，称为矿渣硅酸盐水泥（简称矿渣水泥），代号为 P·S。水泥中粒化高炉矿渣掺加量按质量分数计为 20%～70%，允许用火山灰质混合材料、粉煤灰、石灰石、窑灰中的一种来代替部分粒化高炉矿渣，代替数量不得超过水泥质量的 8%，替代后水泥中粉化高炉矿渣不得少于 20%。

由于矿渣水泥中熟料含量相对减少，并且有相当多的氢氧化钙和矿渣组分互相作用，所以与硅酸盐水泥相比，其水化产物中的氢氧化钙含量相对减少，碱度要低些。

矿渣水泥按 3d 和 28d 的抗压和抗折强度分 32.5、32.5R、42.5、42.5R、52.5、52.5R 6 个强度等级。矿渣水泥密度一般在 2.8～3.0g/cm³。松堆密度为 900～1200kg/cm³。其 80μm 方孔筛的筛余不得超过 10.0%，凝结时间一般比硅酸盐水泥要长，标准规定初凝时间不得少于 45min，终凝时间不得大于 10h。实际初凝时间一般为 2～5h，终凝时间 5～9h。

矿渣水泥早期强度低，后期强度增进率大；硬化时对湿度敏感性强，冬季施工时需加强保温措施，但在湿热条件下，矿渣水泥的强度发展很快，故适用于蒸汽养护；水化热低，宜用于大体积混凝土工程中；具有较强的抗溶出性侵蚀及抗硫酸盐侵蚀的能力，适用于有溶出性或硫酸盐侵蚀的水工建筑工程、海港工程及地下工程；抗炭化的能力较差，对钢筋混凝土极为不利，因为当炭化深入达到钢筋的表面时，就会导致钢筋的锈蚀，最后使混凝土产生顺筋裂缝；耐热性较强，适用于轧钢、煅烧、热处理、铸造等高温车间以及高炉基础及温度达 300～400℃ 的热气体通道等耐热工程。保水性（将一定量的水分保存在浆体中的性能）较差，泌水性较大，要严格控制用水量，加强早期养护；干缩性较大，由于矿渣水泥的泌水性大，形成毛细通道，增加水分的蒸发，干缩易使混凝土表面发生很多微细裂缝，从而降低混凝土的力学性能和耐久性；抗冻性和耐磨性较差，不宜用于严寒地区水位经常变动的部位、受高速夹砂水流冲刷或其他具有耐磨要求的工程。

为了便于识别和使用，我国水泥标准规定，矿渣水泥包装袋侧面印字采用绿色印刷。

2. 火山灰质硅酸盐水泥

由硅酸盐水泥熟料和火山灰质混合材料、适量石膏磨细制成的水硬性胶凝材料称为火山灰质硅酸盐水泥（简称火山灰水泥），代号为 P·P。水泥中，火山灰质混合材料掺量的质量分数为 20%～50%，其强度等级及各龄期强度要求同矿渣水泥。

火山灰水泥的水化硬化过程、发热量、强度及其增进率、环境温度对凝结硬化的影响、炭化速度等，都与矿渣水泥有相同的特点。火山灰水泥的密度为 2.7～3.1g/cm³。对于细度、凝结时间和体积安定性等的技术要求同普通水泥。

火山灰水泥的抗冻性及耐磨性比矿渣水泥还要差一些，故应避免用于有抗冻及耐磨要求的部位。它在硬化过程中的干缩现象较矿渣水泥还显著，尤其当掺入软质混合材料时更为突出。因此，使用时须特别注意加强养护，使较长时间保持潮湿状态，以避免产生干缩裂缝。对于处在干热环境中施工的工程，不宜使用火山灰水泥。

火山灰水泥的标准稠度用水量比一般水泥都大，泌水性较小。此外，由于火山灰质混合材料在石灰溶液中会产生膨胀现象，使拌制的混凝土较为密实，故抗渗性能高。

3. 粉煤灰硅酸盐水泥

由硅酸盐水泥熟料和粉煤灰、适量石膏磨细制成的水硬性胶凝材料，称为粉煤灰硅酸盐水泥（简称粉煤灰水泥），代号为 P·F。水泥中粉煤灰掺量的质量分数为 20%～40%，其强度等级及各龄期强度要求同矿渣水泥。

粉煤灰水泥的细度、凝结时间及体积安定性等技术要求与普通水泥相同。

粉煤灰水泥的水化硬化过程与火山灰水泥基本相同，其性能也与火山灰水泥有很多相似之处。粉煤灰水泥的主要特点是干缩性比较小，甚至比硅酸盐水泥及普通水泥还小，因而抗裂性较好。同时，配制的混凝土和易性较好。这主要是由于粉煤灰的颗粒多呈球形微粒，且较为致密，吸水性较小，因而能有效降低拌合物内的摩擦阻力。按我国水泥标准规定，火山灰水泥和粉煤灰水泥包装袋侧面印字采用黑色印刷。

四、装饰水泥

装饰水泥用于装饰建筑物表层，使用装饰水泥比使用天然石材更容易得到所需的色彩和装饰效果，它还具有施工简单、造型方便、维修容易、价格便宜等优点。

装饰水泥可分为两种，即白色硅酸盐水泥和彩色硅酸盐水泥。

1. 白色硅酸盐水泥

白色硅酸盐水泥，简称白水泥，是指凡以适当成分的生料，烧至部分熔融，所得以硅酸钙为主要成分及含少量铁质的熟料，加入适量的石膏，磨成细粉，制成的白色水硬性胶结材料。按国家建筑材料标准《白色硅酸盐水泥》（GB/T 2015—2005）规定，白水泥的强度等级可分为三种，即 32.5、42.5 和 52.5；白度值不低于 87。其技术标准见表 1-18。

表 1-18 白色硅酸盐水泥的技术标准

项目			技术标准			
物理性能	白度		白度值不低于 87			
	细度		80μm 方孔筛,筛余不得超过 10%			
	凝结时间		初凝时间不早于 45min,终凝时间不迟于 12h			
	安定性		用煮沸法试验,合格			
	强度 /MPa	强度分类及龄期	抗压强度		抗折强度	
		强度等级	3d	28d	3d	28d
		32.5	12.0	32.5	3	5.5
		42.5	17.0	42.5	3.5	6.5
		52.5	22.0	52.5	4.0	7.0
化学成分	烧失量		水泥烧失量不得超过 5%			
	氧化镁		熟料氧化镁的含量不得超过 4.5%			
	三氧化硫		水泥中三氧化硫的含量不得超过 3.5%			

2. 彩色硅酸盐水泥

彩色硅酸盐水泥，简称彩色水泥，是指凡以白色硅酸盐水泥熟料和优质白色石膏在粉磨过程中掺入颜料、外加剂（防水剂、保水剂、增塑剂、促硬剂等）共同粉磨而成的一种水硬性彩色胶结材料。

彩色水泥中常用的颜料有氧化铁（可制红、黄、褐、黑色）、二氧化锰（黑、褐色）、氧化铬（绿色）、钴蓝（蓝色）、群青蓝（蓝色）、炭黑（黑色）及孔雀蓝（蓝色）、天津绿（绿色）等。

装饰水泥性能同硅酸盐水泥相近，施工和养护方法也与硅酸水泥相同，但极易污染，使用时要注意防止其他物质污染，搅拌工具必须干净。

五、水泥的应用

矿渣水泥、硅酸盐水泥、普通水泥、粉煤灰水泥和火山灰水泥五种水泥的应用范围及不适用范围见表 1-19。

表 1-19 　五种水泥的应用范围及不适用范围

名称	应用范围	不适用范围
矿渣水泥	大体积工程;高温车间和有耐热、耐火要求的混凝土结构;蒸汽养护的构件;一般地上、地下和水中的混凝土及钢筋混凝土结构;有抗硫酸盐侵蚀要求的工程;配制建筑砂浆	早期强度要求较高的混凝土工程;有抗冻要求的混凝土工程
硅酸盐水泥	配制地上、地下和水中的混凝土、钢筋混凝土及预应力混凝土结构,包括受循环冻融的结构和早期强度要求较高的工程;配制建筑砂浆	大体积混凝土工程;受化学及海水侵蚀的工程;长期受压力水和流动水作用的工程
普通水泥	与硅酸盐水泥基本相同	同硅酸盐水泥
粉煤灰水泥	地上、地下、水中和大体积混凝土工程;蒸汽养护的构件、抗裂性要求较高的构件;抗硫酸盐侵蚀要求的工程;一般混凝土工程;配制建筑砂浆	早期强度要求较高的混凝土工程;有抗冻要求的混凝土;有抗炭化要求的工程
火山灰水泥	地下、水中大体积混凝土结构;有抗渗要求的工程;蒸汽养护的工程构件;有抗硫酸盐侵蚀要求的工程;一般混凝土及钢筋混凝土工程;配制建筑砂浆	早期强度要求较高的混凝土工程;有抗冻要求的混凝土工程;干燥环境下的混凝土工程;有耐磨性要求的工程

六、水泥的识别技巧

1. 质保资料识别

据现行有关施工技术规定,水泥生产厂家应向水泥用户提供"水泥质量保证单"。施工单位在使用前应根据质保单检查水泥品种、强度等级、出厂编号、出厂日期等内容是否与实际相符,试验报告所提供的各项试验结果及混合材料名称和掺加量是否与现行的国际要求一致。对不能提供水泥质保的水泥,绝对不能允许其进入施工工地。

2. 包装识别

根据我国现行的水泥标准规定,水泥可以袋装或散装,袋装水泥在包装袋上应清楚标明工厂名称、厂址、生产许可证编号、品种名称、代号、包装年月日和编号,掺火山灰混合材料的普通水泥和矿渣水泥还应标上"掺火山灰"字样。包装袋两侧应印有水泥名称和强度等级。按规定,硅酸盐水泥和普通水泥包装印刷采用红色;矿渣水泥包装印刷采用绿色;火山灰水泥包装印刷采用黑色。散装运输时也应提供与袋装标志相同内容的质保单。使用时,凡发现包装袋制作粗糙、封口不规整、印刷质量低劣或是按标准规定的标志内容不清楚、不齐全、不规范等都应进一步核查供销进货渠道,核查生产厂提供的材质技术资料或出厂试验报告,检查是不是假冒伪劣产品。

3. 外观识别

有经验的施工人员还可以从水泥的颜色、细度和每袋重量等外观情况来识别水泥的优劣。一般水泥多为灰色,有些为灰绿色。常用水泥中矿渣水泥发青,颜色略深些;普通水泥以灰色为主,略发绿;火山灰水泥为偏灰红。一些质次或伪劣水泥由于混合材料品种及掺量不准,造成水泥颜色很深、发暗或颜色异常。按国家标准要求水泥的细度要满足 $80\mu m$ 方孔筛,筛余不得超过 10%。优质水泥的手感细腻、滑润、无粗糙和颗粒夹杂现象,而劣质水泥用手捻捏时会感到粗糙和颗粒夹杂现象。

4. 应用识别

符合标准的水泥,根据水泥品种和强度等级不同,在水泥拌和用水量、混凝土或砂浆的凝结硬化时间、强度增长及泌水率等方面都有一定的规律和变化范围。如普通水泥和硅酸盐水泥凝结较快，早期强度增长迅速；矿渣水泥拌成混凝土后泌水较多；火山灰水泥拌和用水量较大。

第六节　砖与砌块

一、砖

凡是以黏土、工业废渣和地方性材料为主要原料，以不同的生产工艺制成的，在建筑中用于砌筑墙体或铺装的砖统称为砖。

（一）砌墙用砖

砌墙砖是房屋建筑中主要的墙体材料，具有一定的抗压和抗折强度，外形多为直角六面体。主要品种有烧结普通砖、烧结多孔砖、烧结空心砖和蒸养（压）砖等。

1. 烧结普通砖

国家标准《烧结普通砖》（GB 5101—2003）规定：凡以黏土、页岩、煤矸石和粉煤灰等为主要原料，经成型、焙烧而成的实心或孔洞率不大于 15％ 的砖，称为烧结普通砖。其生产工艺为：采土→配料→混合匀化→制坯→干燥→焙烧→成品。

（1）烧结普通砖的技术要求。根据《烧结普通砖》（GB 5101—2003）的规定，烧结普通砖的技术要求包括尺寸偏差、外观质量、强度等级、抗风化性、泛霜和石灰爆裂等。强度和抗风化性能和放射性物质合格的砖，根据尺寸偏差、外观质量、泛霜和石灰爆裂等情况分为优等品（A）、一等品（B）、合格品（C）三个质量等级。烧结普通砖优等品用于清水墙的砌筑，一等品、合格品可用于混水墙的砌筑。中等泛霜的砖不能用于潮湿部位。

① 尺寸偏差。烧结普通砖为矩形块体材料，其标准尺寸为 240mm×115mm×53mm。在砌筑时加上砌筑灰缝宽度 10mm，则 1m³ 砖砌体需用 512 块砖。每块砖的 240mm×115mm 的面称为大面，240mm×53mm 的面称为条面，115mm×53mm 的面称为顶面。砖的尺寸及平面名称如图 1-7 所示。

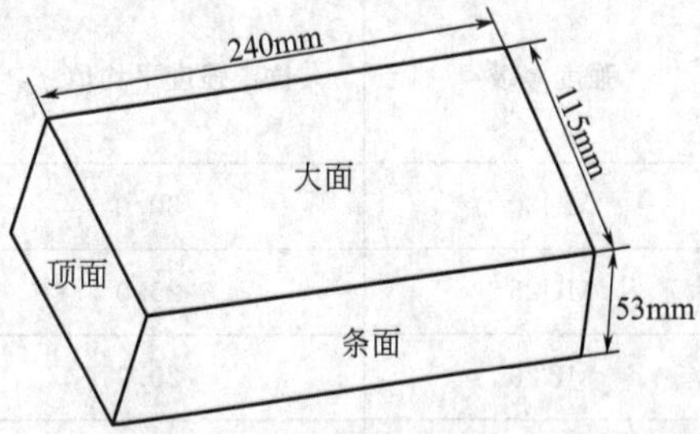

图 1-7　砖的尺寸及平面名称

为保证砌筑质量，要求烧结普通砖的尺寸允许偏差必须符合国家标准《烧结普通砖》（GB 5101—2003）的规定，见表 1-20。

表 1-20　烧结普通砖尺寸允许偏差　　　　　　　　　　　　　单位：mm

公称尺寸	优等品		一等品		合格品	
	样本平均偏差	样本极差 ≤	样本平均偏差	样本极差 ≤	样本平均偏差	样本极差 ≤
240	±2.0	6	±2.5	7	±3.0	8
115	±1.5	5	±2.0	6	±2.5	7
53	±1.5	4	±1.6	5	±2.0	6

② 外观质量。砖的外观质量包括两条面高度差、弯曲、杂质凸出高度、缺棱掉角的三

个破坏尺寸、裂纹长度、完整面等内容，各项内容均应符合表 1-21 的规定。

表 1-21　烧结普通砖的外观质量　　　　　　单位：mm

项目		优等品	一等品	合格品
两条面高度差　≤		2	3	4
弯曲　≤		2	3	4
杂质凸出高度　≤		2	3	4
缺棱掉角的三个破坏尺寸不得同时大于		5	20	30
裂纹长度 ≤	a. 大面上宽度方向及其延伸至条面的长度	30	60	80
	b. 大面上长度方向及其延伸至顶面的长度或条顶面上水平裂纹长度	50	80	100
完整面不得少于		二条面和二顶面	一条面和一顶面	—
颜色		基本一致	—	—

注：1. 为装饰而加的色差，凹凸面、拉毛、压花等不算作缺陷。
2. 凡有下列缺陷者，不得称为完整面：
(1) 缺损在条面或顶面上造成的破坏面尺寸同时大于 10mm×10mm。
(2) 条面或顶面上裂纹宽度大于 1mm，其长度超过 30mm。
(3) 压陷、粘底、焦花在条面或顶面上的凹陷或凸出超过 2mm，区域尺寸同时大于 10mm×10mm。

③ 强度等级。烧结普通砖按抗压强度分为 MU30、MU25、MU20、MU15、MU10 五个强度等级，如表 1-22 所示。

表 1-22　烧结普通砖强度等级　　　　　　单位：MPa

强度等级	抗压强度平均值 f ≥	变异系数 $\delta \leq 0.21$	变异系数 $\delta > 0.21$
		强度标准值 f_k ≥	单块最小抗压强度值 f_{min} ≥
MU30	30.0	22.0	25.0
MU25	25.0	18.0	22.0
MU20	20.0	14.0	16.0
MU15	15.0	10.0	12.0
MU10	10.0	6.5	7.5

④ 石灰爆裂。如果烧结砖原料中夹杂有石灰石成分，在烧砖时可被烧成生石灰，砖吸水后生石灰熟化产生体积膨胀，导致砖发生胀裂破坏，此现象称为石灰爆裂。石灰爆裂会严重影响烧结砖质量，降低砌体强度。国家标准《烧结普通砖》（GB 5101—2003）规定：优等品砖不允许出现最大破坏尺寸大于 2mm 的爆裂区域，一等品砖不允许出现最大破坏尺寸大于 10mm 的爆裂区域，合格品砖不允许出现最大破坏尺寸大于 15mm 的爆裂区域。

⑤ 泛霜。泛霜是指黏土原料中含有硫、镁等可溶性盐类时，随着砖内水分蒸发会在砖表面产生的盐析现象，析出的盐一般为白色粉末，常在砖表面形成絮团状斑点。轻微泛霜会对清水砖墙建筑外观产生影响；中等程度泛霜的砖若用于建筑中的潮湿部位，7～8 年后会

因盐析结晶膨胀使砖砌体表面产生粉化剥落，在干燥环境使用大约 10 年后也会开始剥落；严重泛霜对建筑结构的破坏性很大。因此，要求优等品无泛霜现象，一等品不允许出现中等泛霜，合格品不允许出现严重泛霜。

⑥ 抗风化性能。抗风化性能是在干湿变化、温度变化、冻融变化等物理因素作用下，材料不被破坏并长期保持原有性质的能力。抗风化性能是烧结普通砖的重要耐久性能之一，对砖的抗风化性要求应根据各地区风化程度的不同而定。烧结普通砖的抗风化性一般以其抗冻性、吸水率及饱和系数等指标判别。国家标准《烧结普通砖》（GB 5101—2003）规定：风化指数大于等于 12700 时为严重风化区；风化指数小于 12700 时为非严重风化区，部分属于严重风化区的砖必须进行冻融试验，某些地区的砖的抗风化性能符合规定时可不做冻融试验，见表 1-23。

表 1-23　抗风化性能

砖种类	严重风化区				非严重风化区			
	5h沸煮吸水率/%		饱和系数		5h沸煮吸水率/%		饱和系数	
	平均值	单块最大值	平均值	单块最大值	平均值	单块最大值	平均值	单块最大值
黏土砖	18	20	0.85	0.87	19	20	0.88	0.90
粉煤灰砖	21	23			23	25		
页岩砖	16	18	0.74	0.77	18	20	0.78	0.80
煤矸石砖								

注：粉煤灰掺入量（体积分数）小于 30% 时，按黏土砖规定判定。

（2）烧结普通砖的性质与应用。烧结普通砖具有较高的强度，又因多孔结构而具有良好的绝热性、透气性和稳定性，还具有较好的耐久性及隔热、保温等性能，加上原料广泛，工艺简单，因此广泛应用于砌筑建筑物的墙体、柱、拱、烟囱、窑身、沟道及基础等。

由于烧结黏土砖主要以毁田取土烧制，加上其自重大、施工效率低及抗震性能差等缺点，已不能适应建筑发展的需要。建设部已作出禁止使用烧结黏土砖的相关规定。随着墙体材料的发展和推广，烧结黏土砖必将被其他墙体材料所取代。

2. 烧结多孔砖和烧结空心砖

烧结普通砖的缺点有自重大、体积小、生产能耗高、施工效率低等，用烧结多孔砖和烧结空心砖代替烧结普通砖，可减轻建筑物自重 30% 左右，节约黏土 20%～30%，节省燃料 10%～20%，提高施工效率 40%，且能改善砖的隔热、隔声性能。

烧结多孔砖和烧结空心砖的生产工艺与烧结普通砖相同，但是，由于坯体有孔洞，因而增加了成型的难度，对原料的可塑性提出更高要求。

（1）烧结多孔砖。烧结多孔砖是以黏土、页岩或煤矸石为主要原料烧制的主要用于结构承重的多孔砖。其主要技术要求如下。

① 规格要求。烧结多孔砖有 190mm×190mm×90mm（M 型）和 240mm×115mm×90mm（P 型）两种规格，如图 1-8 所示。多孔砖大面有孔，孔多而小，孔洞率在 15% 以上。

② 强度等级。根据砖的抗压强度将烧结多孔砖分为 MU30、MU25、MU20、MU15、MU10 五个强度等级，各强度等级的强度值应符合国家标准《烧结多孔砖和多孔砌块》（GB 13544—2011）的规定，见表 1-24。

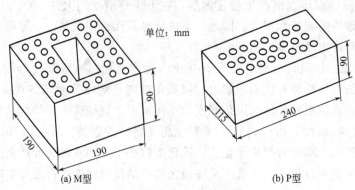

(a) M型　　　　　　　　　　　　　　　　(b) P型

图 1-8　烧结多孔砖

表 1-24　烧结多孔砖强等级　　　　　　　　　　　　　单位：MPa

强度等级	抗压强度平均值 f ≥	强度标准值 f_k ≥
MU30	30.0	22.0
MU25	25.0	18.0
MU20	20.0	14.0
MU15	15.0	10.0
MU10	10.0	6.5

③ 其他技术要求。烧结多孔砖的技术要求还包括冻融、泛霜、石灰爆裂和抗风化性能等。各质量等级的烧结多孔砖的泛霜、石灰爆裂性能要求与烧结普通砖相同。

④ 应用。烧结多孔砖强度较高，主要用于多层建筑物的承重墙体和高层框架建筑的填充墙和分隔墙。

（2）烧结空心砖。烧结空心砖是以黏土、粉煤灰或页岩为主要原料烧制成的主要用于非承重部位的空心砖，烧结空心砖自重较轻，强度较低，多用作非承重墙，如多层建筑内隔墙、框架结构的填充墙等。其主要技术要求如下：

① 规格要求。烧结空心砖的外形为直角六面体，有 290mm×190mm×90mm 和 240mm×180mm×115mm 两种规格。砖的壁厚应大于10mm，肋厚应大于7mm。空心砖顶面有孔，孔大而少，孔洞为矩形条孔或其他孔形，孔洞平行于大面和条面，孔洞率一般在 35% 以上。烧结空心砖外形如图1-9所示。

② 强度等级根据空心砖大面的抗压强度，将烧结空心砖分为五个强度等级，分别为 MU10.0、MU7.5、MU5.0、MU3.5、MU2.5，各产品等级的强度应符合国家标准《烧结

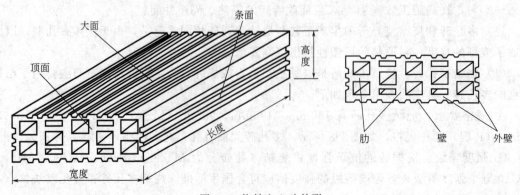

图 1-9　烧结空心砖外形

空心砖和空心砌块》（GB 13545—2003）的规定，见表 1-25。

③ 密度等级按砖的体积密度不同，把空心砖分成 800kg/m³、900kg/m³、1000kg/m³ 及 1100kg/m³ 四个密度等级。

表 1-25　烧结空心砖强度等级

强度等级	抗压强度/MPa		密度等级范围/(kg/m³)
	抗压强度平均值 f ≥	变异系数 δ≤0.21	
		强度标准值 f_k ≥	
MU10.0	10.0	8.0	≤1100
MU7.5	7.5	5.8	
MU5.0	5.0	4.0	
MU3.5	3.5	2.8	
MU2.5	2.5	1.8	≤800

④ 其他技术要求。烧结空心砖的技术要求还包括冻融、泛霜、石灰爆裂、吸水率等，产品的外观质量、物理性能均应符合标准规定。各质量等级的烧结空心砖的泛霜、石灰爆裂性能要求与烧结普通砖相同。

强度、密度、抗风化性能和放射性物质合格的砖和砌块，根据尺寸偏差、外观质量、孔洞排列及其物理性能（结构、泛霜、石灰爆裂、吸水率）分为优等品（A）、一等品（B）和合格品（C）三个质量等级。

3. 蒸压砖

蒸压砖属硅酸盐制品，是以石灰和含硅材料（砂子、粉煤灰、煤矸石、炉渣和页岩等）加水拌和、成型、蒸养或蒸压而制成的。目前使用的主要有粉煤灰砖、灰砂砖和煤渣砖，其规格尺寸与烧结普通砖相同。

（1）蒸压粉煤灰砖。粉煤灰砖是以粉煤灰和石灰为主要原料，加水混合拌成坯料，经陈化、轮碾、加压成型，再经常压或高压蒸汽养护而制成的一种墙体材料。

根据抗压强度和抗折强度分为 MU20、MU15、MU10、MU7.5 四个强度等级，按尺寸偏差、外观质量、强度和干燥收缩率分为优等品（A）、一等品（B）和合格品（C）。在易受冻融和干湿交替作用的建筑部位必须使用一等砖。

粉煤灰砖出窑后，应该存放一段时间再使用，可以减少相对伸缩量。用于易受冻融作用的建筑部位时，要进行抗冻性检验，并采取适当措施提高建筑耐久性；用于砌筑建筑物时，应适当增设圈梁及伸缩缝或采取其他措施，以避免或减少收缩裂缝的产生；不得用于环境温度长期高于 200℃、急冷急热以及酸性介质侵蚀的建筑部位。

（2）蒸压灰砂砖。灰砂砖是用石灰和天然砂为主要原料，经混合搅拌、陈化、轮碾、加压成型、蒸压养护而制得的墙体材料。

按抗压强度和抗折强度分为四个强度等级，分别为 MU25、MU20、MU15、MU10。根据尺寸偏差、外观质量、强度及抗冻性分为优等品（A）、一等品（B）和合格品（C）三个等级。

灰砂砖表面光滑平整，使用时应注意提高砖与砂浆之间的黏结力；耐水性良好，但抗流水冲刷的能力较弱，适用于长期潮湿但不受冲刷的环境；MU10 的灰砂砖只可用于防潮层以上的建筑部位，MU15 及其以上的砖可用于基础及其他建筑部位；不得用于环境温度长期高于 200℃、急冷急热和酸性介质侵蚀的建筑部位。

（二）铺装用砖

在中国古典园林的花街铺地中，青砖就是重要的材料之一。将烧结普通砖（红砖或青砖）条面朝上铺装的做法能够营造一种自然古朴的风格，适合在幽静的庭院环境中铺砌路面。但是由于受到积水、积雪、结冰、冻融循环、除冰剂、车辆泄漏的化学物质、持续的交通荷载等不利因素的影响，烧结普通砖强度会减弱。

目前，一种新型的环保材料——"透水砖"被大量应用于市政道路及居住区、公园、广场等人行道路上。

1. 透水砖的起源

透水砖起源于荷兰，在荷兰人围海造城的过程中，为了使地面不再下沉，荷兰人制造了一种尺寸为 100mm×200mm×60mm 的小型路面砖铺设在街道路面上，并使砖与砖之间预留了 2mm 的缝隙。这样下雨时雨水会从砖之间的缝隙中渗入地下，这就是后来很有名的荷兰砖。之后美国舒布洛科公司发明了一种砖体本身具有很强吸水功能的路面砖。当砖体被吸满水时水分就会向地下排去，但是这种砖的排水速度很慢，在暴雨天气这种砖几乎帮不上什么忙，这种砖也称为舒布洛科路面砖。20 世纪 90 年代中国出现了舒布洛科砖。北京市政部门的技术人员根据舒布洛科砖的原理发明了一种砖体本身布满透水孔洞，渗水性很好的路面砖，雨水会从砖体中的微小孔洞中流向地下。后来为了加强砖体的抗压和抗折强度，技术人员用碎石作为原料加入水泥和胶性外加剂使其透水速度和强度都能满足城市路面的需要，目前这种砖大量应用于市政路面上。

2. 透水砖的性能

透水砖是以无机非金属材料为主要原料，经成型等工艺处理后制成，具有较强水渗透性能的铺地砖。根据透水砖生产工艺不同，分为烧结透水砖和免烧透水砖。原材料成型后经高温烧制而成的透水砖称为烧结透水砖，原材料成型后不经高温烧制而成的透水砖称为免烧透水砖〔见《透水砖》（JC/T 945—2005）〕，其基本尺寸见表 1-26。抗压强度等级分 Cc30、Cc35、Cc40、Cc50、Cc60 五级。透水砖主要以工艺固体废料、生活垃圾和建筑垃圾为主要原料，节约资源，环保性能好，同时还具有强度高、耐磨性好、透水性好、表面质感好、颜色丰富和防滑功能强等特点。

表 1-26　透水砖的规格尺寸　　　　　　　　　　　　　　　单位：mm

边长	100,150,200,300,400,500
厚度	40,50,60,80,100,120

3. 透水砖的分类

按照原材料的不同，透水砖可以分为普通透水砖、聚合物纤维混凝土透水砖、彩石复合混凝土透水砖、彩石环氧通体透水砖、混凝土透水砖等。

（1）普通透水砖。材质为普通碎石的多孔混凝土材料经压制成形，用于一般街区人行步道、广场，造价低廉、透水性较差。其中最常见的是一种尺寸为 25mm×25mm×5mm 的彩色水泥方砖。

（2）聚合物纤维混凝土透水砖。材质为花岗石集料、高强水泥和水泥聚合物增强剂，并掺和聚丙烯纤维，送料配比严密，搅拌后经压制成形，主要用于市政、重要工程和住宅小区的人行步道、广场、停车场等场地的铺装。

（3）彩石复合混凝土透水砖。材质面层为天然彩色花岗岩、大理石与改性环氧树脂胶合，再与底层聚合物纤维多孔混凝土经压制复合成形，此产品面层华丽，天然色彩，有与石材一般的质感，与混凝土复合后，强度高于石材且成本略高于混凝土透水砖，且价格是石材地砖的1/2，是一种经济、高档的铺地产品，主要用于豪华商业区、大型广场、酒店停车场和高档别墅小区等场所。

（4）彩石环氧通体透水砖。材质集料为天然彩石与进口改性环氧树脂胶合，经特殊工艺加工成形，此产品可预制，还可以现场浇制，并可拼出各种艺术图形和色彩线条，给人们一种赏心悦目的感受，主要用于园林景观工程和高档别墅小区。

（5）混凝土透水砖。材质为河沙、水泥、水，再添加一定比例的透水剂而制成。此产品与树脂透水砖、陶瓷透水砖、缝隙透水砖相比，生产成本低、制作流程简单、易操作，广泛用于高速路、飞机场跑道、车行道、人行道、广场及园林建筑等范围。

4. 砖铺装的类型

砖铺装类型砖铺装分为4种，其名称取决于两个因素：是否有砂浆砌缝和基础层的类型。有砂浆砌缝的被称为刚性铺装系统，所有的刚性铺装系统都必须配套使用刚性混凝土基础。无砂浆砌缝的铺装被称为柔性铺装系统。在柔性铺装系统中，砖块之间是由手工紧合在一起的，所以水流可以渗透下去。柔性铺装系统可以与多种基础配套使用，基础类型取决于寿命、稳定性和强度要求。对于高密度交通条件下的交通设施，宜使用柔性铺装加上刚性（混凝土）基础；对于住宅区步行路面，柔性铺装加上集料和砂建造的基础就能够满足要求；介于这两者之间的情况，一般使用半刚性（沥青混凝土）基础。4种砖铺装都必须在砖铺装层和基础层之间铺设找平层。刚性铺装不能够与柔性或半刚性基础配套使用。

刚性铺装系统功能的前提是创造了防渗水的膜。其表面所有流水都由沟渠排走，或汇集到地形低洼的沼泽或盆地中。在砂浆砌缝破坏之前，刚性系统可以很好地工作。而砂浆破坏之后，水会渗过面层并积蓄下来，其冻融变化会对整个铺装系统的整体性造成毁灭性的打击。使用在不当地点的，以及会存留积水的刚性铺装都同样容易被损坏。刚性路面是作为一个整体膨胀和收缩的，所以必须仔细计算，并采取相应措施，以应对系统内部的胀缩变化，以及和其他刚性结构的相互影响，如建筑、墙或路缘石。

柔性铺装的砖块之间没有砂浆或其他任何胶结材料，每块砖可以单独移动，柔性铺装路面上的水流能够渗透到铺装层下面并被排走。对于柔性铺装和不透水基础的组合，排水过程必须在地面和不透水基础层表面同时进行，从而最大限度地减少水的滞留。柔性铺装与柔性基础的组合有独特的优点，有利于水流直接穿过整个系统汇入地下。

5. 砖铺装样式

承载车型交通的柔性铺装很容易产生位移，尤其是沿着砖块长边方向的、连续的接缝，以及沿车行方向的接缝，所以应将连续的接缝垂直于交通方向。

而对于露台、园路等只需承担人行交通的铺装，接缝方向就不是主要影响因素了。脚踩产生的压力不足以引起砖块显著的位移，所以在这种情况下，影响选择的主要因素是视觉特性和美观程度。

通常砖铺装的样式有直形、整齐排列型、人字形、芦席花形等，如图1-10所示。

人字形铺装中连续接缝的长度都没有超过一块砖长的长度上加上一块砖的宽度，砖块之间相互咬合得很紧，铺装的稳定性较好。整齐排列铺装的稳定性最差，砖块之间的咬合度也最弱，因为两个方向上都是贯通的连续接缝。而芦席花形铺装只是整齐排列型的一个变种而已。在实际使用时，可以把各种样式旋转45°，这样既可以增加视觉趣味，还能避免接缝方向与交通方向平行。但是因为要对铺装四周的砖块进行切割，所以会增加工作量、浪费材料。

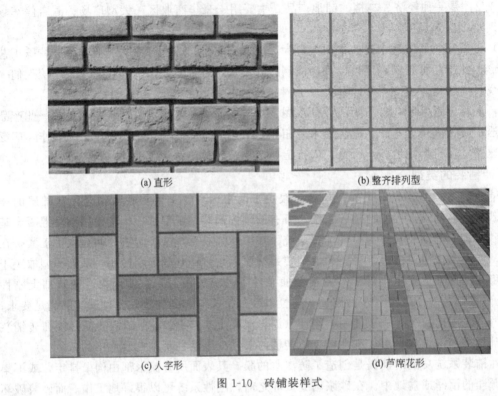

| (a) 直形 | (b) 整齐排列型 |
| (c) 人字形 | (d) 芦席花形 |

图 1-10 砖铺装样式

二、砌块

砌块是用于砌筑的、形体大于砌墙砖的人造块材，一般为直角六面体，按产品主规格的尺寸可分为大型砌块（高度高于980mm）、中型砌块（高度为380～980mm）和小型砌块（高度大于115mm，小于380mm）。砌块高度一般不大于长度或宽度的6倍，长度不超过高度的3倍，也可根据需要生产各种异型砌块。

砌块可以充分利用地方资源和工业废料，且可节省资源和改善环境，具有生产工艺简单、原料来源广、适应性强、制作及使用方便灵活的特点，还可改善墙体功能，因此发展较快。

砌块的分类方法很多，若按用途可分为承重砌块和非承重砌块；按材质又可分为硅酸盐砌块、轻集料砌块、混凝土砌块；按有无孔洞可分为实心砌块（无孔洞或空心率小于25％）和空心砌块（空心率大于25％）。

（一）蒸压加气混凝土砌块

蒸压加气混凝土砌块是以钙质材料（水泥、石灰等）、硅质材料（砂、矿渣、粉煤灰等）以及加气剂（铝粉等），经配料、搅拌、浇筑、发气、切割和蒸压养护而形成的多孔轻质块体材料。

1. 主要技术性质

砌块的尺寸规格见表 1-27。

表 1-27　砌块的尺寸规格

长度 L/mm	宽度 B/mm	高度 H/mm
600	100,120,125,150,180,200,240,250,300	200,240,250,300

注：如需要其他规格，可由供求双方协商解决。

2. 砌块的强度等级与干密度等级

根据国家标准《蒸压加气混凝土砌块》（GB/T 11968—2006），砌块按抗压强度分为 A1.0、A2.0、A2.5、A3.5、A5.0、A7.5、A10.0 七个强度等级，见表 1-28。干密度级别有 B03、B04、B05、B06、B07、B08 六个级别，见表 1-29。按尺寸偏差、外观质量、干密度、抗压强度和抗冻性分为优等品（A）、合格品（B）两个等级。

表 1-28　加气混凝土砌块的强度等级

强度级别	立方体抗压强度/MPa	
	平均值 ≥	单组最小值 ≥
A1.0	1.0	0.8
A2.0	2.0	1.6
A2.5	2.5	2.0
A3.5	3.5	2.8
A5.0	5.0	4.0
A7.5	7.5	6.0
A10.0	10.0	8.0

表 1-29　加气混凝土砌块的干密度

干密度级别		B03	B04	B05	B06	B07	B08
干密度 /(kg/m³)	优等品 ≤	300	400	500	600	700	800
	合格品 ≥	325	425	525	625	725	825

3. 应用

加气混凝土砌块质量轻，具有保温、隔热、隔声性能好，抗振性强、热导率低、传热速度慢、耐火性好、易于加工、施工方便等特点，是应用较多的轻质墙体材料之一。适用于低层建筑的承重墙、多层建筑的间隔墙和高层框架结构的填充墙，作为保温隔热材料也可用于复合墙板和屋面结构中。在无可靠的防护措施时，该类砌块不得用于水中、高湿度、有碱化学物质侵蚀等环境，也不得用于建筑物的基础和温度长期高于 80℃的建筑部位。

（二）混凝土空心砌块

混凝土空心砌块主要是以普通混凝土拌合物为原料，经成型、养护而成的空心块体墙材。其有承重砌块和非承重砌块两类。为减轻自重，非承重砌块可用炉渣或其他轻质集料配制。常用几种混凝土空心砌块外形见图 1-11。

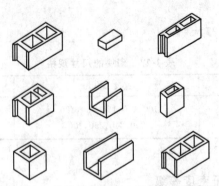

图 1-11　几种混凝土空心砌块外形示意图

1. 混凝土小型空心砌块

（1）尺寸规格。根据国家标准《普通混凝土小型砌块》（GB 8239—2014），混凝土小型空心砌块主规格尺寸为 390mm×190mm×190mm，一般为单排孔，也有双排孔，其空心率为 25%～50%。其他规格尺寸可由供需双方协商。

（2）强度等级。按砌块抗压强度分为 MU3.5、MU5.0、MU7.5、MU10.0、MU15.0、MU20.0 六个强度等级，具体指标见表 1-30。

表 1-30　混凝土小型空心砌块的抗压强度

强度等级		MU3.5	MU5.0	MU7.5	MU10.0	MU15.0	MU20.0
抗压强度 /MPa	平均值 ≥	3.5	5.0	7.5	10.0	15.0	20.0
	单块最小值 ≤	2.8	4.0	6.0	8.0	12.0	16.0

（3）应用。该类小型砌块是用于地震设计烈度为 8 级及以下地区的一般民用与工业建筑物的墙体。出厂时的相对含水率必须满足标准要求；施工现场堆放时，必须采取防雨措施；砌筑前不允许浇水预湿。

2. 轻集料混凝土小型空心砌块

轻集料混凝土小型空心砌块是以陶粒、膨胀珍珠岩、浮石、火山渣、煤渣、自燃煤矸石等各种轻粗细集料和水泥按一定比例配制的，经搅拌、成型、养护而成的空心率大于 25%、体积密度小于 1400kg/m³ 的轻质混凝土小砌块。

砌块的主规格为 390mm×190mm×190mm，其他规格尺寸可由供需双方协商。强度等级为 MU1.5、MU2.5、MU3.5、MU5.0、MU7.5、MU10.0，其各项性能指标应符合国家标准的要求。

轻集料混凝土小型空心砌块是一种轻质高强、能取代普通黏土砖的很有发展前景的一种墙体材料，既可用于承重墙，也可用于承重兼保温或专门保温的墙体，更适合于高层建筑的填充墙和内隔墙。

三、砖及砌块的储运

（1）砖和砌块均应按不同品种、规格、强度等级分别堆放，堆放场地要坚实、平坦、便于排水。垛与垛之间应留有走道，以利搬运。

（2）搬运过程中应注意轻拿轻放，严禁上下抛弃，不得用翻斗车运卸。

（3）装车时应侧放，并尽量减少砖堆或砌块间的空隙。空心砖、空心砌块更不得有空隙，如有空隙，应用稻草、草帘等柔软物填实，以免损坏。

（4）砖和砌块和施工现场的堆垛点应合理选择，垛位要便于施工，并与车辆频繁的道路保持一定距离。中型砌块的堆放地点，宜布置在起重设备的回转半径范围内，堆垛点应经常保持半个楼层的配套砌块量。

（5）空心砌块堆放时空洞口应朝下。砌块应上下皮交叉、垂直堆放，顶面两皮叠成阶梯状，堆高一般不超过 3m。

（6）砖堆要求稳固，并便于计数。堆垛以交错重叠为宜，在使用小砖夹装卸时，须将砖侧放，每 4 块顶顺交叉，16 块为一层。垛高有两种：一种是 15 层，垛顶平放或侧放 10 块砖；另一种是根据现场情况将小垛进行组合，密堆成大垛。堆垛后，可用白灰在砖垛上做好标记，注明数量，以利保管、使用。

第七节　金属材料

一、铁

（一）生铁

生铁是含碳量大于 2.1% 的铁碳合金，工业生铁含碳量一般在 2.5%～4%，并含 Si、Mn、S、P 等元素，是用铁矿石经高炉冶炼的产品。

1. 炼钢生铁

炼钢生铁含硅量不大于 1.7%。硬而脆，断口呈白色。主要用做炼钢原料和可锻铸铁原料，炼钢生铁按含硅（Si）量划分铁号，按含锰（Mn）量分组，按含磷（P）量分级，按含硫（S）量分类。

2. 铸造生铁

铸造生铁含硅量为 1.25%～3.6%。碳多以石墨状态存在。断口呈灰色。质软、易切削加工。主要用来生产各种铸铁件原料如床身、箱体等。

3. 球墨铸造生铁

球墨铸造生铁也是一种铸造生铁，只是低硫低磷。低硫使碳充分在铁中石墨化。低磷提高生铁的力学性能。主要用于生产性能（力学性能）较好的球墨铸铁件。

（二）铁合金

铁合金是由铁元素（不小于 4%）和一种以上（含一种）其他金属或非金属元素组成的合金。

1. 硅铁

硅铁是以焦炭、钢屑、石英（或硅石）为原料，用电炉冶炼制成的。硅和氧很容易化合成二氧化硅。所以硅铁常用于炼钢作脱氧剂。

2. 锰铁

锰铁是以锰矿石为原料。在高炉或电炉中熔炼而成的。锰铁也是钢中常用的脱氧剂，锰还有脱硫和减少硫的有害影响的作用。因而在各种钢和铸铁中，几乎都含有一定数量的锰。锰铁还作为重要的合金剂，广泛地用于结构钢、工具钢、不锈耐热钢、耐磨钢等合金钢中。

3. 其他铁合金

除硅铁、锰铁外，还有其他多种铁合金，如铬铁、钨铁、钼铁、钛铁、钒铁、硼铁、硅钙合金等。这些钛合金大多是在电炉中冶炼的，它们的元素比较稀贵，有的生产工艺比较复杂，所以使用过程中虽然脱氧能力较强，但并不能作脱氧剂，而主要用作合金剂。

二、钢材

（一）建筑钢材特点

钢是由生铁冶炼而成的。理论上，凡含碳量在 2% 以下，含有害杂质较少的铁、碳合金称为钢。建筑钢材与其他建筑材料相比，具有较高的强度，能承受较大的弹性变形与塑性变形。能熔铸各种制品或轧制各种型材，因此，被广泛应用于建筑工程中，是建筑中应用最大的金属材料。

建筑钢材是指建筑工程中所用的各种钢材。包括钢结构用的各种型钢（圆钢、角钢、槽钢和工字钢等）、钢板和钢筋混凝土中用的各种钢筋和钢丝。

目前，建筑结构大部分采用钢筋混凝土结构，少部分为钢结构。钢筋混凝土结构自重大，但用钢量少。成本较低。钢结构重量轻，施工方便，但易锈蚀，需定时维护，因而成本及维修费用大。

（二）钢的分类

钢的分类根据不同的需要而采用不同的分类方法，常见的有：

（1）根据国家标准《钢分类》（GB/T 13304.1—2008；GB/T 13304.2—2008）规定，按化学成分、合金元素含量将钢材分为非合金钢（碳素钢）、低合金钢和合金钢三类。

非合金钢（碳素钢）按其主要质量等级分为普通质量非合金钢［如《碳素结构钢》（GB/T 700—2006）中的 Q195，Q215，Q235，Q255 的 A、B 级，Q275］、优质非合金钢［如《碳素结构钢》（GB/T 700—2006）中除普通质量 A、B 级钢以外的所有牌号及 A、B 级规定冷成型性及模锻性特殊要求者，《优质碳素结构钢》（GB/T 699—1999）中除 65Mn，70Mn，70，75，80，85 以外的所有牌号］、特殊质量非合金钢［如《优质碳素结构钢》（GB/T 699—1999）中的 65Mn，70Mn，70，75，80，85］。

低合金钢按其主要质量等级分为普通质量低合金钢［如《低合金高强度结构钢》（GB/T 1591—2008）中的 Q295，Q345 等］。

合金钢按主要质量等级分为优质合金钢（如一般工程结构用合金钢、合金钢筋钢）、特殊质量合金钢（如压力容器用合金钢，不锈、耐蚀和耐垫钢，工具钢、轴承钢等）。

建筑工程中常用的钢种为非合金钢中的碳素结构钢和低合金钢中的一般低合金结构钢。

（2）按冶炼方法的不同将钢分为转炉钢、平炉钢、电炉钢。

（3）按脱氧程度分为沸腾钢、镇静钢、半镇静钢、特殊镇静钢。

（三）建筑钢材的力学性质

钢材的主要受力性质是抗拉。对建筑钢材主要考虑其在拉力作用下的强度变形的性质。另外还有抗弯、冲击韧性、硬度和耐疲劳性等。

1. 抗拉强度

抗拉性能是钢材最重要的力学性能。在建筑工程中，对进入现场的钢材首先要有质保单以提供钢材的抗拉性能指标，然后对钢材进行抗拉性能的复试以确定其是否符合标准要求。

拉伸中测试所得的屈服点、抗拉强度、伸长率则是衡量钢材力学性能好坏的主要技术指标。

2. 冷弯性能

冷弯性能是指钢材在常温下承受规定弯曲程度的弯曲变形的能力。钢材使用前，大多数需加工。因此要求钢材冷弯性能好，以保证钢质量。冷弯性能是建筑钢材的重要工艺性能，是通过试件弯曲的角度、弯曲直径与试件厚度（直径）的比值来表示的。

规定：弯曲处不发生裂缝、裂断或起层，认为合格。角度越大，弯曲直径和试件厚度比值越小，对冷弯性能的要求越高。冷弯性能是评定钢材质量的重要指标之一，是钢材塑性的一种表现，同时还能揭示钢材内部的缺陷，对焊接质量也是一种检验。

3. 冲击韧性

冲击韧性是指钢材抵抗冲击荷载的能力，是通过标准试件的弯曲冲击韧性试验确定的。它表示的是摆锤将试件于 V 形刻槽处打断，试件单位面积（cm^2）上所消耗的功。常用 a_k（J/cm^2）表示冲击韧性。a_k 越大，韧性越好。

4. 硬度

硬度是指钢材的表面局部体积内，抵抗外物压入产生塑性变形的能力。测定钢材硬度的方法有布氏法、洛氏法和维氏法等。

5. 耐疲劳性

耐疲劳性是指钢材在交变作用下，往往在应力远小于抗拉强度时发生断裂，称疲劳破坏。疲劳破坏的危险应力用疲劳极限或疲劳强度表示。它是指钢材在交变应力作用下，于规定周期基数内不发生断裂所能承受的最大应力，一般建筑中少用。

（四）钢材的冷加工及时效强化

1. 冷加工方法及作用

冷加工是指钢材在常温下进行加工，使其产生一定的塑性变形。钢材的强度和硬度显著提高，塑性和韧性明显下降，亦称加工硬化，或冷作强化。常用的冷加工方法有冷拉、冷拔、冷轧等。

建筑工地或预制构件厂常用该原理对钢筋或低碳盘条按一定的方法进行冷拉或冷拔加工，以提高强度，节约钢材。

2. 时效强化

时效是指钢材在长时间的搁置中，尤其在经冷加工后，会自发地呈现强度和硬度逐渐提高，而塑性和韧性逐渐降低的现象。一般常用两种方法如下。

① 人工时效。将经过冷加工的钢筋加热到 100～200℃并保持一定时间。

② 自然时效。将经过冷加工的钢筋于常温下存放 15～20d。

（五）常用建筑钢材

建筑钢材可分为钢结构用钢和钢筋混凝土结构用钢两类。

1. 钢结构用钢

（1）普通碳素结构钢。普通碳素结构钢简称碳素结构钢，应符合国家标准《碳素结构钢》（GB/T 700—2006）的规定。包括一般结构钢和工程用热轧钢板、钢带、型钢等。

碳素结构钢的牌号由 4 个要素组成：钢材屈服点代号，以"屈"字汉语拼音首位字母"Q"表示；钢材屈服点数值；质量等级代号，分 A、B、C、D 四级；脱氧程度代号，F

代表沸腾钢，b代表半镇静钢，Z代表镇静钢，TZ代表特殊镇静钢（Z、TZ符号可予以省略）。

按屈服点的数值（MPa）划分195、215、235、255、276五个牌号，随牌号的增大，含碳量由小到大，抗拉强度提高，伸长率和冷弯性能下降。如Q235-A·F表示屈服点为235MPa的A级沸腾钢。

（2）低合金高强度结构钢。低合金高强度结构钢是在碳素结构钢的基础上加入一种或几种总量小于5%的合金元素的一种结构钢。

应符合国家标准《低合金高强度结构钢》（GB/T 1591—2008）的规定，共有5个牌号，所加元素有锰、硅、钒、钛、铌、铬、镍及稀土元素。其牌号由三个要素组成：代表屈服点的汉语拼音字母Q；屈服点数值；质量等级符合，分A、B、C、D、E五级。如Q420A表示屈服点为420MPa，质量等级为A的低合金高强度结构钢。

由于合金元素的细晶强化和固溶强化等作用，低合金钢非但具有较高的强度，而且也具有较好的塑性、韧性和可焊性，是综合性能较为理想的建筑钢材，尤其在大跨度、承受动荷载和冲击荷载的结构物中更为适用。

2. 钢筋混凝土结构用钢

（1）热轧钢筋。是建筑工程中用量最大的钢材之一，主要用于钢筋混凝土结构和预应力混凝土结构的配筋。热轧钢筋有较高的强度，具有一定的塑性、韧性、可焊性。主要有用Q235轧制的光圆钢筋和用合金钢轧制的带肋钢筋两类。

《钢筋混凝土用热轧带肋钢筋》（GB 1499.2—2007）规定，热轧带肋钢筋的牌号由HRB和牌号的屈服点最小值构成。分为HRB335、HRB400、HRB500三个牌号。

（2）冷拉钢筋。是用热轧钢筋加工而成的。钢筋在常温下经过冷拉可达到除锈、调直、提高强度、节约钢材的目的。

（3）热处理钢筋。指用热轧中碳低合金钢筋经淬火、回火调质处理的钢筋。按其外形有纵肋和无纵肋两种（均有横肋）。《预应力混凝土用热处理钢筋》（GB/T 5223.3—2005）规定此类钢筋有三种规格：公称直径为6mm、8.2mm、10mm。

（4）钢丝。用直径6.5～8mm的Q235圆盘条，在常温下经冷拔工艺拔制而成的直径为3mm、4mm、5mm的圆截面钢丝。

（5）钢绞线。是用2根、3根或7根钢丝在钢绞线机上，经绞捻后，再经低温回火处理而成的。钢绞线具有强度高、柔性好、与混凝土黏结力好、易锚固等特点。主要用于大跨度、重荷载的预应力混凝土结构。

（六）建筑钢材的识别技巧

建筑钢材的识别技巧见表1-31。

表1-31　建筑钢材的识别技巧

识别内容	螺纹钢		线材	
	国标钢	伪劣钢	国际材	伪劣材
肉眼外观	颜色深蓝、均匀，两头断面整齐无裂纹。凸形月牙纹清晰，间距规整	有发红、发暗、结痂、夹杂现象。断端可能有裂纹、弯曲等。月牙纹细小不整齐	颜色深蓝、均匀，断面整齐无裂纹。高线只有两个断端。蓝色氧化皮屑少	有发红、发暗、结痂、夹杂现象，断端可能有裂纹、弯曲等。线材有多个断头。氧化屑较多

续表

识别内容	螺纹钢		线材	
	国标钢	伪劣钢	国际材	伪劣材
触摸手感	光滑、质沉重、圆度好	粗糙、明显的不圆感(即有"起骨"的感觉)	光滑，无结痂与开裂等现象。圆度好	粗糙、有夹杂、结疤明显不圆感(起骨)
初步测量	直径与不圆度符合国标	直径与不圆度不符合国标	直径与不圆度符合国标	直径与不圆度不符合国标
产品标牌	标牌清晰光洁，牌上钢号、重复、生产日期、厂址等标识清楚	多无标牌，或简陋的假牌	标牌清晰光洁，牌上钢号、重量、生产日期、厂址等标识清楚	多无标牌，或简陋的假牌
质量证明书	电脑打印、格式规范、内容完整(化学成分、机械性能、合同编号、检验印章等)	多无质量证明书，或作假，即所谓质量证明书"复印件"	电脑打印、格式规范、内容完整(化学成分、机械性能、合同编号、检验印章等)	多无质量证明书，或作假，即所谓质量证明书"复印件"
销售授权	商家有厂家正式书面授权	商家说不清或不肯说明钢材来源	商家有正式书面授权	商家说不清或者不肯说明钢材来源
理化检验	全部达标	全部或部分不达标	全部达标	全部或部分不达标
售后服务	质量承诺"三包"	不敢书面承诺	质量承诺"三包"	不敢书面承诺

注：1. 圆度是指钢材直径最大值与最小值的比率。在没有相应测量工具的情况下，用手触摸可感觉到钢材的大概圆度情况，因为人手的触觉相当敏锐。

2. 质量证明书是钢材产品的"身份证"，购买数量大时（比如整车皮）须索要质量证明书原件，小量购买时要查阅原件，然后索取复印件，同时盖经销商公章并妥善保管，注意有的伪劣产品的所谓"质量证明书"是以大钢厂的质量证明书为蓝本用复印机等篡改而成的，细看不难发现字迹模糊、前后反差大、笔画粗细不同、字间前后不一致等破绽。

（七）钢材锈蚀及防止

黑色金属，如铁和钢的显著特点之一是它们有腐蚀或生锈的倾向，严峻的户外环境更促进了钢铁的腐蚀和氧化。

(1) 钢材锈蚀原因。钢材的锈蚀是指钢材表面与周围介质发生作用而引起破坏的现象，分为化学锈蚀和电化学锈蚀两类。化学锈蚀是指钢材与周围介质（如氧气、二氧化碳、二氧化硫和水等）发生化学反应，生成疏松的氧化物而产生的锈蚀；电化学锈蚀是指钢材与电解质溶液接触而产生电流，形成微电池而引起的锈蚀。钢材锈蚀后，受力面积减小，承载能力下降。在钢筋混凝土中，因锈蚀引起钢筋混凝土开裂。

(2) 钢筋混凝土中钢筋锈蚀普通混凝土为强碱性环境，pH 值为 12.5 左右，埋入混凝土中的钢筋处于碱性介质条件，而形成碱性钢筋保护膜，只要混凝土表面没有缺陷，里面的钢筋是不会锈蚀的。但应注意，如果制作的混凝土构件不密实，环境中的水和空气能进入混凝土内部，或者混凝土保护层厚度小或发生了严重的炭化，使混凝土失去了碱性保护作用，特别是混凝土内氯离子含量过大，使钢筋表面的保护膜被氧化，也会发生钢筋锈蚀现象。

加气混凝土碱度较低，混凝土多孔，外界的水和空气易深入内部，电化学腐蚀严重，故加气混凝土中的钢筋在使用前必须进行防腐处理。轻集料混凝土和粉煤灰混凝土的护筋性能良好，钢筋不会发生锈蚀。

综上所述，对于普通混凝土、轻集料混凝土和粉煤灰混凝土，为了防止钢筋锈蚀，施工中应确保混凝土的密实度以及钢筋保护层的厚度。在二氧化碳浓度高的工业区采用硅酸盐水泥或普通水泥，限制含氯盐外加剂的掺量，并使用钢筋防锈剂（如亚硝酸钠）；预应力混凝土应禁止使用含氯盐的集料和外加剂；对于加气混凝土等可以在钢筋表面涂环氧树脂或镀锌等方法来防止。

（3）钢材锈蚀的防止钢材的锈蚀既有内因（材质），又有外因（环境介质作用），因此要防止或减少钢材的锈蚀必须从钢材本身的易腐蚀性、隔离环境中的侵蚀性介质或改变钢材表面状况方面入手。

① 表面刷漆。表面刷漆是钢结构防止锈蚀的常用方法。刷漆通常有底漆、中间漆和面漆三道。底漆要求有较好的附着力和防锈能力，常用的有红丹、环氧富锌漆、云母氧化铁和铁红环氧底漆等。中间漆为防锈漆，常用的有红丹、铁红等。面漆要求有较好的牢度和耐候性能保护底漆不受损伤或风化，常用的方法有灰铅、醇酸磁漆和酚醛磁漆等。

钢材表面涂刷漆时，一般为一道底漆、一道中间漆和两道面漆，要求高的可增加一道中间漆或面漆。使用防锈涂料时，应注意钢构件表面的除锈，注意底漆、中间漆和面漆的匹配。

② 表面镀金属。用耐腐蚀性好的金属，以电镀或喷镀的方法覆盖在钢材的表面，提高钢材的耐腐蚀能力。常用的方法有镀锌（如白铁皮）、镀锡（如马口铁）、镀铜和镀铬等。

③ 采用耐候钢。耐候钢即耐大气腐蚀钢。耐候钢是在碳素钢和低合金钢中加入少量的铜、铬、镍、钼等合金元素而制成。耐候钢既有致密的表面防腐保护，又有良好的焊接性能，其强度级别与常用碳素钢和低合金钢一致，技术指标相近。

三、铝

（一）铝及铝合金的性质

铝是有色金属中的轻金属，银白色，密度为 $2.7g/cm^3$，熔点为 $660℃$。其导电性能良好，化学性质活泼，耐腐蚀性强，便于铸造加工，可染色。铝极有韧性，无磁性，有很好的传导性，对热和光反射好，有防氧化作用，在铝中加入镁、铜、锰、锌等元素可组成铝合金。铝合金既提高了铝的强度和硬度，同时又保持了铝的轻质、耐腐蚀、易加工等优良性能。

铝大量用于户外家具，包括长椅、矮柱、旗杆及隔栅等。铝的表面质感和颜色，根据表面处理的光滑度不同，可以从反光的银色，一直到亚光的灰色。高抛光的铝表面是最光洁的金属表面之一。

（二）建筑铝合金制品

1. 铝合金花纹板

铝合金花纹板采用防锈铝合金胚料，用特殊的花纹轧制而成，其花纹美观大方，筋高适中，不易磨损，防滑性好，防腐蚀性能强，便于冲洗，通过表面处理可得到各种色彩。其广泛应用于现代建筑的墙面装饰以及楼梯踏板等处。

2. 铝合金压型板

铝合金压型板质量轻、外形美、耐腐蚀、经久耐用，经表面处理可得到各种优美的色彩。其主要用作墙面和屋面。

3. 铝合金波纹板

铝合金波纹板有银白色等多种颜色，有很强的反光能力，防火、防潮，在大气中可使用20 年以上。主要用于建筑墙面、屋面。

4. 铝合金龙骨

铝合金龙骨是以铝合金板材为主要原料，轧制成各种轻薄型材后组合安装而成的一种金属骨架。铝合金龙骨架具有强度大、刚度大、自重轻、不锈蚀等特点，适用于外露龙骨的吊顶。

5. 铝合金冲孔平板

铝合金冲孔平板是一种能降低噪声并兼有装饰作用的新产品，孔型根据需要有圆孔、方孔、长方孔、三角孔、大小组合孔等。其可用于声响效果比较矮的公共建筑的顶棚，以改善建筑室内的音质条件。

四、铜

铜是我国历史上使用较早、用途较广的一种有色金属。在古建筑装饰中，铜材是一种高档的装饰材料，多用于宫廷、寺庙、纪念性建筑以及商店招牌等。在现代建筑中，铜仍是高级装饰材料，可使建筑物显得光彩耀目、富丽堂皇。

1. 铜的特性与应用

铜属于有色重金属，密度为 $8.92g/cm^3$。纯铜由于表面氧化生成的氧化铜薄膜呈紫红色，故常称紫铜。纯铜具有较高的导电性、导热性、耐蚀性及良好的延展性、塑性，可碾压成极薄的板（紫铜片），拉成很细的丝（铜线材），它既是一种古老的建筑材料，又是一种良好的导电材料。

在现代建筑装饰中，铜材仍是一种集古朴和华贵于一身的高级装饰材料，可用于扶手、栏杆、防滑条等其他细部需要装饰点缀的部位。在寺庙建筑中，还可用铜包柱，使建筑物光彩照人、光亮耐久，并烘托出华丽、神秘的氛围。除此之外，园林景观的小品设计中，铜材也有着广泛的应用。

2. 铜合金的特性与应用

纯铜由于强度不高，不宜制作结构材料，由于纯铜的价格贵，工程中更广泛使用的是铜合金（即在铜中掺入锌、锡等元素形成的铜合金）。铜合金既保持了铜的良好塑性和高抗蚀性，又改善了纯铜的强度、硬度等机械性能。常用的铜合金有黄铜（铜锌合金）、青铜（铜锡合金）等。

长久以来，青铜都以其丰富的外表美化着我们的人造环境。青铜一直被认为是适合铸造室外雕塑的金属。在景观中，它的用途与铸铁相似，如树池算子、水槽、排水渠盖、井盖、矮柱、灯柱，以及固定装置。不过青铜的美观性、强度和耐久性是有代价的，青铜铸件在景观要素价格范围中处于上限位置。

青铜是一种合金，主要元素为铜，其他的金属元素则有多种选择，但锡是最常用的。

铝、硅和锰也可以与铜一起构成青铜合金。像纯铜一样，青铜的氧化仅仅发生在表面，被氧化的表面形成一个防止内部被氧化的保护屏障。因此，青铜承受室外环境压力的能力在各种金属中比较优异。青铜的氧化结果——铜绿，也是各种金属氧化效果中最受欢迎的。

五、金属紧固件和加固件

由于对材料其耐用性和强度的要求，金属常常在景观中扮演幕后的辅助角色。例如钢筋增加了现浇混凝土的强度；钉子、螺钉、螺栓将木材组件连接在一起；金属连接件将砖块和混凝土块连接成一个整体。

1. 钉子

室外用的钉子应为镀锌钉（最常见、最实惠的选择），或不锈钢钉，以抑制生锈。另外与普通钉子不同，它们的杆不能是平滑的。钉杆平滑的钉子容易松动，当用来固定水平的构件时，会伸出一个个钉头，是个危险又棘手的问题。环纹杆或螺纹杆有助于防止钉子由于交通荷载或冻融循环的影响而产生松动现象。室外用钉子通常有一个宽大的钉帽，上面是细密的网格状的纹路，被称为"格子帽"。这种粗糙的表面可以增强摩擦，以减少钉锤在敲击时的打滑情况。另外，钉帽占钉子整体比例太小的话，就不太可能长期将室外的软木组件紧钉在一起。

2. 螺钉

在固定软木方面，螺钉比钉子更好用，但施工也更耗时、耗资。简单地将螺钉定义一下，就是钉杆上带有凹凸的螺旋纹的金属紧固件，通常（但不是在所用情况下）有一个锥形的尖端。其锐利的螺纹直接嵌入木材中，与螺栓加螺母的套装紧固件有所不同。像钉子一样，螺钉也有头部，其作用是与螺钉刀相配合，将螺钉旋转推入木组件中。最常见的室外用螺钉是十字口的，因为这种螺钉十分容易用电动螺丝刀进行安装。另外还有一种方形头的螺钉也经常用于室外工程。

与钉子相同，螺钉也必须镀锌或用不锈钢制造，以抵御锈蚀。与普通螺钉相比，室外用螺钉的螺纹十分锐利，突起更高，每一圈螺纹之间的间距也更大。这些设计都是为了使螺钉更好地抓住和固定软木。如果螺纹过平、过浅或过密，都会导致螺钉从木材中滑出，从而失去作用。

室外用螺钉，特别是用于固定木板的一类，杆和头的衔接处一般是呈喇叭状逐渐放大的。这种造型的作用类似于刹车，可以减慢电动螺钉刀的转动，防止螺钉被钉进软木太深。喇叭形头部对于使用电动工具的工人来说是十分重要的，因为它使施工变得简单，使工人能够提高效率，更好地使用电动螺丝刀。

3. 螺栓与螺母

螺栓-螺母紧固件是将两个或更多木组件紧固在一起的最有效的方法。螺栓与螺钉一样有螺纹，不过二者的螺纹是不一样的。螺栓的螺纹设计是为了和螺母精确匹配，而不是牢固地嵌进木材中。一套匹配的螺母和螺栓几乎是坚不可摧的，它们连接的木结构寿命也非常长。

和钉子、螺钉一样，螺栓也有头部；和前两者不同的是，螺栓没有锥形的尖端。因为螺栓的螺纹要与螺母的螺纹精确匹配，所以它们螺纹的牙数是一个关键的指标。

螺栓的头部形状多样，最常见的是六角头，是专门为配合扳手设计的。同钉枪、电动螺丝刀一样，扳手也可以是电动的。其他常用螺栓有方头螺栓、圆头螺栓、马车螺栓等。马车螺栓的头部是球面的，不会刮伤使用者，但是无法使用扳手。所以，安装这种螺栓时，只能转动螺母把二者拧紧。为方便固定，马车螺栓通常有一个方形的"肩部"，就在头部下方，以防止螺栓在洞中旋转造成滑丝或松动。

六角螺栓对使用者来说就不那么友好了，为了最大限度地减小其危险性，应将六角螺栓做埋头处理。埋头处理指的是在螺栓头部处再开一个槽，宽度和深度足以容纳螺栓的头部。这样螺栓的头部就不会凸出于木材表面了。

过度拧紧螺栓和螺母，就会损坏软木。所以，同时在螺栓头部和螺母下面加上宽大的垫圈，有助于分散压力，并尽量减少不必要的木材表面挠曲。一些用于室外工程的垫圈在木材一面设计了锯齿，能够在安装过程中抓住木材表面，防止二者之间的相对旋转。

第八节　胶凝材料

在园林建筑工程中，常常需要将散粒状材料（如砂和石子）或块状材料（如石块和砖块）凝结成一个整体的材料，这些材料统称为胶凝材料。胶凝材料，又称胶结料，是在物理、化学作用下，能从浆体变成坚固的石状体，并能胶结其他物料，制成有一定机械强度的复合固体的物质。胶凝材料可以分为有机胶凝材料和无机胶凝材料，如沥青和橡胶属于有机胶凝材料；建筑石膏、石灰、水玻璃和各种水泥为无机胶凝材料。无机胶凝材料又分为气硬性胶凝材料和水硬性胶凝材料。气硬性胶凝材料只能在空气中硬化并保持和发展强度，只适用于地上或干燥环境。

一、石膏

生产石膏的原料主要是天然二水石膏（$CaSO_4 \cdot 2H_2O$），又称为生石膏，经加热、煅烧、磨细即得石膏胶凝材料。在常压下加热至 $107 \sim 170℃$ 时，煅烧成 β 型半水石膏（$CaSO_4 \cdot \frac{1}{2}H_2O$），如果温度升高至 $190℃$，失去全部水分变成无水石膏，又称为熟石膏。若将生石膏在 $125℃$、$0.13MPa$ 压力的蒸压锅内蒸炼得到的是 α 型半水石膏，其晶粒较粗，拌制石膏浆体时的需水量较少，因此硬化后强度较高，称为高强石膏。

（一）石膏的凝结硬化

半水石膏加水后首先进行的是溶解，然后产生水化反应，生成二水石膏（$CaSO_4 \cdot 2H_2O$），由于二水石膏常温下在水中的溶解度比 β 型半水石膏小得多。因此，二水石膏从过饱和溶液中以胶体微粒析出，这样，促进了半水石膏不断地溶解和水化，直至完全溶解。在这个过程中，浆体中的游离水分逐渐减少，二水石膏胶体微粒不断增加，浆体稠度增大，可塑性逐渐降低，这时称为"凝结"。随着浆体继续变稠，胶体微粒逐渐凝聚成晶体，晶体逐渐长大、共生并相互交错，使浆体产生强度，并不断增长，此过程称为"硬化"。

（二）建筑石膏的技术要求

建筑石膏按技术要求分为三个等级，即优等品、一等品和合格品，各等级建筑石膏技术要求见表 1-32。

表 1-32　各等级建筑石膏的技术要求

指标	优等品	一等品	合格品
细度(孔径 0.2mm 筛，筛余量不超过)/%	5.0	10.0	15.0
抗折强度(烘干至质量恒定后不小于)/MPa	2.5	2.1	1.8

指标		优等品	一等品	合格品
抗压强度（烘干至质量恒定后不小于）/MPa		4.9	3.9	2.9
凝结时间/min	初凝 ≥	6		
	终凝 ≤	30		

（三）建筑石膏的分类

1. 天然石膏（生石膏）

（1）组成。即二水石膏，分子式 $CaSO_4 \cdot 2H_2O$。

（2）特性。质软，略溶于水，呈白或灰、红青等色。

（3）用途。通常白色者用于制作熟石膏，青色者制作水泥、农肥等。

2. 熟石膏

（1）建筑石膏

① 组成。生石膏经 $150 \sim 170℃$ 煅烧而成，分子式为 $CaSO_4 \cdot \frac{1}{2}H_2O$。

② 特性。与水调和后凝固很快，并在空气中硬化，硬化时体积不收缩。

③ 用途。制配石膏抹面灰浆，制作石膏板、建筑装饰及吸声、防火制品。

（2）地板石膏

① 组成。生石膏在 $400 \sim 500℃$ 或高于 $800℃$ 下煅烧而成，分子式为 $CaSO_4$。

② 特性。磨细及用水调和后，凝固及硬化缓慢，7d 的抗压强度为 10MPa，28d 为 15MPa。

③ 用途。制作石膏地面，配制石膏灰浆，用于抹灰及砌墙，配制石膏混凝土。

（3）模型石膏

① 组成。生石膏在 $190℃$ 下煅烧而成。

② 特性。凝结较快，调制成浆后于数分钟至 10 余分钟内即可凝固。

③ 用途。供模型塑像、美术雕塑、室内装饰及粉刷用。

（4）高强度石膏

① 组成。生石膏在 $750 \sim 800℃$ 下煅烧并与硫酸钾或明矾共同磨细而成。

② 特性。凝固很慢，但硬化后强度高（$25 \sim 30$MPa），色白，能磨光，质地坚硬且不透水。

③ 用途。制作人造大理石、石膏板、人造石，用于湿度较高的室内抹灰及地面等。

（四）建筑石膏的特征

（1）凝结硬化快。建筑石膏在加水拌和后，浆体在几分钟内便开始失去可塑性，30min 内完全失去可塑性而产生强度，大约一周完全硬化。为满足施工要求，需要加入缓凝剂，如硼砂、酒石酸钾钠、柠檬酸、聚乙烯醇、石灰活化骨胶或皮胶等。

（2）凝结硬化时体积微膨胀。石膏浆体在凝结硬化初期会产生微膨胀。这一性质石膏制品的表面光滑、细腻、尺寸精确、形体饱满、装饰性好。

（3）孔隙率大。建筑石膏在拌和时，为使浆体具有施工要求的可塑性，需加入石膏用量 $60\% \sim 80\%$ 的水，而建筑石膏水化的理论需水量为 18.6%，所以大量的自由水在蒸发时，在建筑石膏制品内部形成大量的毛细孔隙。热导率小，吸声性较好，属于轻质保温材料。

（4）具有一定的调湿性。由于石膏制品内部大量毛细孔隙对空气中的水蒸气具有较强的吸附能力，所以对室内的空气湿度有一定的调节作用。

（5）防火性好。石膏制品在遇火灾时，二水石膏将脱出结晶水，吸热蒸发，并在制品表面形成蒸汽幕和脱水物隔热层，可有效减少火焰对内部结构的危害。建筑石膏制品在防火的同时自身也会遭到损坏，而且石膏制品也不宜长期用于靠近 65℃ 以上高温的部位，以免二水石膏在此温度下失去结晶水，从而失去强度。

（6）耐水性、抗冻性差。建筑石膏硬化体的吸湿性强，吸收的水分会减弱石膏晶粒间的结合力，使强度显著降低；若长期浸水，还会因二水石膏晶体逐渐溶解而导致破坏。石膏制品吸水饱和后受冻，会因孔隙中水分结晶膨胀而破坏。所以，石膏制品的耐水性和抗冻性较差，不宜用于潮湿部位。为提高其耐水性，可加入适量的水泥、矿渣等水硬性材料，也可加入有机防水剂等，可改善石膏制品的孔隙状态或使孔壁具有憎水性。

（五）石膏建筑制品

1. 纸面石膏板

在建筑石膏中加入少量胶黏剂、纤维、泡沫剂等与水拌和后连续浇注在两层护面纸之间，再经辊压、凝固、切割、干燥而成。板厚 9～25mm，干容重 750～850kg/m³，板材韧性好，不燃，尺寸稳定，表面平整，可以锯割，便于施工。主要用于内隔墙、内墙贴面、天花板、吸声板等，但耐水性差，不宜用于潮湿环境中，在潮湿环境下使用容易生霉。

2. 纤维石膏板

将掺有纤维和其他外加剂的建筑石膏料浆，用缠绕、压滤或辊压等方法成型后，经切割、凝固、干燥而成。厚度通常为 8～12mm，与纸面石膏板比，其抗弯强度较高，不用护面纸和胶黏剂，但容重较大，用途与纸面石膏板相同。

3. 装饰石膏板

将配制的建筑石膏料浆，浇注在底模带有花纹的模框中，经抹平、凝固、脱模、干燥而成，板厚为 10mm 左右。为了提高其吸声效果，还可制成带穿孔和盲孔的板材，常用作天花板和装饰墙面。

4. 石膏空心条板和石膏砌块

将建筑石膏料浆浇注入模，经振动成型和凝固后脱模、干燥而成。空心条板的厚度通常为 60～100mm，孔洞率为 30%～40%；砌块尺寸通常为 600mm×600mm，厚度 60～100mm，周边有企口，有时也可做成带圆孔的空心砌块。空心条板和砌块均用专用的石膏砌筑，施工方便，常用作非承重内隔墙。

5. 建筑石膏粉系列产品

主要有粉刷石膏、满批石膏、嵌缝石膏、黏结石膏等。

（六）建筑石膏的应用

1. 室内抹灰及粉刷

建筑石膏是洁白细腻的粉末，用作室内抹灰、粉刷等装修有良好的效果，比石灰洁白、美观。

2. 建筑装饰制品

建筑石膏配以纤维增强材料、胶黏剂等可制成各种石膏装饰制品，也可掺入颜料制成彩色制品。如石膏线条，用于室内墙体构造角线、柱体的装饰。

3. 石膏板材

建筑石膏可与石棉、玻璃纤维、轻质填料等配制成各种石膏板材。目前我国使用较多的是纸面石膏板、石膏空心条板、纤维石膏板等。石膏板材是一种良好的建筑材料。

二、石灰

石灰最主要的原材料是含碳酸钙的石灰石、白云石和白垩等。石灰石原料在适当温度下煅烧，碳酸钙将分解，释放出 CO_2，得到以 CaO 为主要成分的生石灰。生石灰是一种白色或灰色的块状物质，由于石灰原料中常含有一些碳酸镁成分，煅烧后生成的生石灰中常含有 MgO 成分，通常把 MgO 含量≤5%的生石灰称为钙质生石灰，把 MgO 含量>5%的生石灰称为镁质生石灰。同等级的钙质生石灰质量优于镁质生石灰。

（一）石灰的特点

（1）干燥收缩大。氢氧化钙颗粒吸附大量的水分，在凝结硬化过程中不断蒸发，并产生很大的毛细管压力，使石灰浆体产生很大的收缩而开裂，所以石灰除粉刷外不宜单独使用。

（2）保水性、可塑性好。熟化生成的氢氧化钙颗粒极其细小，比表面积（材料的总表面积与其质量的比值）很大，使得氢氧化钙颗粒表面吸附有一层较厚水膜，即石灰的保水性好。由于颗粒间的水膜较厚，颗粒间的滑移较易进行，即可塑性好。这一性质常被用来改善砂浆的保水性，以克服砂浆保水性差的缺点。

（3）凝结硬化慢、强度低。石灰的凝结硬化很慢，且硬化后的强度很低。

（4）耐水性差。潮湿环境中石灰浆体不会产生凝结硬化。硬化后的石灰浆体的主要成分为氢氧化钙，仅有少量的碳酸钙。氢氧化钙可微溶于水，所以石灰的耐水性很差，软化系数接近于零。

（二）石灰的品种、组成、特性及用途

石灰的品种、组成、特性及用途见表1-33。

表 1-33　石灰的品种、组成、特性及用途

品种	组成	特性	用途
石灰膏	将块灰加入足量的水，经过淋制熟化而成的厚膏状物质[$Ca(OH)_2$]	淋浆时应用 6mm 的网格过滤，应在沉淀池内储存两周后使用，保水性能好	用于配制石灰砌筑砂浆和抹灰砂浆
熟石灰（消石灰）	将生石灰淋以适当的水（为生石灰质量的 60%～80%），经熟化作用所得的粉末状材料[$Ca(OH)_2$]	需经孔径 3～6mm 的筛子过筛	用于拌制石灰土（石灰、黏土）和三合土（石灰、粉土、砂或矿渣）
块灰（生石灰）	以含碳酸钙（$CaCO_3$）为主的石灰石经过（800～1000℃）高温煅烧而成，其主要成分为氧化钙（CaO）	块灰中的灰分含量越少，质量越高，通常所说的三七灰，即指三成灰粉七成块灰	用于配制磨细生石灰、熟石灰、石灰膏等

续表

品种	组成	特性	用途
磨细生石灰（生石灰粉）	由火候适宜的块灰经磨细而成粉末状的物料	与熟石灰相比，具有快干、高强等特点，便于施工，成品需经 4900 孔/cm² 的筛子过筛	用作硅酸盐建筑制品的原料，并可制成炭化石灰板、砖等制品，还可配制熟石灰、石灰膏等
石灰乳（石灰水）	将石灰膏用水冲淡所成的浆液状物质		用于简易房屋的室内粉刷

（三）石灰的消化与硬化

1. 石灰的消化

消化是指生石灰（氧化钙）与水作用生成氢氧化钙（熟石灰，又称消石灰）的过程，又称石灰的消解或熟化。

消化过程放出大量热，使温度升高，而且体积要增大。石灰消化方法一般有两种，石灰浆法和消石灰粉法。

（1）石灰浆法。将块状生石灰在化灰池中用过量的水（生石灰体积的 2.5～3.0 倍）消化成石灰浆，然后通过筛网进入储灰坑。生石灰中常含有过火石灰，为了消除过火石灰的危害，可在消化后在储灰坑中存放半个月左右，这个过程叫作陈伏。陈伏期间，石灰浆其表面保有一层水分，使之隔绝空气，以防止 $Ca(OH)_2$ 炭化。石灰浆在储灰坑中沉淀后，除去上层水分，即可得到石灰膏。它是建筑工程中砌筑砂浆和抹面砂浆常用的材料之一。

（2）消石灰粉法。将生石灰加适量的水消化成消石灰粉，生石灰消化成消石灰粉的理论需水量为生石灰质量的 32.1%，由于一部分水分会蒸发掉，所以实际加水量较多达 60%～80%。这样可使生石灰充分熟化，又不致过湿成团。工地上常采用喷壶分层喷淋等方法进行消化，人工消化石灰劳动强度大，效率低，质量不稳定，目前多在工厂中用机械加工方法将生石灰消化成消石灰粉再使用。消石灰粉可用于拌制灰土或三合土，因其熟化不一定充分，一般不宜用于拌制砂浆及灰浆。

2. 石灰的硬化

石灰硬化过程包括干燥硬化和碳酸化两部分。

（1）石灰浆的干燥硬化（结晶作用）。石灰浆体在干燥过程中，游离水分蒸发或被砌体吸收，使 $Ca(OH)_2$ 从饱和溶液中逐渐结晶析出，固体颗粒互相靠拢粘紧，强度也随之提高。

$$Ca(OH)_2 + nH_2O \longrightarrow Ca(OH)_2 \cdot nH_2O$$

（2）硬化石灰浆的炭化（炭化作用）。$Ca(OH)_2$ 与空气中的 CO_2 在有水的条件下炭化生成 $CaCO_3$，$CaCO_3$ 结晶产生强度的过程，叫作炭化（硬化）。

$$Ca(OH)_2 + CO_2 + nH_2O \longrightarrow CaCO_3 + (n+1)H_2O$$

该反应必须有水分存在时才能进行，且反应速度缓慢。由于空气中 CO_2 的含量少，炭化作用主要发生在与空气接触的表层上，而且表层已生成的致密 $CaCO_3$ 膜层，阻碍了空气中 CO_2 的进一步渗入，同时也阻碍了内部水分向外蒸发，使 $Ca(OH)_2$ 结晶作用也进行得较慢，随着时间的增长，表层 $CaCO_3$ 厚度增加，阻碍作用更大，在相当长的时间内，仍然是表层为 $CaCO_3$，内部为 $Ca(OH)_2$。所以，石灰硬化是个相当缓慢的过程。

第九节 防水材料

一、防水卷材

防水卷材是由厚纸或纤维织物为胎基，经浸涂沥青或其他合成高分子防水材料而成的成卷防水材料。

（一）普通沥青防水卷材

普通沥青防水卷材也称油毡，是指用原纸、纤维织物、纤维毡等胎体材料浸涂沥青，表面撒布粉状、粒状或片状材料制成的可卷曲的片状防水材料。

1. 石油沥青纸胎油毡

石油沥青纸胎油毡是传统的防水材料，低温柔韧性差，防水层耐用年限较短，但价格较低。适用于三毡四油、二毡三油叠层铺设的屋面工程。

2. 玻璃布胎沥青油毡

玻璃布胎沥青油毡的拉伸强度高，胎体不易腐烂，材料柔韧性好，耐久性比纸胎提高一倍以上。多用作纸胎油毡的增强附加层和突出部位的防水层。

3. 玻纤毡胎沥青油毡

玻纤毡胎沥青油毡具有良好的耐水性、耐腐蚀性和耐久性，柔韧性也优于纸胎沥青油毡。常用作屋面或地下防水工程。

4. 黄麻胎沥青油毡

黄麻胎沥青油毡的拉伸强度高，耐水性好，但胎体材料易腐烂。常用作屋面增强附加层。

5. 铝箔胎沥青油毡

铝箔胎沥青油毡有很高的阻隔蒸汽渗透能力，防水功能好，具有一定的拉伸强度，与带孔玻纤毡配合或单独使用，适用于隔气层。

（二）改性沥青防水卷材

改性沥青防水卷材是以纤维织物或纤维毡为胎体，合成高分子聚合物改性沥青为涂盖层，粉状、片状、粒状或薄膜材料为覆盖层材料制成的可卷曲的片状防水材料。改性沥青防水卷材改善了普通沥青防水卷材温度稳定性差、延伸率小等缺点，具有高温不流淌、低温不脆裂、拉伸强度较高、延伸率较大等特点。这类防水卷材按厚度分为 2mm、3mm、4mm、5mm 等规格。

1. 弹性 SBS 改性沥青防水卷材

弹性 SBS 改性沥青防水卷材耐高温、低温性能明显提高，卷材的弹性和耐疲劳性明显改善。可单层铺设屋面防水工程或复合使用，适合于寒冷地区和结构变形频繁的建筑。

2. 塑性 APP 改性沥青防水卷材

塑性 APP 改性沥青防水卷材具有良好的强度、延伸性、耐热性、耐紫外线照射及耐老化性能。单层铺设，适合于紫外线辐射强烈及炎热地区屋面使用。

3. 聚氯乙烯改性焦油沥青防水卷材

聚氯乙烯改性焦油沥青防水卷材有良好的耐热及耐低温性能，最低开卷温度为－18℃，有利于在冬季负温度下施工。

4. 再生胶改性沥青防水卷材

再生胶改性沥青防水卷材有一定的延伸性，且低温柔性较好，有一定的防腐蚀能力，价格低廉，属于低档防水卷材。适用于变形较大或档次较低的防水工程。

（三）合成高分子防水卷材

合成高分子防水卷材是指以合成橡胶、合成树脂或两者共混体为基料，加入适量的化学助剂和填充料等，经混炼压延或挤出等工序加工而成的防水材料。合成高分子防水卷材具有高弹性、高延伸性及良好的耐老化性、耐高温性和耐低温性等多方面的优点，已成为新型防水材料发展的主导方向。

1. 聚氯乙烯防水卷材

聚氯乙烯防水卷材具有良好的耐臭氧、耐热、耐老化、耐油、耐化学腐蚀及抗撕裂性能。单层或复合使用，宜用于紫外线强的炎热地区。

2. 氯化聚乙烯防水卷材

氯化聚乙烯防水卷材具有较高的拉伸和撕裂强度，延伸率较大，耐老化性能好，原材料丰富，价格便宜，容易粘接。单层或复合使用，适用于外露或有保护层的防水工程。

3. 三元乙丙橡胶防水卷材

三元乙丙橡胶防水卷材的防水性能优异，耐候性好，耐臭氧性、耐化学腐蚀性、弹性和拉伸强度大，对基层变形开裂的适应性强，质量轻，使用温度范围宽，寿命长。但价格高，粘接材料尚需配套完善。单层或复合使用，适用于防水要求较高，防水层耐用年限长的工程。

4. 三元丁橡胶防水卷材

三元丁橡胶防水卷材有较好的耐候性、耐油性、拉伸强度和延伸率，耐低温性能稍低于三元乙丙橡胶防水卷材。单层或复合使用于要求较高的防水工程。

5. 氯化聚乙烯-橡胶共混防水卷材

氯化聚乙烯-橡胶共混防水卷材不但具有氯化聚乙烯特有的高强度和优异的耐臭氧、耐老化性能，而且具有橡胶所特有的高弹性、高延伸性以及良好的低温柔性。单层或复合使用，特别适用于寒冷地区或变形较大的防水工程。

6. 防水透气膜

防水透气膜是一种新型的高分子透气防水材料。从制作工艺上讲，防水透气膜的技术要求要比一般的防水材料高得多，同时从品质上来看，防水透气膜也具有其他防水材料所不具备的功能性特点。防水透气膜在加强建筑气密性、水密性的同时，其独特的透气性能，可使结构内部水气迅速排出，避免结构滋生霉菌，保护物业价值，并完美解决了防潮与人居健康，是一种健康环保的新型节能材料。

7. 聚乙烯丙纶复合防水卷材

聚乙烯丙纶复合防水卷材以聚乙烯树脂为主防水层，双表面复合丙纶长丝无纺布作增强层，采用热融直压工艺一次复合成形。低档次的产品则采用二次复合成形工艺。

主防水层聚乙烯膜采用抗穿刺性能良好的线型低密度聚乙烯（LLDPE）树脂加工而成，同时加入了辅料以改进卷材主防水层的柔性和粘接性，加入了炭黑、抗氧化剂以改进卷材主防水层的耐老化性。

表面增强层采用新型丙纶长丝热轧纺粘无纺布，主要作用为：

① 增加主防水层的整体拉伸强度，使主防水层厚度相对减少。

② 增加主防水层的表面粗糙程度，对主防水层起到防护作用。

③ 提供可粘接的网状空隙结构。

聚乙烯、聚丙烯（丙纶）均耐化学稳定、耐腐蚀霉变、耐臭氧，且丙纶具有良好的力学性能。聚乙烯丙纶复合防水卷材的选材及结构特点，使其具有抗渗能力强、拉伸强度高、低温柔性好、线膨胀系数小、易粘接、摩擦系数大、稳定性好、无毒、变形适应力强、适应温度范围宽、使用寿命长等良好的综合技术性能。

二、防水涂料

防水涂料是以高分子材料为主体，在常温下呈无定形液态，经涂布能在结构物表面固化形成具有相当厚度并有一定弹性的防水膜的物料总称。

防水涂料固化前呈黏稠状液态，不仅能在水平面施工，而且能在立面、阴角、阳角等复杂表面施工。因而，特别适合于各种复杂、不规则部位的防水，能形成无接缝的完整防水膜。防水涂料大多采用冷施工，既减少了环境污染，又便于施工操作，改善工作环境。此外，涂布的防水涂料既是防水层的主体，又是黏结剂，因而施工质量容易保证，维修也较简单。尤其是对于基层裂缝、施工缝、雨水斗及贯穿管周围等一些容易造成渗漏的部位，极易进行增强涂刷、贴布等作业。施工时，防水涂料须采用刷子、刮板等逐层涂刷或涂刮，故防水膜的厚度很难做到像防水卷材那样均匀。因此，防水涂料广泛适用于工业与民用建筑的屋面防水工程、地下室防水工程和地面防潮、防渗等。

防水涂料按主要成膜物质可分为沥青类、改性沥青类、合成高分子类和聚合物水泥等。

1. 沥青类防水涂料

沥青类防水涂料是以沥青为基料配制而成的水乳型或溶剂型防水涂料。乳化沥青的储存期不能过长（一般3个月左右），否则容易引起凝聚分层而变质。储存温度不得低于零度，不宜在−5℃以下施工，以免水结冰而破坏防水层，也不宜在夏季烈日下施工，因表面水分蒸发过快而成膜，膜内水分蒸发不出而产生气泡。乳化沥青主要适用于防水等级较低的建筑屋面、混凝土地下室和卫生间防水、防潮；粘贴玻璃纤维毡片（或布）作屋面防水层；拌制冷用沥青砂浆和混凝土铺筑路面等。常用品种是石灰膏沥青、水性石棉沥青防水材料等。

2. 改性沥青类防水涂料

改性沥青类防水涂料指以沥青为基料，用合成高分子聚合物进行改性，制成的水乳型或溶剂型涂料。改性沥青类防水涂料在柔韧性、抗裂性、拉伸强度、耐高低温性能、使用寿命等方面比沥青类涂料都有很大改善。这类涂料常用产品有氯丁橡胶沥青防水涂料、水乳型橡胶沥青防水涂料、APP改性沥青防水涂料、SBS改性沥青防水涂料等。这类涂料广泛应用于各级屋面和地下以及卫生间等的防水工程。

3. 合成高分子类防水涂料

合成高分子防水涂料指以合成橡胶或合成树脂为主要成膜物质制成的单组分或多组分的防水涂料。这类涂料具有高弹性、高耐久性及优良的耐高低温性能。常用产品有聚氨酯防水涂料、丙烯酸酯防水涂料、环氧树脂防水涂料、有机硅防水涂料等。其适用于高防水等级的屋面、地下室、水池及卫生间的防水工程。

三、沥青材料

沥青是一种有机的胶凝材料，是多种碳氢化合物与氧、硫、氮等非金属衍生物的混合物。在常温下呈黑色或褐色的固体、半固体或黏性液体状态。

沥青具有的优点是不透水、不吸水、不导电、耐腐蚀、良好的黏结性和抗冲击性等。其广泛应用于园林建筑工程的防水、防腐、防潮及道路工程筑路材料，还用作水景工程地底驳岸的防渗材料。

（一）石油沥青

1. 石油沥青的概念及分类

石油沥青是石油原油经蒸馏等工序提炼出各种轻质油（如汽油、柴油等）及润滑油以后的残留物再经过加工而得的产品。通常情况下，石油沥青可分为三种，即建筑石油沥青、道路石油沥青和普通石油沥青。

2. 石油沥青的牌号及应用

根据我国现行石油沥青标准，道路石油沥青有七个牌号，牌号越高，针入度越大，黏性越小，塑性越好，温度稳定性越差。道路石油沥青主要用于道路路面等工程，通常拌制成沥青混凝土、沥青混合料或沥青浆使用。道路石油沥青的牌号较多，选用时应注意不同的工程要求、施工方法和环境温度差别。道路石油沥青还可作密封材料、胶黏剂和沥青涂料。

建筑石油沥青主要用于屋面及地下防水、沟槽防水防腐及管道的防腐工程。选择建筑石油沥青的牌号要依据不同地区、不同工程环境的要求而定。当用建筑石油沥青在技术性能上不能满足要求时，可以考虑将建筑石油沥青与道路石油沥青中的牌号混合掺配使用。

（二）煤沥青

煤沥青是将煤焦油再进行蒸馏，蒸去水分和所有的轻油及部分中油、重油和蒽油后得到的残渣。根据蒸馏程度不同可分为三种，即低温沥青、中温沥青和高温沥青。建筑上采用的煤沥青多为黏稠或半固体的低温沥青。

与石油沥青相比，煤沥青有以下特点：

① 煤沥青含挥发性和化学稳定性差的成分较多，在热、阳光、氧气等的长期综合作用下易硬脆，所以大气稳定性差。

② 煤沥青中既含有酸性活性物质，又含有碱性物质，所以，不管是酸性矿料还是碱性矿料，煤沥青与它们都有良好的黏附力。

③ 煤沥青的温度敏感性大，夏天易软化流淌而冬天易脆裂。

④ 煤沥青含有较多的游离碳，塑性较差，容易因变形而开裂。

⑤ 煤沥青含有酚、萘、蒽等有毒油分，防腐能力较好。

（三）改性沥青（改性石油沥青）

园林建筑工程中使用的沥青必须具有一定的物理性质。高温条件下要有足够的强度和稳定性；低温条件下应具有一定的弹性和塑性；在加工和使用条件下具有耐老化性；还能对矿料和结构表面有较强的黏附性；同时对构件或结构变形有良好的适应性和耐疲劳性。

通常从炼油厂生产的石油沥青不能完全满足这些要求，因此，石油沥青及其防水制品的防水及防渗漏问题不够理想，使用寿命短。所以，常用橡胶、树脂和矿物填料等对石油沥青进行改性，使石油沥青的性质得到不同程度的改善。

1. 橡胶沥青

橡胶是沥青的重要改性材料。它和沥青有较好的混溶性，经改性的沥青高温变形小，低温柔性好。由于使用的橡胶品种不同，如有天然橡胶、合成橡胶、再生橡胶等，掺入的方法也有所不同，所以各种橡胶的改性沥青的性能也有差异。通过橡胶改性的沥青品种包括氯丁橡胶改性沥青、丁基橡胶改性沥青和再生橡胶改性沥青。

2. 树脂改性沥青

用树脂改性石油沥青，可以改进石油沥青的耐寒性、耐热性、黏结性和不透气性。因为石油沥青中含芳香性化合物很少，所以树脂和石油沥青的相溶性较差，而且可用树脂品种也较少，常用的树脂有聚乙烯树脂、聚丙烯树脂、酚醛树脂等。

3. 橡胶和树脂改性沥青

橡胶和树脂同时用于改善沥青的性质，使沥青同时具有橡胶和树脂的特性。且树脂比橡胶便宜，橡胶和树脂又有较好的混溶性，所以效果非常好。橡胶、树脂和沥青在加热熔融状态下，沥青与高分子聚合物之间发生相互侵入和扩散，形成凝聚的网状混合结构，所以能得到较优良的性能。

4. 矿物填充改性沥青

为了提高沥青的黏结力和耐热性，降低沥青的温度敏感性，须加入一定数量矿物填充料。常用的矿物填料主要有滑石粉、石灰石粉、云母粉、石棉绒（或石棉粉）和硅藻土。

四、密封材料

建筑密封材料是嵌入建筑物缝隙、门窗四周、玻璃镶嵌部位以及由于开裂产生的裂缝，能承受位移且能达到气密、水密的目的的材料、又称镶嵌材料。

密封材料有良好的粘接性、耐老化和对高、低温度的适应性，能长期经受被粘接构件的收缩与振动而不破坏。常用的密封材料有：

（1）沥青镶嵌缝油膏。沥青镶嵌缝油膏主要作为屋面、墙面沟和槽的防水镶嵌。

（2）聚氯乙烯接缝膏。聚氯乙烯接缝膏用于各种屋面镶嵌或表面涂布作为防水层，不宜用于水渠、管道等接缝。

（3）丙烯酸酯密封膏。丙烯酸酯密封膏用于屋面、墙板、门、窗嵌缝，耐水性差，不宜用于经常泡在水中的工程。

（4）硅酮密封膏。硅酮密封膏F类为建筑接缝用密封膏，用于预制混凝土墙板、水泥板、大理石石板的外墙接缝，混凝土和金属框架的黏结，卫生间和公路接缝的防水密封等；G类为镶装用密封膏，用于玻璃和建筑门、窗的密封。

第十节 建筑玻璃与陶瓷

一、玻璃

玻璃在建筑行业起到越来越重要的作用，在园林工程中亦广泛应用。玻璃及其制品可以起到装饰、采光、控制管线、调节热量、改善环境及充当结构材料的作用。

（一）园林工程常用建筑玻璃

1. 普通平板玻璃

普通平板玻璃也称为单光玻璃、净片玻璃，简称玻璃，属于钠玻璃类，未经研磨加工。普通平板玻璃主要装配于门窗，起透光、挡风和保温作用。要求其具有较好的透明度，表面平整无缺陷。普通平板玻璃是建筑玻璃中生产量最大、使用最多的，厚度有 2mm、3mm、4mm、5mm、6mm、8mm、10mm、12mm、15mm、19mm 十种规格。

2. 装饰玻璃

（1）磨光玻璃。磨光玻璃也称为镜面玻璃，是用平板玻璃经过机械研磨和抛光后的玻璃，分单面磨光和双面磨光。磨光玻璃具有表面平整光滑且有光泽、物像透过玻璃不变形的特点，透光率大于 84%。双面磨光玻璃要求两面平行，厚度一般为 5～6mm。磨光玻璃常用来安装大型高级门窗、橱窗或制镜子。磨光玻璃加工费时、不经济，出现浮法玻璃后，磨光玻璃用量大为减少。

（2）彩色玻璃。彩色玻璃也称为有色玻璃或颜色玻璃。分为透明和不透明两种。透明彩色玻璃是在原料中加入一定的金属氧化物使玻璃带色；不透明彩色玻璃是在一定形状的平板玻璃一面，喷以色釉，经过烘烤而成的。其具有耐腐蚀、易清洗、抗冲刷、可拼成图案花纹等优点，适用于门窗及对光有特殊要求的采光部位和外墙面装饰。

（3）磨砂玻璃。磨砂玻璃也称为毛玻璃。磨砂玻璃是用机械喷砂、手工研磨或氢氟酸溶蚀等方法将普通平板玻璃表面处理成均匀毛面。其表面粗糙，使光线产生漫反射，只有透光性而不能透视，并能使室内光线柔和而不刺目。

（4）花纹玻璃。花纹玻璃根据加工方法的不同，可分为压花玻璃和喷花玻璃。

① 压花玻璃。压花玻璃也称为滚花玻璃，是在玻璃硬化前，经过刻有花纹的滚筒，在玻璃单面或双面压上深浅不同的各种花纹图案。由于花纹凹凸不平使光线漫射而失去透视性，因而它透光不透视，可同时起到窗帘的作用。压花玻璃兼具使用功能和装饰效果，因而广泛应用于宾馆、大厦、办公楼等现代建筑的装修工程中。压花玻璃的厚度常为 2～6mm。

② 喷花玻璃。喷花玻璃也称为胶花玻璃，是在平板玻璃表面上贴以花纹图案，抹以护面层，经喷砂处理而成的。其适合门窗装饰、采光之用。

（5）激光玻璃。激光玻璃也称为光栅玻璃，是以玻璃为基材，经特殊工艺处理使玻璃表面出现全息或者其他光栅。激光玻璃在光源的照射下能产生物理衍射的七彩光。激光玻璃的各种花型产品宽度一般不超过 500mm，长度一般不超过 1800mm。所有图案产品宽度不超过 1100mm，长度一般不超过 1800mm。圆柱产品每块弧长不超过 1500mm，长度不超过 1700mm。激光玻璃具有优良的抗老化性能，适用于宾馆、酒店及各种商业文化、娱乐设施装饰。

（6）玻璃马赛克。玻璃马赛克是指以玻璃为基料并含有未熔解的微小晶体（主要是石英）的乳浊制品，其颜色有红、黄、蓝、白、黑等几十种。玻璃马赛克是一种小规格的彩色釉面玻璃，一般尺寸为 20mm×20mm、30mm×30mm、40mm×40mm，厚度为 4～6mm。此类玻璃通常包括三种，即透明、半透明和不透明。玻璃马赛克具有色调柔和、朴实典雅、美观大方、化学稳定性好、冷热稳定性好等特点。它一面光滑，另一面带有槽纹，与水泥砂浆粘接好，施工方便，适用于医院、办公楼、礼堂、住宅等建筑的外墙饰面。

（7）冰花玻璃。冰花玻璃是将原片玻璃进行特殊处理，在玻璃表面形成酷似自然冰花的纹理。冰花玻璃的冰花纹理对光线有漫反射作用，使得冰花玻璃透光不透视，可避免强光，使光线柔和，适用于建筑门窗、隔断、屏风等。

3. 安全玻璃

安全玻璃是一种特殊用途的玻璃。经剧烈震动或撞击不易破碎，即使破碎也不易伤人。包括钢化玻璃、夹层玻璃、夹丝玻璃、防盗玻璃等。多用于交通工具或特种建筑物的门窗。

（1）钢化玻璃。钢化玻璃是将平板玻璃加热到软化温度后，迅速冷却使其骤冷或用化学法对其进行离子交换而成的。这使得玻璃表面形成压力层，因此比普通玻璃抗弯强度提高5～6倍，抗冲击强度提高约3倍，韧性提高约5倍。钢化玻璃在碎裂时，不形成锐利棱角的碎块，因而不伤人。钢化玻璃不能裁切，需按要求加工，可制成磨光钢化玻璃、吸热钢化玻璃，用于建筑物门窗、隔墙及公共场所等防震、防撞部位。弯曲的钢化玻璃主要用于大型公共建筑的门窗、工业厂房的天窗及车窗玻璃。

（2）夹层玻璃。夹层玻璃是将两片或多片平板玻璃用透明塑料薄片，经热压黏合而成的平面或弯曲的复合玻璃制品。玻璃原片可采用磨光玻璃、浮法玻璃、有色玻璃、吸热玻璃、热反射玻璃、钢化玻璃等。夹层玻璃的特点是安全性好，这是由于中间黏合的塑料衬片使得玻璃破碎时不飞溅，致使产生辐射状裂纹，不伤人，也因此使其抗冲击强度大大高于普通玻璃。另外，使用不同玻璃原片和中间夹层材料，还可获得耐光、耐热、耐湿、耐寒等特性。夹层玻璃适用于安全性要求高的门窗，如高层建筑的门窗，大厦、地下室的门窗，银行等建筑的门窗，商品陈列柜及橱窗等防撞部位。

（3）夹丝玻璃。夹丝玻璃是将普通平板玻璃加热到红热软化状态后，再将预热处理的金属丝或金属网压入玻璃中而成的。其表面可是压花或磨光的，有透明或彩色的。夹丝玻璃的特点是安全性好，这是由于夹丝玻璃具有均匀的内应力和抗冲击强度，因而当玻璃受外界因素（地震、风暴、火灾等）作用而破碎时，其碎片能粘在金属丝（网）上，防止碎片飞溅伤人。此外，这种玻璃还具有隔断火焰和防火蔓延的作用。夹丝玻璃适用于震动较大的工业厂房门窗、屋面、采光天窗，需安全防火的仓库、图书馆门窗，建筑物复合外墙及透明栅栏等。

（4）防盗玻璃。防盗玻璃是夹层玻璃的特殊品种，一般采用钢化玻璃、特厚玻璃、增强有机玻璃、磨光夹丝玻璃等以树脂胶胶合而成的多层复合玻璃，并在中间夹层嵌入导线和敏感探测元件等接通报警装置。

4. 保温绝热玻璃

保温绝热玻璃包括吸热玻璃、中空玻璃、热反射玻璃、玻璃空心砖等。它们在建筑上主要起装饰作用，并具有良好的保温绝热功能。保温绝热玻璃除用于一般门窗外，常用作幕墙玻璃。

（1）吸热玻璃。吸热玻璃既能吸收大量红外线辐射，又能保持良好的透光率。根据玻璃生产的方法可分为两种，即本体着色法和表面喷涂法（镀膜法）。吸热玻璃有灰色、茶色、蓝色、绿色等颜色。主要用于建筑外墙的门窗、车船的挡风玻璃等。

（2）中空玻璃。中空玻璃由两片或多片平板玻璃构成，用边框隔开，四周边缘部分用密封胶密封，玻璃层间充有干燥气体。构成中空玻璃的玻璃采用平板原片，可用普通玻璃、吸热玻璃、热反射玻璃等。中空玻璃具有保温绝热、节能性好、隔声性优良、有效防止结露的特点。其主要用于需要采暖、空调，防止噪声、结露及需求无直接光和特殊光线的建筑上，如住宅、饭店、宾馆、办公楼、学校、医院、商店等。

（3）热反射玻璃。热反射玻璃既具有较高的热反射能力，又能保持良好的透光性能，又被称为镀膜玻璃或镜面玻璃。热反射玻璃是在玻璃表面用热解、蒸发、化学处理等方法喷涂金、银、铜、镍、铬、铁等金属或金属氧化物薄膜而成的。其反射率高达30%以上，具有单向透像作用，装饰性好，被越来越多地用作高层建筑的幕墙。

（4）玻璃空心砖。玻璃空心砖通常是由两块压铸成凹形的玻璃经熔接或胶接成整块的空心砖。砖面可为光滑平面，也可在内外压铸多种花纹。砖内腔可为空气，也可填充玻璃棉等。玻璃空心砖绝热、隔声、光线柔和优美，可用来砌筑透光墙壁、隔断、门厅、通道等。

（二）玻璃的识别技巧与养护

1. 建筑玻璃的识别技巧

（1）平板玻璃的常见外观质量缺陷

① 波筋。波筋又称水线，在玻璃的外观缺陷中最易出现，也是最严重的一种缺陷。它会使玻璃发出光学畸变，使观察者视觉疲劳或视物错觉。产生波筋的原因很多，主要原因是使用落后的生产工艺及化学成分杂质含量超标。

② 气泡。熔炉玻璃如果含有气体，在成形时就会形成气泡。气泡主要影响玻璃的透光度，降低玻璃的机械性能，也会影响人的视觉，从而产生物像变形。其主要原因是原材料纯度不够。

③ 线道。线道是玻璃原板上出现的很细很亮的连续不断的条纹，像线一样，影响玻璃外观整体美观。

④ 疙瘩与砂粒。平板玻璃中出现的异状突出颗粒物，大的叫疙瘩或结石，小的叫砂粒。主要影响玻璃的光学性能，并使玻璃在裁切时产生困难。

（2）安全玻璃的识别技巧。安全玻璃主要是指钢化玻璃。它的强度比较高，破碎后碎片会破成均匀的小颗粒，并且没有普通玻璃刀状的尖角。玻璃破碎后是变成小颗粒还是刀状是钢化玻璃与普通玻璃最主要的区别方式。

要识别钢化玻璃，首先从钢化玻璃制造原理来分析。钢化玻璃是将普通退火玻璃先切割成要求尺寸，然后加热到接近的软化点，再进行快速均匀的冷却得到的。钢化处理后玻璃表面形成均匀压应力，而内部则形成张应力，使玻璃性能得以大幅度提高，其拉伸强度是普通玻璃的3倍以上，抗冲击力是普通玻璃的5倍以上。所以，应力特征成为鉴别真假钢化玻璃的重要标志，那就是钢化玻璃可以透过偏振光片在玻璃的边缘看到彩色条纹，而在玻璃的面层可以观察到黑白相间的斑点，偏振光可以在照相机镜头或者眼镜中找到。观察时注意光源的调整，以便观察。

2. 玻璃的养护

（1）平时不要用力碰撞玻璃面，为防玻璃面刮花，最好铺上台布。在玻璃家具上搁放东西时，要轻拿轻放，切忌碰撞。

（2）日常清洁时，用湿毛巾或报纸擦拭即可，如遇污迹可用毛巾蘸啤酒或温热的食醋擦除，另外也可以使用市场上出售的玻璃清洗剂，忌用酸碱性较强的溶液清洁。冬天玻璃表面易结霜，可用布蘸浓盐水或白酒来擦拭，效果很好。

（3）有花纹的毛玻璃一旦脏了，可用蘸有清洁剂的牙刷，顺着图样打圈擦拭即可去除。此外，也可以在玻璃上滴点煤油或用粉笔灰和石膏粉蘸水涂在玻璃上晾干，再用干净布或棉花擦，这样玻璃既干净又明亮。

（4）玻璃家具最好安放在一个较固定的地方，不要随意地来回移动；要平稳放置物件，沉重物件应放置玻璃家具底部，防止家具重心不稳造成翻倒。另外，要避免潮湿，远离炉灶，要与酸、碱等化工试剂隔绝，防止腐蚀变质。

（5）使用保鲜膜和喷有洗涤剂的湿布也可以让时常沾满油污的玻璃"重获新生"。首先，将玻璃全面喷上清洁剂，再贴上保鲜膜，使凝固的油渍软化，过 10min 后，撕去保鲜膜，再以湿布擦拭即可。要想保持玻璃光洁明亮，必须经常动手清洁，玻璃上若有笔迹，可用橡皮浸水摩擦，然后再用湿布擦拭；玻璃上若有油漆，可用棉花蘸热醋擦洗；用清洁干布蘸酒精擦拭玻璃，可使其亮如水晶。

二、陶瓷

凡是用于建筑工程的陶瓷制品，称建筑陶瓷。陶瓷制品主要是以黏土、长石、石英为基本原料，经配料、制坯、干燥、焙烧而制成的成品。建筑陶瓷具有强度高、性能稳定、耐腐蚀性好、耐磨、防水、防火、易清洗及装饰性好等优点。应用较多的有内墙面砖（釉面砖）、外墙面砖、地面砖、陶瓷锦砖、琉璃制品、陶瓷壁画及卫生陶瓷等。

（一）陶瓷的分类

陶瓷产品按组成的原料成分与工艺的不同分为以下三种。

1. 陶器

陶器主要是以陶土、河砂为主要原料配以少量的瓷土或熟料等，经高温（1000℃左右）烧制而成的，可施釉或不施釉。其制品具有孔隙率较大、强度较低、吸水率大、断面粗糙无光、不透明、敲之声音喑哑等特点。陶器又分为粗陶和精陶两种。粗陶一般由一种或多种含杂质较多的黏土组成坯料，经过烧制后的成品一般带有颜色，建筑工程中使用的砖、瓦、陶管等都属于此类。精陶一般经素烧和釉烧两次烧成，通常呈白色或象牙色，吸水率为 9%～12%，高的可达 18%～22%，建筑饰面用的彩陶、美术陶瓷、釉面砖等均属此列。精陶按其用途不同，可分为建筑精陶、日用精陶和美术精陶。

2. 瓷器

瓷质制品结构致密，基本上不吸水，颜色洁白，具有一定的半透明性，其表面通常均施有釉层。瓷器按其原料的化学成分与工艺制作的不同，分为粗瓷和细瓷两种。瓷器多用于陈设瓷、餐茶具、美术瓷、高压电瓷、高频装置瓷等。

3. 炻器

炻器是介于陶器和瓷器之间的一类陶瓷制品，也称为半瓷。其构造比陶瓷致密，一般吸水率较小，但又不如瓷器那么洁白，其坯体多带有颜色，而且无半透明性。

炻器按其坯体的致密程度不同，又分为以下两种：

（1）粗炻器。粗炻器吸水率一般为 4%～8%，建筑饰面用的外墙面砖、地砖和陶瓷锦砖（马赛克）等均属于粗炻器。

（2）细炻器。细炻器的吸水率小于 2%，日用器皿、化工及电器工业用陶瓷等均属细炻器。

（二）常用的建筑陶瓷制品

1. 釉面内墙砖

内墙面砖是用瓷土或优质陶土经低温烧制而成的，内墙面砖都上釉，故称釉面砖。釉面砖由多孔坯体和表面釉层组成。釉是由石英、长石、高岭土等为主要原料，再配以其他成分研制成浆体喷涂于陶瓷坯体的表面，经高温焙烧后在坯体表面形成的一层淡玻璃质层。对陶瓷施釉后，陶瓷表面平滑、光亮、不吸湿、不透气，并美化了坯体表面，改善了坯体的表面性能，并提高机械强度。

内墙面砖色彩稳定、表面光洁、易于清洗，故多用于厨房、卫生间、浴室、实验室、医院等的墙面、台面及各种清洗槽之中。通常釉面砖不易用于室外，因其为多孔精陶坯体，吸水率较大，吸水后将产生湿胀，而其表面釉层的湿胀性很小，若用于室外，经常受到大气湿度影响及日晒雨淋作用，当砖坯体产生的湿胀应力超过了釉层本身的抗拉强度时，就会导致釉层发生裂纹或剥落，严重影响建筑物的饰面效果。

釉面内墙砖通常为矩形，常用规格较多，长宽尺寸一般为 100～300mm，厚度为 3～5mm。

2. 陶瓷墙地砖

陶瓷墙地砖是用于建筑物外墙和室内外地面的炻质饰面砖的总称。陶瓷墙地砖是以优质陶土原料加入其他材料配成生料，经半干压成形后于 1100℃ 左右焙烧而成的。与釉面内墙砖相比，它增加了坯体的厚度和强度，降低了吸水率。

陶瓷墙地砖的表面质感多种多样，通过配料和改变制作工艺，可制成平面、麻面、毛面、抛光面、磨光面、纹点面、仿花岗石表面、压花浮雕表面、无光釉面、金属光泽面、防滑面、耐磨面等，以及丝网印刷、套花图案、单色、多色等多种制品。

用于外墙面的陶瓷墙地砖的吸水率不大于 8%，常用规格为 150mm×75mm，200mm×100mm 等；用于地面的陶瓷墙地砖的常用规格为 300mm×300mm，400mm×400mm，600mm×600mm，800mm×800mm 等，其厚度为 8～12mm。

陶瓷墙地砖的常用品种有通体砖、广场砖、抛光砖、玻化砖、劈离砖等。

(1) 通体砖。通体砖属于耐磨砖，又叫无釉砖，正面和反面的材质和色泽一致。通体砖表面不施釉，装饰效果古香古色、高雅别致、纯朴自然。通体砖有很多种分类，根据通体砖的原料配比，一般分为纯色通体砖、混色通体砖、颗粒布料通体砖；根据面状分为平面、波纹面、劈开砖面、石纹面等；根据成型方法分为挤出成型和干压成型等。

通体砖规格非常多，小规格有外墙砖，中规格有广场砖，大规格有抛光砖等，常用的主要规格（长×宽×厚）有 45mm×45mm×5mm，45mm×95mm×5mm，108mm×108mm×13mm，200mm×200mm×13mm，300mm×300mm×5mm，400mm×400mm×6mm，500mm×500mm×6mm，600mm×600mm×8mm，800mm×800mm×10mm 等。

(2) 广场砖。广场砖属于耐磨砖的一种，主要用于休闲广场、市政工程、园林绿化、屋顶美观、花园阳台、商场超市、学校医院等人流量众多的公共场合。其砖体色彩简单，砖面体积小，多采用凹凸面的形式。具有防滑、耐磨、修补方便的特点。

广场砖主要规格有 100mm×100mm，108mm×108mm，150mm×150mm，190mm×190mm，100mm×200mm，200mm×200mm，150mm×300mm，150mm×315mm，300mm×300mm，315mm×315mm，315mm×525mm 等尺寸。主要颜色有白色、白色带黑点、粉红、果绿色、斑点绿、黄色、斑点黄、灰色、浅斑点灰、深斑点灰、浅蓝色、深蓝色、紫砂红、紫砂棕、紫砂黑、黑色、红棕色等。

(3) 抛光砖。抛光砖是通体砖坯体的表面经过打磨而成的一种光亮的砖，属通体砖的一种。相对通体砖而言，抛光砖表面要光洁得多。抛光砖坚硬耐磨，适合在除洗手间、厨房以外的多数室内空间中使用比如用于阳台、外墙装饰等。在运用渗花技术的基础上，抛光砖可以做出各种仿石、仿木效果。抛光砖可广泛用于各种工程及家庭的地面和墙面，常用规格是400mm×400mm，500mm×500mm，600mm×600mm，800mm×800mm，900mm×900mm，1000mm×1000mm。

（4）劈离砖。劈离砖又名劈开砖或劈裂砖，是一种用于内外墙或地面装饰的建筑装饰瓷砖，它以长石、石英、高岭土等陶瓷原料经干法或湿法粉碎混合后制成具有较好可塑性的湿坯料，用真空螺旋挤出机挤压成双面以扁薄的筋条相连的中空砖坯，再经切割、干燥，然后在1100℃以上高温下烧成，再以手工或机械方法将其沿筋条的薄弱连接部位劈开而成两片。

3. 陶瓷锦砖

陶瓷锦砖俗称"马赛克"，是以彩色石子或玻璃等小块材料镶嵌成一定图案的细工艺品。陶瓷锦砖是由边长不大于40mm，具有多种色彩和不同形状的小块砖，镶拼组成各种花色图案的陶瓷制品。陶瓷锦砖采用优质瓷土烧制成方形、长方形、六角形等薄片状小块瓷砖后，再通过铺贴盒将其按设计图案反贴在牛皮纸上，称作一联，规格为35mm×35mm或40mm×40mm。成联后的锦砖具有色泽明净、图案美观、质地坚实、抗压强度高、耐污染、耐腐蚀、耐水、抗火、抗冻、不吸水、不滑、易清洗等特点，并且坚固耐用，造价低。

陶瓷锦砖色彩丰富、图案美观，单块元素小巧玲珑，可拼成风格迥异的图案，因此适用于喷泉、游泳池、酒吧、体育馆和公园等处的装饰。同时由于其耐磨、吸水率小、抗压强度高、易清洗等特点，也用于室内卫生间、浴室、阳台、餐厅和客厅的地面装饰。此外，陶瓷锦砖也用于大型公共活动场馆的陶瓷壁画。

4. 琉璃制品

琉璃制品是我国陶瓷宝库中的古老珍品，它是以难熔黏土作原料，经配料、成形、干燥、素烧，表面涂以琉璃釉料后，再经烧制而成的。

琉璃制品常见的颜色有金、黄、蓝、青等。琉璃制品表明光滑、色彩绚丽、造型古朴坚实耐用，富有民族特色。其主要产品有琉璃瓦、琉璃砖、琉璃兽、琉璃花窗及栏杆等装饰制品，还有琉璃桌、绣墩、鱼缸、花盆、花瓶等陈设工艺品。琉璃制品主要用于建筑屋面材料，如板瓦、筒瓦、滴水、勾头以及飞禽走兽等用作檐头和屋脊的装饰物。

琉璃瓦因价格贵、自重大，主要用于具有民族色彩的宫殿式房屋及少数纪念性建筑物上，此外，还常用于建造园林中的亭、台、楼、阁、围墙，以增加园林的景色。

第十一节 建筑涂料与塑料

一、建筑涂料

建筑涂料是指涂覆于建筑物体表面，能与基体材料黏结在一起，形成连续性保护涂膜，从而对建筑物起到装饰、保护或使物体具有某种特殊功能的材料。建筑材料具有良好的耐候性、耐污染性、防腐蚀性。近年来建筑涂料在工程中已成为不可缺少的重要饰面材料。

（一）涂料的组成

涂料的组成成分按所起的作用分为主要成膜物质、次要成膜物质、溶剂和助剂四部分。主要成膜物质指胶黏剂和固着剂，是决定涂料性质的主要成分，多为高分子化合物或成膜后形成高分子化合物的有机质。次要成膜物质主要包括颜料的染色和填充料，填充料多为白色粉末状的无机质。溶剂是能挥发的液体，能溶解成膜物质，降低涂料黏度，常用的有石油溶剂、煤焦溶剂、酯类、醇类等。助剂用来改善涂料性能，如干燥时间、柔韧性、抗氧化性和抗紫外线作用等，常用的有催干剂、增塑剂、固化剂和润滑剂等。如果是特种涂料还包含有其他特殊性质的填料与助剂。

（二）建筑涂料分类

1. 按构成涂膜主要成膜物质的化学成分分类

建筑涂料可分为有机、无机和有机-无机复合涂料三大类。

（1）有机涂料。常用的有三种类型：溶剂型涂料、乳液型涂料及水溶性涂料。

① 溶剂型涂料。溶剂型涂料是以高分子合成树脂为主要成膜物质，有机溶剂为稀释剂，加入适量的颜料、填料（体质颜料）及辅助材料，经研磨而成的涂料。其涂膜细腻紧韧，耐水性和耐老化性好；但易燃，挥发后对人体有害，污染环境。

② 乳液型涂料。乳液型涂料又称乳胶漆。它是由合成树脂借助乳化剂的作用，以 $0.1\sim0.5\mu m$ 的极细微粒子分散于水中形成乳液，并以乳液为主要成膜物质，加入适量的颜料、填料及辅助材料经研磨而成的涂料。价格便宜、不燃烧、无毒，有一定的透气性和耐水性，可做内外墙建筑涂料。

③ 水溶性涂料。水溶性涂料是以水溶性合成树脂为主要成膜物质，以水为稀释剂，加入适量的颜料及辅助材料，经研磨而成的涂料。无毒、不易燃、价格便宜，有一定透气性，施工时对干燥度要求不高，耐水性差，只用于内墙装饰。

（2）无机涂料。无机类建筑涂料以水玻璃、硅溶胶、水泥等为基料，加入颜料、填料、助剂等经研磨、分散等而成的无机高分子涂料。无机涂料的价格低廉、来源丰富，无毒、不燃，有良好的遮盖力，对基层材料的处理要求不高，可在较低温度下施工，涂膜具有良好的耐热性、保色性、耐久性等，对环境污染较低。

（3）有机-无机复合涂料。由于在单独使用有机材料和无机材料时，都存在一定的局限性，为克服其缺点，发挥各自的长处，出现了有机-无机复合的涂料。其基料主要是水溶性有机树脂与水溶性硅酸盐等配制成的混合液或是在无机物表面上用有机聚合物制成的悬浮液。有机-无机材料改善了涂料性能，节约了成本，涂膜的柔韧性及耐候性方面更能适应气候的变化。

2. 按涂膜的厚度或质地分类

建筑涂料可分为表面平整光滑的平面涂料和有特殊装饰质感的非平面类涂料。

① 平面涂料又分为平光（无光）涂料、半光涂料等。

② 非平面类涂料的涂膜常常具有很独特的装饰效果，有彩砖涂料、仿墙纸涂料、纤维质感涂料、复层涂料、多彩花纹涂料、云彩涂料和绒白涂料等。

3. 按照在建筑物上的使用部位分类

建筑涂料可以分为内墙涂料、外墙涂料、地面涂料和顶棚涂料和和屋面防水涂料等。

4. 按涂料的特殊性能分类

按使用功能可将涂料分为防水涂料、防火涂料、保温涂料、防腐涂料、抗静电涂料、防结露涂料、闪光涂料、幻彩涂料、装饰性涂料等。

5. 按涂膜状态分类

按涂膜状态可将涂料分为薄质涂层涂料、厚质涂层涂料、粒状涂料、复合层涂料等。

（三）常用建筑涂料

1. 内墙涂料和顶棚涂料

内墙涂料和顶棚涂料的常见类型、特点和适用范围如下。

（1）溶剂型内墙涂料

① 主要品种。过氯乙烯墙面涂料、氯化橡胶墙面涂料及丙烯酸酯墙面涂料。

② 特点。透气性差、容易结霜，但光泽度好、易冲洗、耐久性好。

③ 适用范围。用于厅、走廊处。

（2）水溶性内墙涂料

① 聚乙烯醇水玻璃涂料（106 内墙涂料）

a. 特点。配制简单，无毒无味，不易燃，涂膜干燥快、黏结力强、表面光滑，但耐擦洗性能差，易起粉脱落。

b. 适用范围。用于民用及公用建筑内墙装饰。

② 聚乙烯醇缩甲醛涂料（803 内墙涂料）

a. 特点。无毒无味，干燥快、遮盖力强，涂膜光滑平整，耐湿、耐擦洗性好，黏结力较强。

b. 适用范围。可涂刷于混凝土、纸筋石灰及灰泥墙面，用于民用及公用建筑内墙装饰。

（3）合成树脂乳液内墙涂料——内墙乳胶漆

① 聚醋酸乙烯乳胶漆

a. 特点。无毒不燃，涂膜细腻平滑，色彩鲜艳、透气性好，价格较低，但耐水性、耐候性差。

b. 适用范围。适合内墙装饰，不宜用于外墙。

② 乙丙乳胶漆

a. 特点。耐水性、耐碱性强。

b. 适用范围。属于高档内墙装饰涂料。

（4）多彩花纹内墙涂料

① 特点。涂层色泽优雅，质地较厚，弹性、整体性、耐久性好，富有立体感。

② 适用范围。属于中高档内墙装饰用涂料。

（5）隐形变色发光涂料

① 特点。隐形、变色、发光，呈现各种色彩和美丽的花型图案。

② 适用范围。用于舞厅墙面、广告、舞台布景等。

（6）仿瓷涂料

① 特点。附着力强，漆膜平整，坚硬光亮，有陶瓷的光泽感、耐水性和耐腐蚀性好。

② 适用范围。用于厨房、卫生间、医院、餐厅等场所墙面。

（7）彩砂涂料

① 特点。无毒、不燃、附着力强、保色性及耐候性好，耐水、耐腐蚀、色彩丰富，表面有较强的立体感。

② 适用范围。适用于各种场所的室内外墙面。

（8）刷浆涂料

① 主要品种。石灰浆、大白浆、可赛银。

② 适用范围。简易的粉刷涂料。

2. 外墙涂料

外墙涂料应有装饰性强、耐水性和耐候性好、耐污染性强、易于清洗等特点，其常见类型、特点和适用范围如下所述。

（1）溶剂型外墙涂料

① 氯化橡胶外墙涂料

a. 特点。能在－20～50℃环境温度进行施工，有良好的耐碱性、耐水性、耐腐蚀性，有一定防霉功能。

b. 适用范围。可在水泥、混凝土和钢材表面涂饰，可直接在干燥清洁的水泥砂浆表面、旧涂膜上涂饰。

② 丙烯酸酯外墙涂料

a. 特点。耐候性好，不易变色、粉化、脱落，但易燃、有毒。

b. 适用范围。常用外墙涂料。

（2）乳液型外墙涂料

① 乙丙涂料

a. 特点。以水为溶剂、安全无毒，涂膜干燥快，耐候性、耐腐蚀性和保光保色性良好。

b. 适用范围。用于中低档建筑外墙涂料。

② 水乳型环氧树脂外墙涂料

特点。以水为分散剂，无毒无味，与基体黏结力较高，膜层不易脱落。

③ 合成树脂乳液砂壁状涂料

a. 特点。俗称仿石漆、真石漆，在建筑物表面能形成具有天然花岗岩或大理石质感的厚质涂层。

b. 适用范围。高档外墙涂料，现大量用于商品住宅、公用建筑外墙。

（3）硅酸盐无机涂料

① 碱金属硅酸盐系外墙涂料

a. 特点。耐水性、耐老化性较好，有一定防火性，无毒无味，耐腐蚀、抗冻性较好。

b. 适用范围。在我国外墙涂料中占的比例较少，常用于有防火要求的地下车库墙面等。

② 硅溶胶外墙涂料

a. 特点。以水为分散剂，无毒无味、遮盖力强，耐污性强，与基层有较强黏结力。

b. 适用范围。同碱金属硅酸盐系外墙涂料。

（4）石灰浆

① 特点。由石灰膏稀释成。

② 适用范围。简易的粉刷涂料。

（5）聚合物水泥涂料。主要品种是聚乙烯醇缩甲醛水泥涂料。

3. 其他装饰涂料

（1）防锈漆。对金属等物体进行防锈处理的涂料，在物体表面形成一层保护层。其分为油性防锈漆和树脂防锈漆两种。

（2）清油。清油也称为熟油，以亚麻油等于性油加部分半干性植物油制成的浅黄色黏稠液体。一般用于调制厚漆和防锈漆，也可单独使用。清油能在改变木材颜色基础上保持木材原有花纹，一般主要做木制家具底漆。

（3）清漆。俗称凡立水，是一种不含颜料的透明涂料，多用于木器家具涂饰。

（4）厚漆。厚漆也称为铅油，是采用颜料与干性油混合研磨而成的，需加清油溶剂。厚漆遮覆力强，与面漆黏结性好，用于涂刷面漆前打底，也可单独作面层涂刷。

（四）建筑涂料的识别技巧

国家标准规定，出厂涂料都必须附有产品合格证，标注生产厂家、商标、生产日期、保质期、使用要求等。此外，识别涂料质量时，应从两个方面着手，即涂料在容器中的状态（或称涂料储存稳定性）和涂层的性能。

购买涂料时，首先观察涂料在容器中的状态。通常可用一根木棍搅拌涂料，若经过搅拌涂料呈现出均匀的状态，并且没有结块、沉淀或絮凝现象，说明涂料没有过期失效，可以使用。

对于有些涂料品种（如合成树脂乳液内墙涂料，复层建筑涂料、合成树脂乳液外墙涂料等）还有低温储存稳定性的要求。即将涂料样品装入一定容器内，密封后在 $-5℃ \pm 1℃$ 的低温箱内放置 18h，取出后在 $23℃ \pm 2℃$ 的条件下放置 6h。如此重复 3 次后，打开容器盖，轻轻搅拌内部试样，观察试样有无结块、凝聚及组成物的变化。

除了判别涂料在容器中的状态外，更重要的是对涂料涂刷后的涂层进行判别。

（1）涂层的颜色及外观。将涂料涂刷在一块水泥石棉板或玻璃板上，待涂层实干（即完全干燥）后，观察涂层有无气孔、杂质等异常现象。同时将试样板置于天然散射光下观察涂层的颜色，对比标准色板判断涂层颜色是否相符。如果涂层表面平整光亮，颜色均匀且与标准色板颜色相符，即可认为涂层的外观和颜色符合要求。

（2）主要技术质量要求。涂料全干后涂层的质量优劣是判定涂料质量优劣的主要标准。因为涂层的质量直接影响着涂料饰面的使用效果和使用寿命。

涂料的技术质量要求包括两大部分。

① 为保证施工顺利进行而提出的条件。如涂料的黏度、涂膜附着力、最低成膜温度、干燥时间等。

② 保证涂层牢固完整经久耐用的必需条件。如遮盖力、耐污染性、耐久性、耐水性、耐洗刷性、耐热性、耐灼烧性等。

这些技术性能达到要求，则可保证涂料饰面在使用过程可抵抗各种因素而不会开裂和脱落、粉化及变褪色。与以上所述相反，劣质的涂料首先是在容器中储存时就会结块、聚集或凝结，根本无法办搅均匀，导致施涂无法进行。而有些劣质涂料即使可以搅拌均匀，能够保证施工进行，但是涂刷后涂层质量不好。一是涂层的外观颜色光泽不符合要求，二是涂层的使用效果差，在使用时遇到各种作用因素（如摩擦、清洗、遇水等）时，涂层就会开裂、脱落或变色而破坏。

（五）建筑涂料优点及作用

1. 建筑涂料的优点

建筑涂料作为装饰、装修材料有许多优点：色彩鲜艳，造型丰富，装饰效果好；性能优异，功能多样，保护效果好；施工方便，易于维修，单方造价低；自身质轻、节省能源，工作效率高。除此之外，与其他饰面材料相比，还有许多独到之处，如施工手段多样化、喷涂、辊涂、刷涂、抹涂、拉毛等均可，可形成丰富多彩的自然图案和艺术造型。建筑涂料在线型较为复杂的堵面上仍可照常施工，不存在粘贴等技术问题。建筑物的内外墙面采用涂料作饰面，是各种饰面做法中最为简便、最为经济实用的一种方法。因此，在各种壁纸、墙布、面砖、马赛克、玻璃幕墙、铝合金门窗等饰面材料的激烈竞争中，它具有十分强劲的竞争力，在众多装修材料中，建筑涂料是发展最快、最有前途的品种。

2. 建筑涂料的作用

一般来讲，建筑涂料具有装饰功能、保护功能和居住性改进功能。各种功能所占的比重因使用目的不同而不尽相同。

（1）装饰功能。装饰功能是通过建筑物的美化来提高它的外观价值的功能。主要包括平面色彩、图案及光泽方面的构思设计及立体花纹的构思设计。但要与建筑物本身的造型和基材本身的大小和形状相配合，才能充分地发挥出来。

（2）保护功能。保护功能是指保护建筑物不受环境的影响和被破坏的功能。不同种类的被保护体对保护功能要求的内容也各不相同，如室内与室外涂装所要求达到的指标差别便很大。有的建筑物对防霉、防火、保温隔热、耐腐蚀等有特殊的要求。

（3）居住性改进功能。居住性改进功能主要是针对室内涂装而言的，就是有助于改进居住条件的功能，如消除异味、释放负离子、防霉杀菌、防结露等。

二、建筑塑料

塑料是指以合成树脂或天然树脂为主要基料，加入其他添加剂后，在一定条件下经混炼、塑化、成形，且在常温下能保持成品形状不变的材料。塑料具有表观密度小、比强度大、加工性能好、耐腐蚀性好、电绝缘性好、导热性低、富有装饰性、功能的可设计性、减振、吸声、耐光等优点；但存在弹性模量小、刚度小、变形大、易老化、易燃、热伸缩性大、成本高等缺点。

（一）塑料的组成

我们通常所用的塑料并不是一种纯物质，它是由许多材料配制而成的。塑料是以合成树脂为主要原料，加入必要的添加剂，在一定的温度和压力条件下，塑制而成的具有一定塑性的材料。塑料的主要成分是高分子聚合物（或称合成树脂）；塑料的性质主要由树脂决定。此外，为了改进塑料的性能，还要在聚合物中添加各种辅助材料，如填料、增塑剂、润滑剂、稳定剂、着色剂等，才能成为性能良好的塑料。

1. 合成树脂

由人工合成的一类高分子聚合物，为黏稠液体或加热可软化的固体，受热时通常有熔融或软化的温度范围，在外力作用下可呈塑性流动状态，某些性质与天然树脂相似。合成树脂最重要的应用是制造塑料。为便于加工和改善性能，常添加助剂，有时也直接用于加工成形，故常是塑料的同义语。

合成树脂种类繁多。按主链结构有碳链、杂链和非碳链合成树脂；按合成反应特征有加聚型和缩聚型合成树脂。实际应用中，常按其热行为分为热塑性树脂和热固性树脂。生产合成树脂的原料来源丰富，早期以煤焦油产品和电石炭化钙为主，现多以石油和天然气的产品为主，如乙烯、丙烯、苯、甲醛及尿素等。合成树脂的生产方法采用本体聚合、悬浮聚合、乳液聚合、溶液聚合、熔融聚合和界面缩聚等。

合成树脂是将有机原料用化学方法人工合成而得的一类具有类似天然树脂性能的高分子量的聚合物，是一种无定形的半固体或固体有机物。在合成树脂中加入适量的添加剂（增塑剂、稳定剂等），在一定的压力和温度下加工，就成为塑料。塑料经过吹塑、挤压、延伸、注射等方法加工成形，即成为各种塑料制品。

合成树脂是塑料的最主要成分，其在塑料中的含量一般在40％～100％。由于含量大，而且树脂的性质常常决定了塑料的性质，所以人们常把树脂看成是塑料的同义词。例如把聚氯乙烯树脂与聚氯乙烯塑料、酚醛树脂与酚醛塑料混为一谈。其实树脂与塑料是两个不同的概念。

合成树脂与塑料的区别为：树脂指未加工的原始聚合物，塑料则指成形加工后的合成材料及其制品。广义上讲，合成树脂还是合成纤维、涂料和胶黏剂、绝缘材料的基础材料。按主链结构有碳链、杂链和非碳链合成树脂之分；按合成反应特征有加聚型和缩聚型合成树脂之分；但一般常按加热成形后的性能变化，将其划分为热塑性树脂和热固性树脂。

热塑性树脂有聚乙烯（PE）、聚丙烯（PP）、聚苯乙烯（PS）、聚酰胺（PA）、聚碳酸酯（PC）、聚酯（PET等）、ABS树脂、聚甲醛（POM）、聚砜（PSF）、聚氯乙烯等。热固性树脂有酚醛和脲醛树脂、环氧树脂、氟树脂、不饱和聚酯和聚氨酯、呋喃树脂、三聚氰胺甲醛树脂、丁苯树脂、有机硅树脂、聚酰亚胺树脂等。

2. 填料

填料又叫填充剂，它可以提高塑料的强度和耐热性能，并降低成本。例如酚醛树脂中加入木粉后可大大降低成本，使酚醛塑料成为最廉价的塑料之一，同时还能显著提高机械强度。填料可分为有机填料和无机填料两类，前者如木粉、碎布、纸张和各种织物纤维等，后者如玻璃纤维、硅藻土、石棉、炭黑等。

3. 增塑剂

凡添加到聚合物体系中能使聚合物体系的塑性增加的物质都可以叫作增塑剂。增塑剂的主要作用是削弱聚合物分子之间的次价健，即范德华力，从而增加了聚合物分子链的移动性，降低了聚合物分子链的结晶性，即增加了聚合物的塑性，表现为聚合物的硬度、模量、软化温度和脆化温度下降，而伸长率、曲挠性和柔韧性提高。增塑剂可增加塑料的可塑性和柔软性，降低脆性，使塑料易于加工成型。增塑剂一般是能与树脂混溶，无毒、无臭，对光、热稳定的高沸点有机化合物，最常用的是邻苯二甲酸酯类。例如生产聚氯乙烯塑料时，若加入较多的增塑剂便可得到软质聚氯乙烯塑料，若不加或少加增塑剂（用量＜10％），则得硬质聚氯乙烯塑料。

增塑剂的品种繁多，在其研究发展阶段，其品种曾多达1000种以上，作为商品生产的增塑剂不过200多种，而且原料以来源于石油化工的邻苯二甲酸酯为最多。

增塑剂的分类方法很多。根据分子量的大小可分为单体型增塑剂和聚合型增塑剂；根据物状可分为液体增塑剂和固体增塑剂；根据性能可分为通用增塑剂、耐寒增塑剂、耐热增塑剂、阻燃增塑剂等；根据增塑剂化学结构分类是常用的分类方法。根据化学结构可分为：①邻苯二甲酸酯（如DBP、DOP、DIDP）；②脂肪族二元酸酯（如己二酸二辛酯DOA、癸二酸二辛酯DOS）；③磷酸酯（如磷酸三甲苯酯TCP、磷酸甲苯二苯酯CDP）；④环氧化合物（如环氧化大豆油、环氧油酸丁酯）；⑤聚合型增塑剂（如己二酸丙二醇聚酯）；⑥苯多酸酯（如1,2,4-偏苯三酸三异辛酯）；⑦含氯增塑剂（如氯化石蜡、五氯硬脂酸甲酯）；⑧烷基磺酸酯；⑨多元醇酯；⑩其他增塑剂。

一种理想的增塑剂应具有如下性能：①与树脂有良好的相溶性；②塑化效率高；③对热光稳定；④挥发性低；⑤迁移性小；⑥耐水、油和有机溶剂的抽出；⑦低温柔性良好；⑧阻燃性好；⑨电绝缘性好；⑩无色、无味、无毒；⑪耐霉菌性好；⑫耐污染性好；⑬增塑糊黏度稳定性好；⑭价廉。

4. 稳定剂

为了防止合成树脂在加工和使用过程中受光和热的作用分解和破坏，延长使用寿命，要在塑料中加入稳定剂。常用的有硬脂酸盐、环氧树脂等。

5. 着色剂

任何可以使物质显现设计需要颜色的物质都称为着色剂，它可以是有机或无机的，可以是天然的或合成的。塑料着色剂是为了美化和装饰塑料而在物料中加入的含色料的添加剂。按来源分为化学合成色素和天然色素两类。常用有机染料和无机颜料作为着色剂。我国允许使用的化学合成色素有苋菜红、胭脂红、赤藓红、新红、柠檬黄、日落黄、靛蓝、亮蓝，以及为增强上述水溶性酸性色素在油脂中分散性的各种色素。我国允许使用的天然色素有甜菜红、紫胶红、越橘红、辣椒红、红米红等 45 种。着色剂可使塑料具有各种鲜艳、美观的颜色。

6. 润滑剂

润滑剂的作用是防止塑料在成型时粘在金属模具上，同时可使塑料的表面光滑美观。常用的润滑剂有硬脂酸及其钙镁盐等。

7. 抗氧剂

防止塑料在加热成型或在高温使用过程中受热氧化，而使塑料变黄、开裂等。除了上述助剂外，塑料中还可加入阻燃剂、发泡剂、抗静电剂等，以满足不同的使用要求。

（二）塑料的分类

1. 按受热时塑料所发生的变化不同分类

（1）热固性塑料。热固性塑料加热后会发生化学反应，质地坚硬失去可塑性，包括大部分缩聚物塑料。

（2）热塑性塑料。热塑性塑料加热时具有一定流动性，可加工成各种形状，分为全部聚合物塑料、部分缩聚物塑料两种。

2. 按树脂的合成方法分类

（1）缩合物塑料。凡两个或两个以上不同分子化合时，放出水或其他简单物质，生成一种与原来分子完全不同的生成物，称为缩合物，如酚醛塑料、有机硅塑料、聚酯塑料。

（2）聚合物塑料。凡许多相同分子连接而成的庞大的分子，并且基本组成不变的生成物，称为聚合物，如聚乙烯塑料、基苯乙烯塑料、聚甲基丙烯酸甲酯塑料。

（三）建筑涂料的特点

1. 建筑涂料的优点

（1）加工特性好。塑料可以根据使用要求加工成多种形状的产品，且加工工艺简单，宜于采用机械化大规模生产。

（2）质轻。塑料的密度在 $0.8 \sim 2.2 \text{g/cm}^3$ 之间，一般只有钢的 $1/3 \sim 1/4$、铝的 $1/2$、混凝土的 $1/3$，与木材相近。用于装饰装修工程，可以减轻施工强度和降低建筑物的自重。

（3）比强度大。塑料的比强度远高于水泥混凝土，接近甚至超过了钢材，属于一种轻质高强的材料。

（4）热导率小。塑料的热导率很小，为金属的 $1/500\sim1/600$。泡沫塑料的热导率只有 $0.02\sim0.046W/(m\cdot K)$，约为金属的 $1/1500$、水泥混凝土的 $1/40$、普通黏土砖的 $1/20$，是理想的绝热材料。

（5）化学稳定性好。塑料对一般的酸、碱、盐及油脂有较好的耐腐蚀性，比金属材料和一些无机材料好得多。特别适合做化工厂的门窗、地面、墙体等。

（6）电绝缘性好。一般塑料都是电的不良导体，其电绝缘性可与陶瓷、橡胶媲美。

（7）性能设计性好。可通过改变配方，加工工艺，制成具有各种特殊性能的工程材料。如高强的碳纤维复合材料，隔声、保温复合板材，密封材料，防水材料等。

（8）富有装饰性。塑料可以制成透明的制品，也可制成各种颜色的制品，而且色泽美观、耐久，还可用先进的印刷、压花、电镀及烫金技术制成具有各种图案、花型和表面立体感、金属感的制品。

（9）有利于建筑工业化。许多建筑塑料制品或配件都可以在工厂生产，然后现场装配，可大大提高施工的效率。

2. 建筑塑料的缺点

（1）易老化。塑料制品的老化是指制品在阳光、空气、热及环境介质中如酸、碱、盐等作用下，分子结构产生递变，增塑剂等组分挥发，化合键产生断裂，从而带来机械性能变坏，甚至发生硬脆、破坏等现象。通过配方和加工技术等的改进，塑料制品的使用寿命可以大大延长，例如塑料管至少可使用 $20\sim30$ 年，最高可达 50 年，比铸铁管使用寿命还长。又如德国的塑料门窗实际应用 30 多年，仍完好无损。

（2）易燃。塑料不仅可燃，而且在燃烧时发烟量大，甚至产生有毒气体。但通过改进配方，如加入阻燃剂、无机填料等，也可制成自熄、难燃的甚至不燃的产品。不过其防火性能仍比无机材料差，在使用中应予以注意。在建筑物某些容易蔓延火焰的部位可考虑不使用塑料制品。

（3）耐热性差。塑料一般都具有受热变形，甚至产生分解的问题，在使用中要注意其限制温度。

（4）刚度小。塑料是一种黏弹性材料，弹性模量低，只有钢材的 $1/10\sim1/20$，且在荷载的长期作用下易产生蠕变，即随着时间的延续变形增大。而且温度愈高，变形增大愈快。因此，用作承重结构应慎重。但塑料中的纤维增强等复合材料以及某些高性能的工程塑料，其强度大大提高，甚至可超过钢材。

（四）常用的建筑塑料及其制品

常用的热塑性塑料有聚氯乙烯塑料（PVC）、聚乙烯塑料（PE）、聚丙烯塑料（PP）、聚苯乙烯塑料（PS）、聚甲基丙烯酸甲酯塑料（PMMA，即有机玻璃）等。常用的热固性塑料有酚醛树脂塑料（PF）、脲醛树脂塑料（UF）、环氧树脂塑料（EP）、不饱和聚酯树脂塑料（UP）和有机硅树脂塑料（SI）等。尽管这些树脂的性能不同，但是它们的基本构成形式相同。

1. 聚氯乙烯塑料（PVC）

聚氯乙烯塑料是由氯乙烯单体聚合而成的。其化学稳定性好，耐老化性能好，但耐热性差，一般的使用温度为 $60\sim80℃$。根据增塑剂的掺量不同，可制得软、硬两种聚氯乙烯塑料。软聚氯乙烯塑料很柔软，有一定的弹性，可以做地面材料和装饰材料，可以作为门窗框及制成止水带，用于防水工程的变形缝处。硬聚氯乙烯塑料有较高的机械性能和良好的耐腐蚀性能、耐油性和耐老化性，易焊接，可进行黏结加工，多用做百叶窗、各种板材、楼梯扶手、波形瓦、门窗框、地板砖、给水排水管等。

2. 聚甲基丙烯酸甲酯塑料（PMMA）

聚甲基丙烯酸甲酯塑料又称有机玻璃，是透光率最高的一种塑料（可达 92％），而且不易破碎，因此可代替玻璃。但其表面硬度比玻璃差，容易划伤。如果加入颜料、稳定剂和填充料，可加工成各种色彩鲜艳、表面光洁的制品。有机玻璃机械强度较高，耐腐蚀性、耐候性、抗寒性和绝缘性均较好，成型加工方便。缺点是质脆、不耐磨、价格较贵。可用来制作护墙板和广告牌等。

3. 酚醛塑料（PF）

酚醛塑料是由苯酚和甲醛在酸性或碱性催化剂的作用下缩聚而成的。多具有热固性，优点是粘接强度高、耐光、耐热、耐腐蚀、电绝缘性好，缺点是质脆。加入填料和固化剂后可制成酚醛塑料制品（俗称电木），此外还可作成层压板等。

4. 不饱和聚酯塑料（UP）

不饱和聚酯塑料是在激发剂作用下，由二元酸或二元醇制成的树脂与其他不饱和单体聚合而成的。

5. 环氧塑料（EP）

环氧塑料是以多环氧氯丙烷和二烃基二苯基丙烷为主原料制成的。它不与热和阳光作用起反应，便于储存，是很好的胶黏剂，其粘接作用较强，耐侵蚀性也较强，稳定性很高。在加入硬化剂之后，能与大多数材料胶合。

6. 聚乙烯塑料（PE）

聚乙烯塑料是一种热塑性塑料，按生产方法可分为三种，即高压、中压和低压。

7. 聚丙烯塑料（PP）

聚丙烯塑料密度小，机械强度比聚乙烯高，耐热性好，耐低温性差，易老化。

8. 聚苯乙烯塑料（PS）

聚苯乙烯塑料是一种透明的无定形热塑性塑料，其透光性能仅次于有机玻璃。具有密度低、耐水、耐光、耐化学腐蚀性好的优点，电绝缘性和防水性极好，而且易于加工和染色。缺点是抗冲击性能差、脆性大和耐热性低。可用作百叶窗、隔热隔声泡沫板，也可黏结纸、纤维、木材、大理石碎粒制成复合材料。

9. 改性聚苯乙烯塑料（ABS）

改性聚苯乙烯塑料是一种橡胶改性的聚苯乙烯，不透明，呈浅象牙色。耐热，表面硬度高，尺寸稳定，耐化学腐蚀，电性能良好，易于成型和机械加工，表面还能镀铬。

10. 聚酰胺类塑料（PA）

聚酰胺类塑料（尼龙或锦纶）坚韧耐磨，熔点较高，摩擦系数小，抗拉伸，价格便宜。

11. 聚氨酯树脂塑料（PU）

聚氨酯树脂塑料是性能优异的热固性塑料。它可以是软质的，也可以是硬质的。它的力学性能、耐老化性、耐热性都比较好，可作涂料和胶黏剂。

12. 玻璃纤维增强塑料（玻璃钢）

玻璃纤维增强塑料是用玻璃纤维制品、增强不饱和聚酯或环氧树脂等复合而成的一类热固性塑料，有很高的机械强度，其比强度甚至高于钢材。

（五）塑料制品

1. 塑料地板

塑料地板是发展最早、最快的建筑装修塑料制品。其色彩图案不受限制，仿真、装饰效果好。施工维护方便，耐磨性好，使用寿命长。具有隔热、隔声和隔潮的功能。脚感舒适暖和。塑料地板按形状可分为块状和卷状；按材性可分为硬质、半硬质和软质三种，卷状的为软质；按结构可分为单层塑料地板和双层地板等。

2. 塑料壁纸

塑料壁纸是由基底材料（纸、麻、棉布、丝织物、玻璃纤维）涂以各种塑料，加各种颜色经配色印花而成的。塑料壁纸强度较好，耐水可洗，装饰效果好，施工方便，成本低。目前广泛用作内墙、顶棚等的贴面材料。有普通壁纸（单色压花壁纸、印花压花壁纸、有光印花和平光印花墙纸）、发泡墙纸、特种墙纸等品种。

3. 塑料装饰板材

建筑用塑料装饰板材主要用作护墙板、层面板和平顶板，此外有夹心层的夹心板可用作非承重墙的墙体和隔断。塑料装饰板材质量轻，能减轻建筑物的自重。塑料护墙板可制成各种形状的断面和立面，并可任意着色，干法施工。有波形板、异形板、格子板、夹层墙板四种形式。

常用的建筑塑料板材有以下三种：

（1）硬质聚氯乙烯建筑板材。硬质聚氯乙烯建筑板材的耐老化性好，具有自熄性。有波形板、异型板、格子板三种形式。

（2）玻璃钢建筑板材。玻璃钢建筑板材可制成各种断面的型材或格子板。与硬质聚氯乙烯板材相比，其抗冲击性、抗弯强度、刚性都较好。此外它的耐热性、耐老化性也较好。热伸缩较小，与硬质聚氯乙烯的透光性相近。作屋面采光板时，内室光线较柔和。如果成型工艺控制不好，表面会粗糙不平。

（3）夹层板。硬质聚氯乙烯建筑板材及玻璃钢建筑板材均为单层板，只能贴在墙上起到维护和装饰作用。复合夹层板则具有装饰性和隔声隔热等墙体功能，用塑料与其他轻质材料复合制成的复合夹层墙，质量轻，是理想的轻板框架结构的墙体材料。

第二章

园林建筑工程材料的识别与应用

第一节　园林古建筑材料

一、古建筑用砖

古式建筑用砖种类较多，不同的建筑等级、建筑形式，所选用的砖也不同。清代建筑中制砖的规格见表2-1。

表 2-1　清代建筑中制砖的规格

砖名称		规格尺寸/mm×mm×mm	使用部位
城砖	停泥城砖	480×240×120	城墙、下碱（干摆墙、丝缝墙）
	大成砖	464×234×120	基础、下碱（干摆墙、混水墙）
停泥砖	小停砖	295×145×70	小式墙身的干摆墙、丝缝墙
	大停砖	410×210×90	大式、小式墙身的干摆墙、丝缝墙
条砖	小开条	256×28×51	淌白墙、料檐
	大开条	288×145×64	淌白墙、料檐
望砖		210×100×20	铺屋面，在椽子上用
方砖		570×570×60	墁地

二、古建筑用瓦

屋顶用瓦分为琉璃瓦和青瓦（布瓦）两种。其中，琉璃瓦分为四部分，即瓦件类、脊件类、饰件类、特殊瓦件等。

（一）瓦件类

（1）板瓦。板瓦又称底瓦，凹面向上，逐块压叠摆放，用于屋面。板瓦沾琉璃釉应不少于瓦长的2/3。

（2）续折腰板瓦。用于连接折腰板瓦与板瓦。

（3）折腰板瓦。用于陇脊部的板瓦，瓦面全部上釉。

（4）罗锅筒瓦。用于过陇脊（又称元宝脊）上部。

（5）续罗锅筒瓦。用于筒瓦与罗锅瓦之间，一端做有熊头。

（6）滴水。滴水又名滴子，在板瓦前加有花纹图案的如意形滴唇，用于瓦垄沟，外露部分上釉。

(7) 平面滴子。用于水平天沟底瓦端头。

(8) 满面砖。黄色者称为满面黄，绿色者称为满面绿，用于围脊最上部，以遮盖围脊与围脊之间的空隙。

(9) 螳螂勾头。用于翼角前端、割角滴水之上。

(10) 筒瓦。筒瓦又称盖瓦，用于扣盖两行板瓦间缝隙之上。

(11) 蹬脚瓦。安置在围脊筒上沿，承接满面砖。

(12) 博脊瓦。用于博脊最上部。

(13) 合角滴子。合角滴子又称为割角滴水，用于出角的转角处。

(14) 勾头。勾头又称猫头，用于筒瓦端部勾檐之上，上置瓦钉和钉帽固定。

(15) 钉帽。用于勾头之上遮盖固定勾头的瓦钉，有塔状和馒头状两种。

(16) 斜当沟。用于庑殿脊、戗脊、角脊下部瓦陇之上。

(17) 平面当沟。平面当沟又称当沟，属正当沟的一种，用于攒尖屋面与宝顶相接处。

(18) 撞尖板瓦。撞尖板瓦又称咧角板瓦，用于翼角戗脊两侧与脊连接的底瓦。

(19) 羊蹄勾头。用于屋面窝角天沟两侧瓦陇的勾头。

(20) 正当沟。用于正脊下部与瓦面相接处。

(21) 托泥当沟。用于歇山垂脊端的下部，与瓦面相接处。

(22) 吻下当沟。用在正脊大吻吻垫之下。

(23) 元宝当沟。元宝当沟也称山样当沟，用于元宝脊下部与瓦面连接处。

(24) 过水当沟。用于屋面脊中出水口处。

(25) 遮朽瓦。用在翼角端，割角滴水之下，套兽之上。

(26) 瓦口。用在非木制连檐瓦口处。

(27) 斜房檐。用在斜天沟两侧，羊蹄勾头之下。

(28) 天沟头。窝角天沟的滴水，用于天沟端部。

（二）脊件类

(1) 通脊。通脊通常称为正脊、正脊筒子，用于五样以下瓦料房屋的屋顶正脊。

(2) 赤脚通脊。赤脚通脊简称赤脊，用于四样以上正脊，见图2-1。

(3) 黄道。黄道与赤脚通脊相接配合使用，见图2-1。

(4) 大群色条。大群色条又称相连群色条，简称相连，用于黄道以下，见图2-1。

(5) 群色条。用于五样至七样房屋正通脊之下。

(6) 压当条。用于正脊群色条之下，正当沟之上或垂脊侧，见图2-1。

(7) 垂脊。垂脊又称垂通脊，俗称垂脊筒子，用于戗脊或岔脊筒子。垂脊筒与戗脊筒外观相同，仅端部角度稍有变化，戗脊高为同一建筑的九折，此件用在悬山、硬山、歇山垂脊、戗脊、重檐角脊或庑殿脊。常用于七样以上瓦料的房屋。

(8) 罗锅压带条。用于卷棚（圆山）箍头脊内侧顶部。

(9) 脊头。用于无兽头的垂脊端部。

(10) 垂脊搭头。用于垂脊与兽座接合处。

(11) 垂脊戗尖。用于垂脊与正吻接连处。

(12) 戗脊割角。用于歇山戗脊与垂脊连接处。

(13) 戗脊割角带搭头。用于歇山戗脊，一端与垂脊连接，另一端戗兽座。

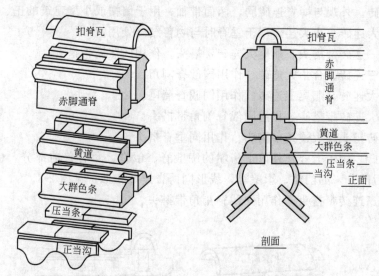

图 2-1　脊件类式样（一）（庑正脊四样以上）

（14）垂脊燕尾。用于攒尖建筑垂脊与宝顶连接处。

（15）燕尾带搭头。用于重檐建筑旬脊、燕尾接合角吻、搭头接兽座。

（16）罗锅垂脊。用于圆山箍头脊顶部。

（17）续罗锅垂脊。用于圆山箍头脊，接罗锅垂脊筒。

（18）博脊。用于重檐建筑围脊，一面外露有釉，一面为无釉平面，无釉平面砌入脊内，见图 2-2。

（19）博脊连砖。用于瓦六样以下瓦料歇山建筑博脊，一面带釉，一面为无釉平面，见图 2-2。

（20）挂尖。用于博脊两端，隐于排山沟头滴子之下，见图 2-2。

（21）承奉博脊连砖。一面带釉，一面为无釉平面，用于五样以上瓦料歇山博脊。

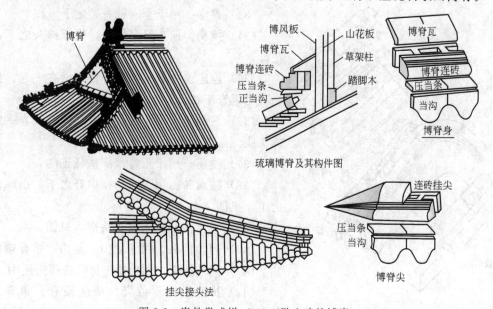

图 2-2　脊件类式样（二）（歇山建筑博脊）

（22）大连砖。外观与博脊连砖同，两面带釉，用于墙帽或小型建筑的正、垂、角脊。

（23）戗尖大连砖。当大连砖用于垂脊时与吻兽结合处用。

（24）燕尾三连砖带搭头、燕尾大连砖带搭头。作用同燕尾带搭头。

（25）合角三连砖、合角大连砖。作用同戗脊割角。

（26）燕尾大连砖、燕尾三连砖。作用同戗脊燕尾。

（27）合角大连砖带搭头。作用同戗脊割角带搭头。

（28）三连砖搭头、大连砖带搭头。作用同垂脊搭头。

（29）三连砖。用于七样瓦件以上房屋的庑殿脊、戗脊、角脊兽前部分，也用于八九样瓦件建筑的兽后部分，如门楼、影壁等，线形同博脊连砖相似，见图2-3。

（30）合角三连砖带搭头。作用同戗脊割角带搭头。

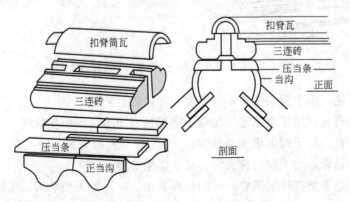

图 2-3　脊件类式样（三）（庑殿正脊七样）

（31）垂兽座。用于歇山垂脊兽之下。

（32）小连砖。小连砖外观比三连砖少一道线，当小型建筑（用八九样瓦料）用三连砖的兽后部分时，用于兽前。

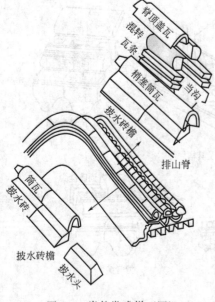

图 2-4　脊件类式样（四）

（33）兽座。用于垂、戗脊兽之下。

（34）摘头。摘头又名扒头，用于撺头之下，有花饰。

（35）连座。将兽头与垂脊搭头做在一起，另一端可与垂脊平接。

（36）三仙盘。用于瓦件在八九样的戗脊头代替撺扒头。

（37）吻座。用于正脊端部垫托正吻。

（38）披水砖。用于披水排山脊之下，山墙博缝之上，见图2-4。

（39）披水头。用于披水头部，见图2-4。

（40）列角撺头。用于硬山、悬山的垂脊端部。

（41）列角揣头。列角揣头与咧嘴撺头连用。

（42）撺头。用于戗脊（或庑殿脊、角脊）端部、方眼勾头之下，有纹饰。

（三）饰件类

1. 正吻

正吻又称大吻，龙吻吞脊兽，用于正脊两端。小件用整块，大件分块。二样吻多至12块。正吻附件有剑把、背兽，见图2-5。

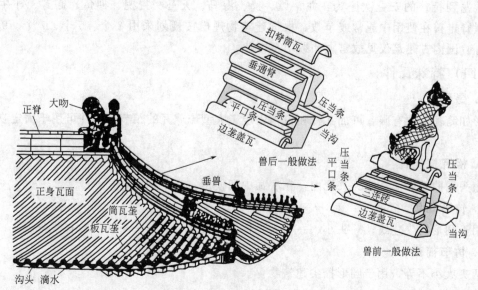

图 2-5　屋顶瓦件材料位置及式样（一）（庑殿建筑）

2. 脊兽

脊兽俗称兽头，用于屋顶正脊两端，嘴头向外。用于垂脊时称垂兽，用于戗脊时为截兽（也称戗兽），上附兽角。

3. 海马、狮、凤、龙、行什

海马用于狮后，狮用于凤后，凤用于龙后，龙用于仙人之后，行什用在最后。

4. 仙人

用于戗脊、庑殿脊、角脊或垂脊端部，置于方眼勾头之上，见图2-6。

图 2-6　屋顶饰件类位置及式样（二）（庑殿建筑）

5. 套兽

套于仔角梁端部，见图 2-6。

6. 合角吻

用于屋脊转角处。此外，还有斗牛、獬豸、狻猊、狎鱼、天马等。

从龙到行什的安置次序为：龙、凤、狮、海马、天马、狻猊、狎鱼、獬豸、斗牛、行什。屋脊走兽在使用中通常成单数。根据建筑物规模按规划采用 3 个、5 个、7 个、9 个走兽不等。国内古建筑仅见故宫太和殿用至行什。

（四）特殊瓦件

1. 星星瓦

形如筒瓦，中有眼，可加瓦钉和钉帽固定于大型琉璃瓦的腰节处，并可用于固定吻索的索钉。

2. 板瓦抓泥瓦

小头屈曲处嵌入瓦底瓦夹泥内，在底瓦中间使用，亦不常用。

3. 竹节勾头

用于圆形攒尖建筑，一头小、一头大，称为竹节瓦，其勾头与熊头端有收分。

4. 竹节筒瓦

两头大小不等，用于圆形攒尖建筑物。

5. 竹节瓦滴水

由滴唇向后可收分者，用于圆形攒尖建筑底瓦檐端。

6. 列角盘子

用于瓦件在八九样的垂脊头部代替列角撺头、列角掏头。

7. 罗锅披水砖

用于卷棚披水排山脊的脊中部。

8. 无脊瓦

用于砖压顶。

9. 竹节板瓦

大口至小口存一定收分，用于圆形攒尖建筑底瓦。

10. 兀扇瓦

用于圆形攒尖瓦面顶尖的宝顶底下，筒板瓦较小，连做成一片，因此常称为"联办"，又取其形状似莲瓣之意。

11. 无脊砖交头

用于砖栏（矮墙）端部压顶。

12. 无脊砖转角

用于砖栏压顶。

13. 无脊砖方角

用于砖栏压顶直角转角处。

14. 蝴蝶瓦

用于四坡板瓦脊部汇合处之上，此种瓦又称尖泥瓦。

（五）宝顶

宝顶是古建筑极具装饰意味的部件。攒尖屋顶用宝顶压脊，不仅能有效防漏，而且还起到了极佳的装饰作用。

宝顶大体分为顶座和顶珠两部分，见图 2-7。形状一般为圆形，其他形状的极为少见。宝顶的须弥座自下而上层层叠起，最下一层为圭角，依次为下枋线、下肩涩、下枭儿、下鸡混、束腰、上鸡子混、上枭儿、上冰盘涩、上枋线等部件。如果下肩涩、下枭儿、下鸡子混三件做成一件时，通称下枭。又因通常做成莲花瓣形，习惯称为"下莲瓣"。上鸡子混、上枭儿、上冰盘涩做成整体时又通称"八达马"。"八达马"可能是梵文的译音。

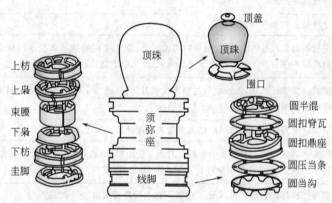

图 2-7　屋顶饰件类位置及式样（三）（庑殿建筑）

宝顶的顶珠常见为长圆形，宛如倒扣的坛子，中空无底，上有顶盖。宝珠与顶底连接处有薄围口 1～2 层。

宝顶琉璃构件与屋面瓦件、装饰件、脊件不同的地方在于：宝顶造型各不相同，大同小异，而屋顶瓦件的尺寸则是固定不变的。

三、古建筑用灰浆

（一）灰浆的种类及配制

灰浆相当于现在建筑中应用的砂浆，主要用于砌砖和筑瓦。古建筑的灰浆的基本材料是石灰，经与其他材料配合组成各种灰浆。灰浆种类及配制见表 2-2。

表 2-2　灰浆的种类及配制

种　类	配　制
青浆	是用青灰加水调制成的浆状物
泼灰	是把生石灰块用水反复均匀地泼洒成粉状,然后过筛而成的石灰粉
泼浆灰	泼灰过细筛后,再用青浆泼洒而成
煮浆灰	生石灰块加水搅成稀粥状,过筛发胀而成
老浆灰	青灰加水搅匀再加生石灰块(青灰与白灰之比为 7：3),搅成稀粥状过筛发胀而成
大麻刀灰	用泼浆灰或泼灰加麻刀,再加水搅匀而成。配合比为 100：5(质量比)
麻刀灰	比大麻刀灰中麻刀减少一份,即配合比为 100：4,同样加水搅匀而成
小麻刀灰	泼浆灰或泼灰加短麻刀,再加水搅匀而成。配合比为 100：(3～4)(质量比)

种　类	配　制
夹垄灰	用泼浆灰加煮浆灰(配合比为 3∶7),以 100∶3 的比例加入麻刀,再加水调匀而成
裹垄灰	作为打底用时,用泼浆灰加麻刀,配合比为 100∶3(质量比),再加水调匀而成;作为抹面用时,用煮浆灰掺颜色再加麻刀,配合比为 100∶(3~5)(质量比),然后用水调匀而成
素灰	由各种不掺麻刀的煮浆灰(石灰膏)或泼灰加水调匀而成,用于筑瓦。在使用中凡勾瓦脸用的素灰称为"节子灰",筒瓦用的素灰称为"熊头灰"
色灰	各种灰加需配的颜料搅拌均匀而成。常用的颜料有青浆、烟子、红土粉、霞土粉等,如掺少量的青浆即称为月白灰
花灰	比泼浆灰的水分少的素灰
油灰	面粉加细石灰粉(此灰要过绢箩),再加烟子(烟子要用熔化了的胶水搅成膏状),加桐油,其配合比为面粉∶细白灰∶烟子∶桐油＝1∶4∶0.5∶6(质量比),经搅拌均匀成油灰
麻刀油灰	用桐油泼生石灰块,成粉状后过筛再加麻刀(质量比为 100∶5),掺入适量面粉后加水,用石臼在石槽内反复锤砸而成。一般用于粘接石头
纸筋灰	把在水中闷烂成浆状的草纸加入煮浆灰内搅拌均匀而成
砖药	用来修补破损很小的砖面的材料。它由 4 份砖粉(磨成的粉)加 1 份白灰膏加水调匀而成。也有的用 7 份灰膏、3 份砖粉加少许青灰加水调和均匀而成
掺灰泥	多用于掺瓦。它由 7 份黄泥、3 份泼灰加水闷透再调制均匀而成
白灰浆	用泼灰或生石灰加水调出的浆状液
桃花浆	用花灰加好的黏土(质量比 6∶4)成为胶泥,然后加水调成浆状
烟子浆	把黑烟子用熔化了的胶水搅成膏状,再加水搅成浆状。用于需要染黑的地方
糯米浆	用生石灰加糯米(质量比为 6∶4),再加水煮烂,搅拌均匀而成
砖面浆	把砖磨成细粉末,再加水调成的浆状物(此处的面是面粉的面之意,非面积、表面的面)

(二) 抹灰用的材料配合比及操作方法

1. 泼灰

(1) 主要用途。制作灰浆的原材料。

(2) 配合比及制作要点。生石灰用水反复均匀泼洒成为粉状后过筛。

(3) 说明。15 天后才能使用,半年后不宜用于抹灰。

2. 泼浆灰

(1) 主要用途。制作灰浆的原材料。

(2) 配合比及制作要点。泼灰过筛后分层用青浆泼洒,闷至 15 天以后即可使用。白灰∶青灰＝100∶13。

(3) 说明。超过半年后不宜使用。

3. 煮浆灰 (灰膏)

(1) 主要用途。制作灰浆的原材料;室内抹白灰。

(2) 配合比及制作要点。生石灰加水搅成浆状,过细筛后发胀而成。

(3) 说明。超过 5 天后才能使用麻刀灰抹靠骨灰及泥底灰的面层。

4. 月白灰

（1）主要用途。室外抹青灰或月白灰。

（2）配合比及制作要点。泼浆灰加水或青浆调匀，根据需要，掺入适量麻刀。

（3）说明。月白灰分浅月白灰和深月白灰。

5. 麻刀灰

（1）主要用途。抹靠骨灰及泥底灰的面层。

（2）配合比及制作要点。各种灰浆调匀后掺入麻刀搅匀。用于靠骨灰时，灰∶麻刀＝100∶4；用于面层时，灰∶麻刀＝100∶3。

（3）说明。麻刀灰是各种掺麻刀灰浆的统称。

6. 蒲棒灰

（1）主要用途。壁画抹灰的面层。

（2）配合比及制作要点。灰膏内掺入蒲绒，调匀。灰∶蒲绒＝10∶3。

（3）说明。厚度不宜超过2mm。

7. 黄灰

（1）主要用途。抹饰黄灰。

（2）配合比及制作要点。室外用泼灰，室内用灰膏，加水后加包金土色（深米黄色），再加麻刀。灰∶包金土色∶麻刀＝100∶5∶4。

（3）说明。如无包金土色，可改用土黄色，用量减半。

8. 纸筋灰

（1）主要用途。室内抹灰的面层。

（2）配合比及制作要点。草纸用水闷成纸浆，放入灰膏中搅匀。灰∶纸筋＝100∶（5～6）。

9. 葡萄灰

（1）主要用途。抹饰红灰。

（2）配合比及制作要点。泼灰加水后加霞土（二红土）再加麻刀。灰∶霞土＝1∶1，灰∶麻刀＝100∶（3～4）。

（3）说明。现代多将霞土改为氧化铁红。灰∶氧化铁红＝100∶3。

10. 三合灰

（1）主要用途。抹灰打底。

（2）配合比及制作要点。月白灰加适量水泥。根据需要可掺麻刀。

11. 棉花灰

（1）主要用途。壁画抹灰的面层；地方手法的抹灰做法。

（2）配合比及制作要点。好灰膏掺入精加工的棉花绒，调匀。灰∶棉花＝100∶3。

（3）说明。厚度不宜超过2mm。

12. 毛灰

（1）主要用途。地方手法的外檐抹灰。

（2）配合比及制作要点。泼灰掺入动物鬃毛或人的头发（长度约50mm）。灰∶毛＝100∶3。

13. 掺灰泥（插灰泥）

（1）主要用途。泥底灰打底。

（2）配合比及制作要点。泼灰与黄土拌匀后加水，或生石灰加水，取浆与黄土拌匀，闷8h后即可使用。灰：黄土＝3：7或4：6或5：5（体积比）。

（3）说明。土质以亚黏性土较好。

14. 滑秸泥

（1）主要用途。抹饰墙面，泥底灰打底。

（2）配合比及制作要点。与掺灰泥制作相同，但应掺入滑秸。滑秸应经石灰水烧软后再与泥拌匀。滑秸使用前宜砸劈剪短。灰：滑秸＝100：20（体积比）。

15. 麻刀泥

（1）主要用途。壁画抹灰的面层。

（2）配合比及制作要点。砂黄土过细筛，加水调匀后加入麻刀。砂黄土：白灰＝6：4，白灰：麻刀＝100：（5～6）。

16. 棉花泥

（1）主要用途。壁画抹饰的面层。

（2）配合比及制作要点。优质黏土过箩，掺入适量细砂，加水调匀后，掺入精加工后的棉花绒。黏土：棉花绒＝100：3。

（3）说明。厚度不宜超过2mm。

17. 生石灰浆

（1）主要用途。内墙白灰墙面刷浆。

（2）配合比及制作要点。生石灰块加水搅成浆状，经细箩过淋后掺入胶类物质。

18. 熟石灰浆

（1）主要用途。内墙白灰墙面刷浆。

（2）配合比及制作要点。泼灰加水搅成稠浆状，过箩后掺入胶类物质。

19. 青灰

（1）主要用途。青灰墙面刷浆。

（2）配合比及制作要点。青灰加水搅成浆状后过细筛（网眼宽不超过20mm）。

（3）说明。使用中，补充水两次以上时，应补充青灰。

20. 红土浆（红浆）

（1）主要用途。抹饰红灰时的赶轧刷浆。

（2）配合比及制作要点。红土兑水搅成浆状后，兑入糯米汁和白矾水，过箩后使用。红土：糯米：白矾＝100：7.5：5。

（3）说明。现在常用氧化铁红兑水再加胶类物质。

21. 包金土浆（土黄浆）

（1）主要用途。抹饰黄灰时的赶轧刷浆。

（2）配合比及制作要点。土黄兑水搅成浆状后兑入糯米汁和白矾水，过箩后使用。土黄：糯米：白矾＝100：7.5：5。

（3）说明。现在常用地板黄兑生石灰水（或大白溶液），再加胶类物质。

22. 烟子浆

（1）主要用途。抹灰镂缝或描缝做法时刷浆。

（2）配合比及制作要点。黑烟子用胶水搅成膏状，再加水搅成浆状。

（3）说明。可掺适量青浆。

四、古建筑油漆材料

（一）油

1. 灰油

灰油采用几种物质经熬制而成，熬制灰油的材料比例为：生桐油 50kg，土籽灰 3.5kg，樟丹粉 2kg。若在夏季高温或初秋多雨的潮湿季节，樟丹粉应该增加至 2.5～3.5kg；若在冬天严寒的季节，土籽灰应该增加至 4～5kg。

2. 光油

光油主要用于饰面涂刷，用生桐油熬制而成，又称为熟桐油，市场虽有成品供应，但不适用于建筑的饰面涂刷，只适用于操底油、调腻子、加兑厚漆等。

熬制光油的材料比例为：生桐油 40kg，白苏籽油 10kg，干净土籽粒 2.5kg（冬季熬油用 3～3.5kg），密陀僧粉 1kg（夏季和初秋多雨季节用 1.5kg），中国铅粉 0.75kg（粉碎后过细罗）。

3. 金胶油

金胶油是以油代胶、起黏结作用的涂料，在建筑饰面上制作贴金、扫金、扫青、扫绿都需要使用金胶油。

金胶油用不同物质经加兑而成。加兑金胶油的材料比例为：饰面光油 5kg，加入食用豆油 7 两（16 两制，1 两＝31.25g），在温度高时减至 4～5 两，温度低时增至 8～10 两。

（二）打满与调灰材料

1. 打满

打满是指由灰油、石灰水、面粉混合而成，调制地杖灰用的胶结材料。打满的材料配比为：生石灰块 25kg，面粉 25kg，水 50kg，灰油 50kg。

2. 地杖灰

地杖是在建筑用木材表面涂刷油漆饰面之前所做的垫层，地杖灰就是做垫层用的塑性材料。地杖的做法多种多样，如有两道灰、一道灰、四道灰、一麻四灰、一麻五灰、一麻一布六灰、两麻六灰、两麻一布七灰等。

地杖灰的材料配比（选用羧甲基纤维素来代替面粉）如下。

（1）生石灰粉 25kg。用成品袋装生石灰粉，运输、计量都方便，直接加水即可调成灰膏；无需过淋、沉淀等复杂工序，在容器内即可进行；不出渣，无需尾弃场所。

（2）调生石灰粉用水 35kg。淋灰出渣时要带出一定水分，补足石灰水比例为 1∶1.4。

（3）溶解纤维素用水 15kg。这是旧配合比中面粉吃水量，以此等量的水来确定纤维素的用量。

（4）纤维素 0.75kg。按纤维素溶成胶液所需水量为纤维素质量的 20 倍而定。

（5）食用加工盐 0.25kg。为加强石灰膏的附着性而附加的辅助料。

（6）聚醋酸乙烯乳液 0.375kg。为促进纤维素的聚合性而附加的辅助料。

3. 腻子

腻子的种类很多。其实古建地杖本身就属于腻子的范畴，因为地杖的工程量大，操作技术比较繁杂，所以成为古建油作的代表性工序。除地杖之外，在涂刷饰面前或在涂刷过程中，都需要做腻子，有地杖的是为了弥补地杖表面光滑度的不足，无地杖的是为了弥补木材表面的缺陷。因为用途不同，所以腻子有许多种，如在地杖表面做的有浆灰腻子、土粉子腻子；在木材表面上做清色饰面有水色粉、油色粉、漆片腻子、石膏腻子等。

（1）浆灰腻子。先将做地杖用的细砖灰放在容器内，加灰重五倍以上的清水，进行搅动、漂洗。趁灰粉在水中悬浮，较粗的颗粒已经沉淀之际，澄出灰水进行二次沉淀。至灰粉完全沉于水底将浮面清水澄出，这种细砖灰称为澄浆灰，加入适量的血料和少许生桐油，调成可塑状的腻子，即浆灰腻子。

（2）土粉子腻子。土粉子腻子又称为血料腻子。用土粉子（或用大白粉加20％滑石粉也可）加入适量血料调成可塑状腻子。

（3）水色粉、油色粉。水色粉和油色粉均以大白粉为主，根据色调要求，调入适量粉状颜料。水色粉用温水调制成流动性粉浆，油色粉用光油加稀释剂调制成流动性粉浆。

（4）漆片腻子。漆片腻子是用酒精化开的漆片液调成的可塑状腻子。漆片又称为紫胶漆或虫胶漆，干漆呈片状，用酒精浸泡即成液态漆。

（5）石膏腻子。将生石膏粉放入容器内，先加入适量光油调成可塑状，然后加入少量清水，急速搅拌均匀成糊状，静置2～3min即凝聚成团。然后再进行搅拌，使其恢复成可塑状态，用湿布苫盖。用时放在木平板上用开刀（即油灰刀）或铁板翻折、碾轧细腻即可。若用于色油饰面，翻折时可加入少量相应颜色的饰面油或成品调和漆。

五、古建筑彩绘材料

1. 黄胶

黄胶是用石黄、胶水和适量的水调制而成的，也可用光油、石黄、铅粉调制成包油胶。

2. 贴金材料

贴金材料所用为金箔，"其薄如纸"。苏州产的金箔，每帖十张，有三寸二分、三寸八分两种。从色度深浅上分三种，即库金（颜色发红，金的成色最好）、苏大赤（颜色正黄、成色较差）、田赤金（颜色浅而发白，实际上是选金箔）。田赤金的成色为84％左右，其余为银，其色发白，每张金箔的面积为84mm×84mm。库金的成色为93％左右，其余为铜，其色发红，每张大小为93mm×93mm。每种金箔的边长基本代表其成色。

此外还有两种假金做法：

（1）选金箔。即颜色如金而实际上是用银来熏成的。

（2）罩金。用银箔或锡箔作为代用品，外用黄色而透明的光漆罩之，也有用金箔的效果。银箔日久银质氧化，易发黑；锡箔若加工成功，耐久性较长。

3. 着色颜料

在着色时，通常用的颜料有石青、石绿、赭石、朱砂、靛青、藤黄、铅粉等。石青、石绿、赭石、朱砂属于矿物质颜料，覆盖力强，色泽经久不衰；靛青、藤黄属于植物性颜料，透明性好，覆盖力差；铅粉是一种人工合成的白色颜料，覆盖力较强，但日久会变黑，称为"返铅"。常用的调料是胶和矾。

第二节　园林现代建筑工程材料

一、建筑膜材

膜结构一改传统建筑材料而使用膜材，其质量只是传统建筑的 1/30。而且膜结构可以从根本上克服传统结构在大跨度（无支撑）建筑上实现时所遇到的困难，可创造巨大的无遮挡的可视空间。其造型自由轻巧、阻燃、制作简易、安装快捷、节能、使用安全，在世界各地受到广泛应用。另外值得一提的是，在阳光的照射下，由膜覆盖的建筑物内部充满自然漫反射光，无强反差的着光面与阴影的区分，使室内的空间视觉环境开阔和谐。夜晚，建筑物内的灯光透过屋盖的膜照亮夜空，建筑物的体型显现出梦幻般的效果。

（一）膜材

用于建筑膜结构的膜材，依涂层材不同大致可分为 PVC 膜与 PTFE 膜等，膜材的正确选定应考虑其建筑的规模大小、用途、形式、使用年限及预算等综合因素。

1. PVC

PVC 膜材在材料及加工上都比 PTFE 膜便宜，且具有材质柔软、易施工的优点。但在强度、耐用年限、防火性等性能上较 PTFE 膜差。PVC 膜材由聚酯纤维织物加上 PVC 涂层（聚氯乙烯）而成，一般建筑用的膜材，是在 PVC 涂层材的表面处理上，涂以数微米厚的亚克力树脂，以改善防污性。但是，经过数年之后就会变色、污损、劣化。一般 PVC 膜的耐用年限，依使用环境不同为 5～8 年。为了改善 PVC 膜材的耐候性，近年来已研发出以氟素系树脂于 PVC 涂层材的表面处理上做涂层，以改善其耐候性及防污性的膜材。

2. PVDF

PVDF 是聚偏氟乙烯的英文缩写，在 PVC 膜表面处理上加以 PVDF 树脂涂层的材料称为 PVDF 膜。PVDF 膜与一般的 PVC 膜比较，耐用年限改善至 7～10 年。

3. PVF

PVF 是一氟化树脂的英文缩写。PVF 膜材是在 PVC 膜的表面处理上以 PVF 树脂做薄膜状薄片加工，比 PVDF 膜的耐久性更佳，更具有防沾污的优点。但因为加工性、施工性与防火性都不佳，所以使用用途受到限制。

4. PTFE

PTFE（聚四氟乙烯）膜材是在超细玻璃纤维织物上，涂以聚四氟乙烯树脂而成的材料。PTFE 膜最大的特点就是耐久性、防火性与防污性高。但 PTFE 膜与 PVC 膜比较，材料费与加工费高，且柔软性低，在施工上为防止玻璃纤维被折断，须有专用工具与施工技术。涂层材的 PTFE 对酸、碱等化学物质及紫外线非常安定，不易发生变色或破裂。玻璃纤维在经长期使用后，不会引起强度劣化或张力减低。膜材颜色一般为白色、透光率高，耐久性在 25 年以上。

（二）膜材性能

1. 防污性能

因涂层材为聚四氟乙烯树脂，表面摩擦系数低，所以不易污染，可以由雨水洗净。

2. 防火性能

PTFE 膜符合所有国家的防火材料试验合格的特性，可替代其他的屋顶材料做同等的使用用途。

3. 光学性能

膜材料可滤除大部分紫外线，避免内部物品褪色，其对自然光的透射率可达 25%，透射光在结构内部产生均匀的漫反射光，无阴影，无眩光，具有良好的显色性，夜晚在周围环境光和内部照明的共同作用下，膜结构表面发出自然柔和的光辉，令人陶醉。

4. 声学性能

膜结构通常对低于 60Hz 的低频几乎是透明的，对于有特殊吸收要求的结构可以采用具有 Fabrasorb 装置的膜结构，这种组合比一般建筑具有更强的吸声效果，能大幅度降低共鸣噪声。

5. 保温性能

单层膜材料的保温性能与砖墙相似，优于玻璃。同其他材料的建筑一样，膜建筑内部也可采用其他方式调节其内部温度，如内部加挂保温层，运用空调采暖设备等。

二、雕塑材料

（一）传统材料

1. 泥性材料

泥土是地球表面的主要物质之一，是岩石侵蚀，河流、植被沉积的产物，是雕塑最基本的造型材料。这里所说的泥性材料是一个广泛意义上的概念，不仅仅是指泥土，而是把具有泥性的材料统称泥性材料，如石膏、水泥、混凝土等。

泥性材料在实际应用中，天然泥料（普通黏土）以其便捷的获取途径、较强的可塑性、经济适用等优势，大量用作习作用泥和大型雕塑的初稿阶段用泥。泥性材料经过烧制后也可以作为成品，它的泥质属性会给人一种质朴而大方的审美感受。很多民间的装饰雕塑大量使用黏土。

石膏细腻的可塑性使它可以无所不塑，可作为模具，细致敏感地翻制到雕塑作品的每个角落。它的材质细腻，具有亚光的乳白色光泽，利于表达细腻的形式。它的缺陷也正是因为其具有极强可塑性而牺牲了强度，使其易折易碎，不易保存。一般石膏材料的雕塑或利用其本质的洁白细腻的质感，或进行涂装，使其具有后期色彩效果。许多民间雕塑工艺品常见石膏着色。

水泥和混凝土材料的雕塑在 20 世纪 80 年代较常见，其造价低，制作简单，但是其色彩和质感平平，没有石膏的细腻也不具备泥料的粗犷。当下大型装饰雕塑的内部材料支撑大都还要用到混凝土，但其大多都是在后台工作。也有在混凝土的添加料上作文章的作品，增加其肌理和质感，比如添加有色石子、彩色贝壳之类的，使朴素的表面上增加几分亮点。同样的，添加不同色彩的大理石粉还会使作品细滑，质感高档；添加金刚砂，作品超硬且闪耀光芒；添加砖屑，作品会多孔，色泽泛红、黄、黑。在泥性材料的色彩方面，使用频繁的是以白色硅酸盐水泥熟料和优质白色石膏，掺入颜料、外加剂，共同磨细而成的彩色水泥。常用的彩色有红、黄、褐、黑、绿、蓝等。而黏土和石膏大都是进行表面涂色处理。在泥性材料的造型方式上，黏土材料大部分是塑造法，而石膏和水泥混凝土大部分是模制浇注法。

2. 石质材料

石质材料雕塑的历史古老而悠久。石雕艺术从人类诞生开始一直就伴随着人类社会的成长与进步，同时也记录了人类社会以及文化艺术发展的历史，成为历史、文化传承的重要物质载体之一。直到今天，石材在雕塑艺术创作中是非常重要的物质媒介，无论是广场雕塑、园林雕塑，还是室内雕塑小品，随处可以见到石雕的身影。

大多数岩石由一种或数种物质构成，此类少数基本矿物赋予岩石主要特征，其成分含量的多少则是影响石材色泽的重要因素。在选择石材进行雕塑创作的时候，除了要考虑石材的内在质量、抗压强度、耐久性、抗冻性、耐磨性和硬度外，石材的颜色和表面光泽度通常是作为雕塑选材的首要因素。

目前，在装饰雕塑的艺术创作中，人们对石材的使用主要有大理石（汉白玉）、花岗石、砂岩以及彩石系列的青田石、寿山石等。

（1）大理石是重要的传统雕塑材料之一，它颗粒细密、质地莹润、石纹美观细腻、硬度适中，适于雕琢、磨光，可以进行精细的刻画和塑造，具有很强的艺术表现性，是应用最为广泛的石雕材料，被人们广泛用于装饰雕塑的艺术创作中。

（2）花岗石是雕刻室外大型雕塑的好材料，花岗岩结构致密，抗压强度高，吸水率低，表面硬度大，化学稳定性好，耐久性强，但耐火性差。质地粗而硬，结实牢固，放上千年不会风化。花岗石颜色又多种多样，有米黄色、淡咖啡色、青色、猪肝色、灰色、黑色、淡红色等。我国各地都有花岗石出产，其中山东、江苏、浙江、福建、江西等地所产的花岗石在颜色、质地等方面更好些。

（3）砂岩色彩丰富，纹理变化万千，似木非木，古朴自然，是人类贴近自然、融入自然的绝佳装饰材料，且具有防潮性强、可塑性强、环保、无放射性、无污染、防滑、吸声、吸光、不褪色、抗破损、户外不风化、水中不溶化等特点。

（4）彩石系列是指各种不同色泽的系列石料，主要用于微型雕塑、传统工艺雕塑中。作品色彩自然、形象生动、造型新颖、刻画细致，具有独特的艺术风格和鲜明的地方特色。

3. 木质材料

由于木材是一种天然材料，在生长中会形成各种不同的自然形态和自然纹理，因此要求在创作中要"因材施艺"，把材料的限制性因素变为作品的个性因素，把被动变为主动，发掘材料的质感特性，并从材料的原始形态属性中寻找艺术灵感，充分体现木雕艺术的意趣美和材质美，将木材传达出的那种天然的、质朴的、温润的情感属性合理地运用。

4. 金属材料

金属材料种类繁多，由于不同材料各自的化学结构和物理性能不同，一方面是其加工方法各不相同，从而形成各自不同的艺术风格，另一方面也会产生不同的色泽效果。金属熔于高温和具有优良的延展性能，以及具有恒久的品质和很强的成型性，因此，金属颇得人们的青睐，古往今来，金属材料一直是艺术家们施展才华最热衷于采用的材料之一。金属装饰雕塑的材料是多种多样的，目前应用最广泛的主要有铜、铁、钢、铝、金、银以及各类合金材料。

（1）钢和铝。各种钢材和铝材具有的冰冷感受来自于其表面材质的一致有序和亚光的灰色调，作为工业化生产的产物，批量的生产使它们具有相同的质感、肌理、色彩、光泽，与自然材料相比，其缺少了个性，缺少了大自然赋予的不同变化。但是高科技的发展使得它们具有了打破僵局的可能性，丰富的表面肌理加工和色彩处理又赋予它们丰富的语言。

以现在流行的不锈钢为例，若在钢合金中，镍加铬的比例大约占整个钢合金量的20%～40%，这样产出的钢是相对不生锈的"不锈钢"，它比平常的碳钢更坚韧，且具有很好的防腐蚀性，利于在室外长期放置。

不锈钢的颜色由于合金含量不同，而从灰色到亮银色。一种比较流行的不锈钢被称为18-8，因为它含有18%的镍和8%的铬。它用于餐具、饭店和医院设备，以及用于其他一些外观十分重要的用途。这些不锈钢有着强烈的光泽，细致密实而且坚硬的质感，深受雕塑家的喜爱。所要注意的是，钢所含的铬不足11%时，暴露在腐蚀的环境中就会生锈，在选材时要格外注意。

铝作为一种纯金属直到1825年才被人们认识，现在它与许多使它更为有用的成分结合，形成多种合金。当铝的纯度相对高的时候，合金就非常软，通常含有硅的合金坚硬，有弹性和抗腐蚀性。颜色有灰色、蓝白色、明亮的银白色。铝有着丰富的成型技术，可以铸造、可以锻造、可以用焊接和铆钉成型。许多型号的铝都比青铜和钢软，所以它们非常容易切割、打磨和成型。然而，有许多热处理铝合金具有比软钢更高的张力。这种热处理合金非常难成型，而且焊接困难。铝材的表面处理工艺，如腐蚀、氧化、抛光、旋光、喷砂、丝纹处理及高光、亚光、无光等，会让原本单调的工业化材料产生不同质感。

（2）铜。雕塑最常用的是青铜。它含有85%的紫铜、5%的锌、5%的锡，加上少量的其他成分。青铜经过抛光后形成金色的光泽，经过氧化和风化后又会形成一种从绿色到棕色的不同层次的色彩。所以铜质雕塑因为其自身的色彩变化丰富，相对一成不变的钢和铝，更具有含蓄而多彩的灵性。与建筑青铜非常相似的是，它用在铸造雕塑的方面已经有许多年了。

（二）新材料

1. 塑料材料

塑料是指以树脂为主要成分，以增塑剂、填充剂、润滑剂、着色剂等添加剂为辅助成分，在加工过程中能流动成型的材料。

塑料作为雕塑材料，主要有以下特性：大多数塑料质轻，不会锈蚀；具有较好的透明性和耐磨耗性；一般成型性、着色性好，加工成本低；尺寸稳定性差，容易变形；塑料可以被制成坚硬的或柔软的、细密的或轻量的、多孔的或无孔的、坚固的或易碎的、轻快的或无生气的、透明的或半透明的或不透明的、易燃的或耐热的产品。它们可以被制成固体、液体、纤维、泡沫、薄膜、薄片等不同形式。塑料大约有50种大的门类，每个门类又有不同的种类。

塑料有不同的成型方法，分为膜压、层压、注射、挤出、吹塑、浇注和反应注射等多种类型。

树脂可分为天然树脂和合成树脂两大类。松香、安息香等是天然树脂，酚醛树脂、聚氯乙烯树脂、环氧树脂等是合成树脂。合成树脂是现代社会出现的一种人工复合材料，俗称"玻璃钢"，由于它的成型工艺比较简单，可塑性强、质地坚硬、强度高、重量轻，可用隔离剂分离，可以根据需要进行任何一种颜色的着色处理，而且价格便宜，所以，这种材料在当下雕塑的实际应用中十分广泛。

以人工合成树脂作为造型材料的装饰雕塑，最大的特点是成型工艺简单、硬度高、强度大、重量轻，并可以模仿任何自然材料的质感，甚至可以达到以假乱真的程度，同时合成树脂还具有极好的附着能力，可以附着各类颜料和油漆，是很适合现代彩色雕塑的材料，具有非常强的艺术表现力和艺术感染力。

2. 有机玻璃

有机玻璃俗称亚克力，也是一种热塑性塑料，有极高的透明度，重量仅为普通玻璃的1/2，抗碎裂性能为普通硅玻璃的12～18倍，机械强度和韧性大于普通玻璃10倍，硬度相当于金属铝，具有突出的耐候性和耐老化性，在低温（50～60℃）和较高温度（100℃以下）下冲击强度不变，有良好的电绝缘性能，可耐电弧，有良好的热塑加工性质，易于加工成型，有良好的机械加工性质，可用锯、钻、铣、车、刨进行加工，化学性能稳定，能耐一般的化学腐蚀，不溶于水。

有机玻璃的成型相对来说，没有很自由的塑造空间，适合简单的几何化的造型。可以用黏合剂黏结成各种形状的器具，也能用吹塑、注射、挤出等塑料成型的方法加工一些相对简单的造型。

有机玻璃具有十分美丽的外观，经抛光后具有水晶般的晶莹光泽，别名"塑料水晶皇后"。

3. 纤维材料

纤维材料纳入雕塑材料的范畴，是在"泛雕塑"的诞生下延伸出的新材料。纤维艺术雕塑，又称软雕塑，是纤维艺术与雕塑艺术的结合产物。纤维艺术是以天然动、植物纤维（丝、毛、棉、麻）或人工合成纤维为材料，采用编织、环接、缠绕、缝缀等多种制作手段塑造形象的艺术形式。纤维艺术特定材质的运用和表现形式的多样化，使纤维艺术的造型语言具有更多的表现力和可能性。传统的纤维艺术往往是平面化的，表现形式常以壁挂、织毯为主，因此也被称为"墙上的艺术"或"地上的艺术"。但是，近年来纤维艺术向多元化发展，尤其是许多艺术家将立体造型的语言融入纤维艺术的创作，形成了当今社会广为流传的纤维立体织物、软雕塑，有力地扩充了纤维艺术的表现力，使传统的纤维艺术具有现代艺术的意义。

4. 陶瓷材料

陶瓷是一种既传统又现代的立体造型艺术材料，由于陶瓷具有丰富的艺术表现性和物理性能的恒久性，所以成为文化艺术重要的物质载体之一。

在现代社会中，陶瓷在装饰造型艺术中仍然被人们广泛应用。陶瓷是陶和瓷的总称。陶和瓷在质地上有所区别，陶的密度比瓷的要小，烧成温度也低于瓷，人们在烧制陶的过程中，技术不断提高，对于窑的温度的控制已经取得了一定的经验，自殷商早期，就已出现了以瓷土为原料的陶器和烧成温度高达1200℃的印纹硬陶，开始由陶向瓷的过渡。

在现代装饰雕塑艺术中，陶瓷也是重要的材料之一。由于陶瓷原料黏土的可塑性很强，成型工艺可以用捏、塑、挤、压等一系列手法，在色彩装饰上有素胎、单色釉、彩色釉、花釉、釉上彩、釉下彩等多种装饰方法，所以作品具有丰富多彩的艺术表现形式和恒久不变的品质，深受现代艺术家的喜爱，已成为当代装饰艺术重要的组成部分。

5. 玻璃材料

玻璃一般在玻璃原料燃烧溶解后都形成液体黏稠液，要使其冷却成型，大都采用型吹法，使用各种材质的模型，如木材、黏土、金属等预先制成所需要的型器，把熔化的玻璃液倒入模型内，待冷却后再将模型打开即成，一般用于吹玻璃无法制成的器具，大部分的工厂都采用此种方法，可以大量生产。另一种为吹气成型法，即吹玻璃，就是取出适量的玻璃溶液，放于铁吹管的一端，一面吹气，一面旋转，并以熟练的技法，使用剪刀或钳子，使其成型。玻璃的制作并不十分复杂，其实就是由液态到固态的变化过程，在制作中最重要的一个环节就是吹制玻璃。

现在的玻璃材料雕塑，很多是与光影技术结合，使玻璃的晶莹多彩效果更具魅力。

6. 光、电媒介材料

光、电，之所以称其为媒介，因其与传统雕塑材料的客观物质特征相左，光与电构成的雕塑也许是摸不到的虚幻影像，但它从视觉上仍然给观众以雕塑般的审美感受。很多传统材料可以通过光电为媒介呈现出新面孔，比如讲绚烂的影像投射到原本简单静止的雕塑之上，使其呈现出多面的面孔。

7. 水、植物材料

每一种艺术形式的出现都是和审美文化密切相关的。水和植物作为人类最亲近的一种物质，是生命的象征。

以水为主材的雕塑作品同以往的喷泉雕塑不同，当下的装饰雕塑以水为主要审美语言，水是雕塑的主体，其他材质只是辅助部分。

植物也被用于造型中，体现出雕塑般的艺术表现力。西方传统的园林雕塑只是近乎平面意义的植物图案创作，而现代植物雕塑是真正雕塑意义上的造型。

三、现代亭工程材料

现代亭多指运用现代建筑和装饰材料来建造，造型与结构简化或为异域文化造型和结构的亭，如简易亭、欧式亭、泰式亭等。

（一）简易亭

其柱梁一般采用混凝土、木材、钢材构筑，屋面则多由耐候性强、坚实耐用的聚碳酸树脂板、玻璃纤维强化水泥搭建。

（二）欧式亭

欧式亭，其梁柱用柏木、美国黄松或其他仿木材料制作，屋顶一般采用彩板屋面或铜板屋面。单柱亭屋面边长为 3m，四柱亭屋面边长一般为 3.5～5m。

亭的建造材料应就地取材，符合地方习俗，具有民族风格。一般选用地方材料，如竹、木、茅草、砖、瓦等。现在更多的是采用仿竹、仿树皮、仿茅草塑亭，另外还可用轻钢、金属、铝合金、玻璃钢、安全玻璃、充气塑料等新材料组建而成。亭具体由台基、亭柱、亭顶三部分组成，各部位所用材料如下所述。

（1）台基是亭的最下端，是亭基础的覆盖与亭地坪的设置装饰体。台基的周边常用块体材料砌筑围合，中间填土石碎料，表面再作抹灰、铺贴面料。亭的基础常采用独立柱基或板式柱基的构造形式，多为混凝土材料。若地上部分负荷较重，则需加钢筋、地梁；若地上部分负荷较轻，如用竹柱、木柱盖以稻草的亭，则在亭柱部分掘穴以混凝土作为基础即可。

（2）亭柱的构造材料有水泥、石块、砖、树干、木条、竹竿等，亭一般无墙壁，亭内空间空灵。柱的断面常为圆形或矩形。柱可以直接固定于台基中的柱基，也可搁置在台基上的柱基石上。木质柱的表面需做油漆涂料；钢筋混凝土的柱可现浇或预制装配，表面应做抹灰涂料装饰，或进行贴面处理；石质柱应进行表面加工再安装。

（3）亭的屋顶一般由梁架、屋面两部分组成。亭的顶部梁架可用木材制成，也可用钢筋混凝土或金属铁架等。梁架由各种梁组合而成，一般由柱上搁梁成柱上梁，柱上梁上设置屋面坡度造型梁，造型梁上再设置屋面板或椽组成。屋面结构层由椽子、屋面板等构件组成，主要用来防雨、遮阳等，常由结构承重层和屋面防水层等层次组成。屋面防水层由平屋面中的刚性或柔性防水层组成，或由坡屋面的瓦片、坡瓦等构件组成。有时根据设计要求，以树皮、竹材、草秸、棕丝、石板等材料所组成的防水层，能形成独特的风格。

亭屋顶室内部位，一般不设吊顶，直接把梁架裸露出来，进行涂刷等工艺处理。亭柱间周边常设置相应的固定坐凳与靠背栏杆。有时中心设置可移动的木质或石质的凳和桌。

第三章

园林假山与石景工程材料识别与应用

第一节 假山与石景材料

一、常用园林假山材料

1. 湖石类

湖石因其产于湖泊而得名。尤以原产于太湖的太湖石在园林中运用最为普遍，同样也是历史上开发较早的一类山石。

一种湖石产于湖崖中，是由长期沉积的粉砂和水的溶蚀作用形成的石灰岩，其颜色浅灰泛白，质地轻脆易损，色调丰润柔和。该石材经湖水的溶蚀后形成大小不同的洞、窝、环、沟，具有圆润柔曲、玲珑剔透、嵌空婉转的外形，叩之有声。另一种湖石产于石灰岩地区的山坡、土中或是河流岸边，是石灰岩经地表水风化溶蚀产生的，其颜色多为青灰色或黑灰色，质地坚硬，形状各异。目前各地新造假山所用的湖石，大都属于这一种。

在不同地方和不同环境中生成的湖石，其形状、颜色和质地也有一些差别。

（1）太湖石。产于水中的太湖石色泽浅灰中露白色，比较光洁、丰润，质坚且脆，纹理纵横、脉络显隐。产于土中的湖石灰色中带着青灰色，性质比较枯涩而少有光泽，遍多细纹。

太湖石是典型的传统供石，以造型取胜，"瘦、皱、漏、透"是其主要的审美特征，多玲珑剔透、重峦叠嶂之姿，宜做园林石等。通常把各地产的由岩溶作用形成的玲珑剔透、千姿百态的碳酸盐岩统称为广义的太湖石。太湖石原产于苏州太湖中的西洞庭山，江南其他湖泊区也有出产。

（2）房山石。新开采的房山石呈土红色、橘红色或是更淡一些的土黄色，日久之后表面常带些灰黑色。房山石质地坚硬，质量大，有一定的韧性，不像太湖石那样脆。这种山石也具有太湖石的沟、涡、环、洞的变化，因此也有人称其为北太湖石。和这种山石比较接近的还有镇江所产的砚山石，形态变化较多而色泽淡黄清润，扣之微有声。房山石产于北京房山县大灰厂一带的山上。

（3）英德石。英德石多为灰黑色，但也有灰色和灰黑色中含白色晶纹等其他颜色，由于色泽的差异，英德石又分为白英、灰英和黑英。灰英量多而价低。白英和黑英因物稀而为贵。英石是石灰岩碎块被雨水淋溶或埋在土中被地下水溶蚀所形成的，质地坚硬，脆性较大。英石或雄奇险峻，或玲珑婉转，或嶙峋陡峭，或驳接层叠。大块可做园林假山的构材，或单块竖立或平卧成景；小块而峭峻者常被用于组合制作山水盆景。

（4）灵璧石。此石产于土中，被赤泥渍满，须刮洗才显本色，其石中灰色甚为清润，质地亦脆。石面有坳坎的变化，石形亦千变万化。这种山石可以用于山石小品，更多的情况下作为盆景石观赏。

（5）宣石。初出土时表面有铁锈色，经刷洗过后，时间久了就会转为白色；或在灰色山石上有白色的矿物成分，有如皑皑白雪盖于石上，具有特殊的观赏价值。此石极坚硬，石面常常带有明显棱角，皴纹细腻且多变化，线条较直。

2. 黄石

黄石是一种呈茶黄色的细砂岩，因其黄色而得名。质重、坚硬，形态浑厚、沉实，且具有雄浑挺括之美。采下的单块黄石多呈方形或长方墩状，少数是极长或薄片状者。因黄石节理接近于相互垂直，所形成的峰面棱角突出，棱之两面具有明暗对比，立体感较强，无论掇山、理水都能发挥出其石形的特色。

3. 青石

青石属于水成岩中呈青灰色的细砂岩，质地纯净且少杂质。由于是沉积而成的岩石，石内就会有一些水平层理。水平层的间隔通常不大，所以石形大多为片状，故有"青云片"的称谓。石形也有块状的，但成厚墩状者较少。此种石材的石面有相互交织的斜纹，不像黄石那样是相互垂直的直纹。

4. 石笋

石笋颜色多为淡灰绿色、土红灰色或灰黑色。质重且脆，是一种长形的砾岩岩石。石形修长呈条柱状，立在地上即为石笋，顺其纹理可以竖向劈分。石柱中含有些白色的小砾石。石面上的小砾石未风化的，称为龙岩；若石面砾石已风化成一些小穴窝，则称为风岩。石面上还有不规则的裂纹。

5. 钟乳石

钟乳石多为乳白色、乳黄色、土黄色等颜色。质优者洁白如玉，可做石景珍品；质色稍差者可做假山。钟乳石质重且坚硬，是石灰岩被水溶解后又在山洞、崖下沉淀形成的一种石灰石。石形变化大，石内孔洞较少，石的断面可见同心层状构造。这种山石的形状各式各样，石面肌理丰腴，用水泥砂浆砌假山时附着力强，山石结合牢固，山形可以根据设计需要随意变化。

6. 石蛋

石蛋即大卵石，产于河床之中，经流水的冲击和相互摩擦磨去棱角而成。大卵石的石质有砂岩、花岗石、流纹岩等，颜色白、黄、红、绿、蓝等各色都有。这类石多用于园林的配景小品，如路边、水池、草坪旁等的石桌、石凳，棕树、芭蕉、蒲葵、海芋等植物处的石景。

7. 水秀石

水秀石又称砂积石、崖浆石、吸水石、麦秆石等。水秀石是石灰岩的泥砂碎屑随着富含溶解状碳酸钙的地表水被冲到低洼地、山崖下而沉淀、凝结、堆积下来的一种次生岩石，石内常含枯枝化石、苔藓、野草根等痕迹。石面形状变化大，多有纵横交错的树枝、草秆化石和杂骨状、粒状、蜂窝状等凹凸形状。水秀石常见有黄白色、土黄色至红褐色，质轻、粗糙、疏松多孔，石质有一定吸水性，利于植物生长。由于石质不硬，容易进行雕琢加工，施工方便，常用来制作假山材料。

8. 黄蜡石

黄蜡石主要由酸性火山岩和凝灰岩经热液蚀变而生成，属于变质岩的一种，在某些铝质变质岩中也有产出。黄蜡石有灰白、浅黄、深黄等几种颜色，表面有蜡状光泽，圆润光滑，质感似蜡。石形有圆浑如大卵石状，还有抹圆角有涡状凹陷的各种异形块状，也有呈长条状的。黄蜡石产地主要分布在我国南方各地，黄蜡石宜条、块配合使用，如果与植物一起组成庭院小景，则更有富于变化的景观组合效果。

9. 云母片石

云母片由黑云母组成，是黏土岩、粉砂岩或中酸性火山岩经变质作用生成的变质岩的一种，在地质学上又叫黑云母板岩，多产于四川汶川县至茂县一带。云母片石青灰色或黑灰色，有光泽、质量重、结构较致密，石面平整可见黑云母鳞片状构造。云母石片硬度低，易锯凿和雕琢加工成形式各异的峰石。

10. 其他石材

其他常见的石材有木化石、松皮石、石珊瑚等。木化石古老质朴，数量极少，常作特置或对置，如能群置，景观更妙，如武汉地质大学的木化石园，是园林中不可多得的珍品。松皮石是一种暗红色的交织细片，含有石灰岩杂质，经长期熔融或人工处理脱落成空块洞，外观看如同松树皮突出斑驳一般。

二、山石材料及采运方式

（一）山石材料

为了将不同的山石材料选用到最合适的位点上，组成最和谐的山石景观。选配山石材料时，需要掌握一定的识石和用石技巧。

1. 选石的步骤

（1）需要选到主峰或孤立小山峰的峰顶石、悬崖崖头石、山洞洞口用石。

（2）要接着选留假山山体向前凸出部位的用石和山前山旁显著位置上的用石以及土山山坡上的石景用石等。

（3）应将一些重要的结构用石选好。

（4）其他部位的用石。选石顺序应当是：先头后底、先表后里、先正面后背面、先大处后细部、先特征点后一般、先洞口后洞中、先竖立部分后平放部分。

2. 山石尺度的选择

同批运到的山石材料石块大小形状各异，在叠山选石中要分别对待。对于主山前面位置显眼的小山峰，要根据设计高度选用适宜的大石，以削弱山石拼合峰体时的琐碎感。在山体上的凸出部位或是容易引起视觉注意的部位，也要尽量选用大石。而假山山体中段或山体内部以及山洞洞墙所用的山石，可选小一些的。

大块的山石中，敦实、平稳、坚韧的山石可用作山脚的底石，而石形变异大、石面皱纹丰富的山石则应该用于山顶作压顶的石头。较小的、形状比较平淡而皱纹较好的山石，一般应该用在假山山体中段。宽而稍薄的山石应用在山洞的盖顶石或平顶悬崖的压顶石。矮墩状山石可选做层叠式洞柱的用石或石柱垫脚石。长条石最好选用竖立式洞柱、竖立式结构的山体表面用石，特别是需要在山体表面作竖向沟槽和棱柱线条时，更要选用长条状山石。

3. 石形的选择

除了作石景用的单峰石外，并不是每块山石都要具有独立而完整的形态。山石挑选要依据山石在结构方面的作用和石形对山形样貌的影响情况。假山从自下而上的构造来分，可以分为底层、中腰和收顶三部分，这三部分在选择石形方面的要求各有不同。

假山的底层山石位于基础之上，若有桩基则在桩基盖顶石之上，这一层山石对石形的要求是要有敦实的形状。可以适应在山底承重和满足山脚造型的需要，选一些块大而形状高低不一的山石，具有粗犷的形态和简括的皱纹。

中腰层山石在离地面1.5m高度的视线以下者，其单体山石的形状也不做特殊要求，只要能够与其他山石组合造出粗犷的沟槽线条即可。石块体量需要也不大，一般的中小山石相互搭配使用就可以了。

在假山1.5m以上高度的山腰部分，多选用形状有些变异、石面有一定皱折和孔洞的山石，因为这种部位容易引起人的注意，所以对山石形状要求较高。

假山的上部和山顶部分、山洞口的上部，以及其他比较凸出的部位，多选形状变异较大、石面皱纹较美、孔洞较多的山石用来加强山景效果。体量大、形态好的具有独立观赏形态的奇石，可用以"特置"为单峰石，作为园林内的重要石景使用。片块状的山石可考虑用作石榻、石桌、石几及蹬道，也常选来作为悬崖顶、山洞顶等的压顶石使用。

山石因种类不同而形态各异，对石形的要求也不尽相同。人们常说的奇石要具备"透、漏、瘦、皱"的石形特征，主要是对湖石类假山或单峰石形状的要求，因为湖石具有"涡、环、洞、沟"的圆曲变化。如果将这几个字当作选择黄石假山石材的标准，就没有意义了，因为黄石本身就不具有"透、漏、皱"的特征。

4. 山石皱纹的选择

假山表面应当选用石面皱纹、皱折、孔洞较丰富的山石。而假山下部、假山内部的用石多可选用石形规则、石面形状平淡无奇的山石。

作为假山的山石和普通建筑材料的石材，最大的区别就在于是否有可供观赏的天然石面及其皱纹。"石贵有皮"就是说，假山石若具有天然"石皮"，即有天然石面及天然皱纹，就是制作假山的珍贵材料。

叠石造山讲究脉络贯通，而体现脉络的主要因素是皱纹。皱指较深较大块面的皱折，而纹则指细小、窄长的细部凹线。"皱者，纹之浑也。纹者，皱之现也"就是这个意思。山有山皱、石有石皱。山皱的纹理脉络清楚，如国画中的披麻皱、荷叶皱、斧劈皱、折带皱、解索皱等，纹理排列比较顺畅，主纹、次纹、细纹分明，反映出山地流水切割地形的情况。石皱的纹理则既有清楚的，也有混乱不清的，如一些种类山石纹理与乱柴皱、骷髅皱等相似的，就是脉络不清的皱纹。

在假山选石中，要求同一座假山的山石皱纹为同一类型，如采用了折带皱类山石的，则以后所选用的其他山石也要是相同折带皱的；选了斧劈皱的山石，一般就不要再选用非斧劈皱的山石。统一采用一种皱纹的山石组成的假山，在很大程度上减少杂乱感，给人完整和谐的感觉。

5. 石态的选择

在山石的形态中，形是外观的形象，而态却是内在的形象，形与态是事物的两个方面。山石的形状要表现出一定的精神态势，瘦长形状的山石，能够给人有骨力的感觉；矮墩状的山石，给人安稳、坚实的印象；石形、皱纹倾斜的，让人有动感；石形、皱纹平行垂立的，则能够让人感到宁静、平和。为了提高假山造景的内在形象表现，在假山施工选石中特别强调要"观石之形，识石之态"，要透过山石的外观形象看到其内在的精神、气势和神采。

6. 石质的选择

质地的主要因素是山石的密度和强度。作为梁柱式山洞石梁、石柱和山峰下垫脚石的山石，就要有足够的强度和较大的密度。外观形状及皱纹好的山石，有些是风化过度的，在受力方面就很差，有这样石质的山石就不要选用在假山的受力部位。

质地的另一因素是质感。如粗糙、细腻、平滑、多皱等，都要用心来筛选。同样一种山石，其质地往往也良莠不齐。比如同是钟乳石，有的质地细腻、坚硬、洁白晶莹、纯然一色；而有的却质地粗糙、松软、颜色混杂，又如，在黄石中，也有质地粗细的不同和坚硬程度的不同。在假山选石中，要注意石块在质地上的差别，将质地相同或差别不大的山石选用在一处，质地差别大的山石则选用在不同的处所。

7. 山石颜色的选择

叠石造山也要讲究山石颜色的搭配。不同类的山石固然色泽不一，而同一类的山石也有色泽上的差异。原则上是要求将颜色相同或相近的山石尽量选用在一处，以保证假山在整体的颜色效果上协调统一。在假山的凸出部位，可以选用石色稍浅的山石，而在凹陷部位则应选用颜色稍深的山石；同样假山下部的山石，可选颜色稍深的，而假山上部的用石则要选色泽稍浅的。此外山石颜色选择还应与所造假山区域的景观特色相互联系起来。

8. 石料的选购注意事项

石料的选购工作是根据假山造型规划设计的需要而确定的。

假山设计者选购石料，必须熟悉各种石料的产地和石料的特点。在遵循"是石堪堆"的原则基础上，尽量采用工程当地的石料，这样方便运输，减少假山堆叠的费用。假山建造者需要亲自到山石的产地进行选购，依据山石产地石料的各种形态，要先想象拼凑哪些石料可用于假山的何种部位，并要求通盘考虑山石的形状与用量。

石料有新、旧和半新半旧之分。采自山坡的石料，由于暴露于地面，常年风吹雨打，天然风化明显，此石叠石造山，易得古朴美的效果。有的石头一半露出地面，一半埋于地下，为半新半旧之石。而从土中刚扒出来的石料，表面有一层土锈，用此石堆山，需经长期风化剥蚀后，才能达到旧石的效果。

到山地选购的石料有通货石和单块峰石之分。通货石是指不分大小、好坏，混合出售之石。选购通货石无须一味求大、求整，因为石料过大过整，在叠石造山拼叠时将有很多技法用不上，最终反倒使山石造型过于平整而显呆板。过碎过小过碎也不好，拼叠再好也难免有人工痕迹。所以，选购石料可以大小搭配，对于有破损的石料，只要能保证大面没有损坏就可以选用，最好的是尽量选择没有破损的山石料，至少可以多几个面供具体施工时合理选择使用。总之，选择通货石的原则是大体上搭配，形态多变，石质、石色、石纹应力求基本统一。

单块峰石造型以单块成形，单块论价出售。单块峰石四面可观者为极品，三面可赏者为上品，前后两面可看者为中品，一面可观者为末品。峰石的选购是根据假山山体的造型与峰石安置的位置综合考虑的。

（二）山石的采运方式

1. 单块山石

单块山石是指以单体的形式存在于自然界的石头。它因存在的环境和状态不同又有许多类型。对于半埋在土中的山石，有经验的假山师傅只用手或铁器轻击山石，便可从声音中大致判断山石埋的深浅，以便决定取舍，并用适宜掘取的方法采集，这样既可以保持山石的完整又可以不太费工力。如果是现在在绿地置石中用得越来越多的卵石，则直接用人工搬运或用吊车装载。

2. 整体的连山石或黄石、青石

这类山石一般质地较硬，采集起来不容易，在实际工作中最好采取凿掘的方法，把它从整体中分离出来，也可以采取爆破的方法，这种方法不仅可以收到事半功倍的效果，而且可以得到理想的石形。一般凿眼时，上孔直径 5cm，孔深 25cm。可以炸成每块 0.5～1t，有少量更大一些；不可炸得太碎，否则观赏价值降低，不便施工。

3. 湖石、水秀石

湖石、水秀石为质脆或质地松软的石料，在采掘过程中则把需要的部分开槽先分割出来，并尽可能缩小分离的剖面。在运输中应尽量减少大的撞击、震动，以免损伤需要的部分。对于较脆的石料，特别是形态特别的湖石在运输过程中，需要对重点部分，或全部用柔软的材料填塞、衬垫、最后用木箱包装。

三、假山基础材料

（一）桩基材料

1. 木桩基

木桩基在古典园林中多用于临时假山或驳岸，是一种传统的基础做法。做桩材的木质必须坚实、挺直，其弯曲度不得超过 10%，并只能有一个弯。

园林中常用桩材为杉、柏、松、橡、桑、榆等，其中柏木、杉木最好，可选取其中较平直而又耐水湿的作为桩基材料。木桩顶面的直径为 100～150mm，桩长多为 1～2m，桩的排列方式有梅花桩（5 个/m²）、丁字桩和马牙桩。

2. 石灰桩（填充桩）

石灰桩是指将钢钎打入地下一定深度后，将其拔出，再将生石灰或生石灰与砂的混合料填入桩孔，捣实而成的。当生石灰水解熟化时，体积膨大，使土中空隙和含水率减少，起到提高土壤承载力，加固地基的作用。

（二）混凝土基础材料

现代的假山多采用浆砌块石或混凝土基础，当山体高大、土质不好或在水中、岸边堆叠山石时使用。水中假山宜采用 C20 的素混凝土作基础，而陆地上常用 C15 混凝土。配合比为水泥：砂：卵石＝1：2：（4～6）。

（三）灰土基础材料

灰土基础材料多用于北方园林中位于陆地上的假山。它有比较好的凝固条件，凝固后不透水，可以减少土壤冻胀的破坏。这种基础的材料主要是用石灰和素土按 3：7 的比例混合而成的。

（四）浆砌块石基础材料

浆砌块石基础材料采用水泥砂浆或石灰砂浆砌筑块石作为假山基础。可用 1：2.5 或 1：3 水泥砂浆砌一层块石，厚度通常为 300～500mm。水下砌筑所用水泥砂浆的比例应为

1：2。

四、填充和胶结材料的应用

（一）填充材料

填充式结构假山的山体内部填充料主要有泥土、无用的碎砖、石块、石灰、灰块、建筑渣土、废砖石、混凝土等。

（二）山石胶结材料

山石之间的胶结是保证假山牢固和能够维持假山造型状态的重要工序。古代假山和现代假山石胶结所用的结合材料是不同的。

1. 古代的假山胶结材料

在石灰发明之前古代已有假山的堆造，但其假山的构筑可能是以土带石，用泥土堆壅、填筑来固定山石，或可能用刹垫法干砌、用素土泥浆湿砌假山石。

到了宋代以后，假山结合材料就主要以石灰为主了。用石灰作胶结材料时，通常都要在石灰中加入一些辅助材料以提高石灰的胶合性能与硬度，如配制纸筋石灰、明矾石灰、桐油石灰和糯米浆石灰等。纸筋石灰凝固后硬度和韧性都有所提高，造价相对较低。桐油石灰凝固较慢，造价高，但黏结性良好，凝固后很结实，适合小型石山的砌筑。明矾石灰和糯米浆石灰的造价较高，凝固后的硬度很大，黏结牢固，应用广泛。

2. 现代的假山胶结材料

现代假山施工基本上全用水泥砂浆或混合砂浆来胶合山石。水泥砂浆主要用来黏结石材、填充山石缝隙和假山抹缝，又是为了增加水泥砂浆的和易性和对山石缝隙的充满度，可以在其中加进适量的石灰浆，配成混合砂浆，但混合砂浆的凝固速度不如水泥砂浆快，所以在加快叠山进度的时候，一般不使用混合砂浆。

3. 结合缝表面处理材料

（1）对于采用灰白色湖石砌筑的，要用灰白色石灰浆抹缝，保证色泽相近。

（2）对于采用土黄色山石的抹缝，应在水泥砂浆中加柠檬铬黄。

（3）如果是紫色、红色的山石砌筑假山，可以采用铁红把水泥砂浆调制成紫红色浆体再用来抹缝等。

（4）采用灰黑色山石砌筑的假山，可在抹缝的水泥中加入炭黑，调制成相同颜色的浆体再抹缝。

（5）假山用的石材如果是灰色、青灰色山石，抹缝完成后直接用扫帚将缝口表面扫刷干净，水泥缝口的磨光表面不再光滑，接近石灰质地。

第二节　塑山材料

塑山是指在传统灰塑山石和假山的基础上采用混凝土、玻璃钢、有机树脂等现代材料和石灰、砖、水泥等非石材料经人工塑造的山石总称。

塑山包括塑山和塑石两类。园林塑山在岭南园林中出现较早，如岭南四大名园（佛山梁园、顺德清晖园、番禺余荫山房、东莞可园）中都不乏灰塑假山的身影。近几年，经过不断的发展与创新，塑山已作为一种专门的假山工艺，在园林中得到广泛运用。

　　塑山所用的砖、水泥等材料来源广泛，取用方便，可就地解决，无需采石、运石。塑山在造型上不受石材大小和形态限制，可完全按照设计意图进行山石造型，塑山的施工期短，见效快。好的塑山无论是在色彩还是质感上都能取得逼真的石山效果。当然，由于塑山所用的材料毕竟不是自然山石，因而在神韵上还是不及石质假山混凝土硬化后表面有细小的裂纹，表面皱纹的变化不如自然山石丰富以及不如石材使用期长，需要经常维护等。塑山具有如下特点。

　　（1）可以根据人们的意愿塑造出比较理想的艺术形象——雄伟、磅礴富有力感的山石景，特别是能塑造难以采运和堆叠的巨型奇石。

　　（2）塑山造型较能与现代建筑相协调，随地势、建筑塑山。

　　（3）用塑石表现黄蜡石、英石、太湖石等不同石材所具有风格；可以在非产石地区布置山景，可利用价格较低的材料，如砖、砂、水泥等获得较高的山景艺术效果。

　　（4）施工灵活方便，不受地形、地物限制，在重量很大的巨型山石不宜进入的地方，如室内花园、屋顶花园等，仍可塑造出壳体结构的、自重较轻的巨型山石。利用这一特点可掩饰、伪装园林环境中有碍景观的建筑物、构筑物。

　　（5）根据意愿预留位置栽植植物，进行绿化。当然，由于塑山时用的材料毕竟不是自然山石，因而在神韵上还是不及石质假山，同时使用期限较短，需要经常维护。

一、钢筋混凝土塑山材料

（一）钢筋混凝土塑山

1. 基础

　　根据基地土壤的承载能力和山体的质量，经过计算确定其尺寸大小。通常的做法是根据山体底面的轮廓线，每隔 4m 做一根钢筋混凝土桩基，如山体形状变化大，局部柱子加密，并在柱间做墙。

2. 立钢骨架

　　立钢骨架包括浇注钢筋混凝土柱子，焊接钢骨架，捆扎造型钢筋，盖钢板网等。其中造型钢筋架和盖钢板网是塑山效果的关键之一，目的是为造型和挂泥之用。钢筋要根据山形做出自然凹凸的变化。盖钢板网时一定要与造型钢筋贴紧扎牢，不能有浮动现象。

3. 面层批塑

　　先打底，即在钢筋网上抹灰两遍，材料配比为水泥＋黄泥＋麻刀，其中水泥：砂为 1：2，黄泥为总质量的 10%，麻刀适量。水灰比为 1：0.4，以后各层不加黄泥和麻刀。砂浆拌和必须均匀，随用随拌，存放时间不宜超过 1 小时，初凝后的砂浆不能继续使用。

（二）砖石塑山

　　以砖作为塑山的骨架，适用于小型塑山，根据山石形体用砖石材料砌筑。为了节省材料可在砌体内砌出内空的石室，然后用钢筋混凝土板盖顶，留出门洞和通气口。当砌体坯形完全砌筑好后，用 1：2 或 1：2.5 的水泥砂浆，按照自然山石石面进行抹面。这种结构形式的塑石石内有实心的，也有空心的。

　　首先在拟塑山石土体外缘清除杂草和松散的土体，按设计要求修饰土体，沿土体外开沟做基础，其宽度和深度视基地土质和塑山高度而定，接着沿土体向上砌砖，要求与挡土墙相同，但砌砖时应根据山体造型的需要而变化。如表现山岩的断层、节理和岩石表面的凹凸变化等。再在表面抹水泥砂浆，进行面层修饰，最后着色。

二、GRC 塑山材料

GRC 是玻璃纤维强化水泥的缩写，它是将抗碱玻璃纤维加入到低碱水泥砂浆中硬化后产生的高强度的复合物，使用机械化生产制造假山石元件。主要用来制造假山、雕塑、喷泉、瀑布等园林山水艺术景观。用新工艺制造的山石质感和皴纹都很逼真，是目前理想的人造山石材料。

（一）GRC 材料的基本技术性能

1. 物理性能

密度 $1800\sim2100\text{kg/m}^3$。潜变变形小并随时间增加而减小。GRC 对水的渗透性小，为 $0.02\sim0.04\text{mL/(m}^2\cdot\text{min)}$，燃烧不完全，热导率均为 $0.5\sim1.01\text{W/(m}\cdot\text{℃)}$。

2. 力学性能

冲击强度 $15\sim30\text{kgf/cm}^2$（$1\text{kgf/cm}^2\approx9.8\text{N/cm}^2$），压缩强度 $60\sim100\text{kgf/cm}^2$，弯曲破坏强度 $250\sim300\text{kgf/cm}^2$，表面张力 $20\sim30\text{kgf/cm}^2$，抗张力极限强度 $100\sim150\text{kgf/cm}^2$。

（二）GRC 材料的优点

（1）石的造型、皴纹逼真，具备岩石质感。

（2）材料自身质量小，强度高，抗老化能力强，耐水湿，可进行工厂化生产，造价低。

（3）GRC 制作假山造型时可塑性大，能满足某些特殊需要，加工成各种复杂形体，使景观富于变化和表现力。

（4）GRC 在设计手段上采用计算机进行辅助设计，结束了过去假山工程无法定位设计的历史。

（5）材料环保，可取代真石，减少对自然原始资源的开采。

三、FRP 塑山材料

FRP 玻璃纤维强化塑胶的缩写，它是由不饱和聚酯树脂与玻璃纤维结合而成的一种重量轻、质地韧的复合材料。不饱和聚酯树脂由不饱和二元羧酸与一定量的饱和二元羧酸、多元醇缩聚而成。在缩聚反应结束后，趁热加入一定量的乙烯基单体配成黏稠的液体树脂，俗称玻璃钢。该种材料具有刚度好、质轻、耐用、价廉、造型逼真等特点，同时可预制分割，方便运输，特别适用于大型的、易地安装的塑山工程。FRP 首次用于香港海洋公园集古村石窟工程中，取得很好的效果。

四、CFRC 塑山材料

CFRC 是碳纤维增强混凝土的缩写，在所有元素中，碳元素在构成不同结构的能力方面似乎是独一无二的，这使碳纤维具有极高的强度、高阻燃、耐高温、具有非常高的拉伸模量，与金属接触电阻低和良好的电磁屏蔽效应，所以能制成智能材料，在航空、航天、电子、机械、化工、医学器材、体育娱乐用品等工业领域中广泛应用。

CFRC 人工岩是把碳纤维搅拌在水泥中，制成的碳纤维增强混凝土，并用于造景工程。CFRC 人工岩与 GRC 人工岩相比较，其抗盐侵蚀、抗水性、抗光照能力等方面均明显优于 GRC，并具抗高温、抗冻融干湿变化等优点。因其长期强度保持力高，是耐久性优异的水泥基材料，所以适合于河流、港湾等各种自然环境的护岸、护坡。由于其具有的电磁屏蔽功能和可塑性，所以可用于隐蔽工程等，更适用于园林假山造景、彩色路石、浮雕、广告牌等各种景观的再创造。

五、上色材料

石色水泥浆进行面层抹平，抹光修饰成型。按照石色要求刷涂或喷涂非水溶性颜色，也可在砂浆中添加颜料及石粉调配出所需的石色。如要仿造灰黑色的岩石，可以在普通灰色水泥砂浆中加炭黑，以灰黑色的水泥砂浆抹面；要仿造紫色砂岩，就要用氧化铁红将水泥砂浆调制成紫砂色；要仿造黄色砂岩，则应在水泥砂浆中加入柠檬铬黄；而氧化铬绿和钴蓝，则可在仿造青石的水泥砂浆中加进。

石色水泥浆的配制方法主要有以下两种。

（1）采用彩色水泥配制。此法简便易行，但色调过于呆板和生硬，且颜色种类有限，如塑黄石假山时以黄色水泥为主，配以其他色调。

（2）在白水泥中掺加色料。此法可配成各种石色，且色调较为自然逼真，但技术要求较高，操作特别烦琐。

第四章

园林水景工程材料的识别与应用

第一节 驳岸材料、护坡材料及水池材料

一、驳岸材料

园林驳岸是地面与水体的连接处，是建设在陆地与水体交界处的构筑物，它起到了围护水体、保护水体的边缘不被水冲刷或水淹的作用。驳岸是一面临水的挡土墙。其岸壁多为直墙，有明显的墙身。在园林工程中，驳岸除以上作用外还是园林水景的主要组成部分。驳岸的形式与其所处环境、园林景观、绿化配置及水体形式密切相关，泉水、瀑、溪、涧、池、湖等水体都有驳岸，其形体因水体的形式不同而不同，且与周围的景色相协调。

园林水景中的驳岸结构主要是重力式结构，它主要是依靠墙身自重来保证岸壁稳定，抵抗墙背土压力，这种重力式结构的驳岸也称为挡土墙。重力式驳岸按墙身的结构可分为浆砌块石、钢筋混凝土、混凝土等。

园林水景中的驳岸高度按水体的深度而定，一般为 1～2.2m。块石驳岸一般不超过2m。考虑到驳岸的挡土作用，对于超过 2m 的驳岸，都是整体好、强度高的钢筋混凝土驳岸；对于较低的驳岸，一般是采用浆砌块石驳岸。

1. 驳岸种类

园林驳岸是起防护作用的工程构筑物，由基础、墙体、盖顶等组成，修筑时要求坚固和稳定。根据驳岸的造型，可以将驳岸划分为三种，即规则式驳岸、自然式驳岸和混合式驳岸。

(1) 规则式驳岸。规则式驳岸是指用砖、石、混凝土砌筑的比较规整的驳岸。如常见的重力式驳岸、半重力式驳岸和扶壁式驳岸等。园林中用的规则式驳岸以重力式驳岸为主，要求较好的砌筑材料和施工技术。这类驳岸简洁明快、耐冲刷，但缺少变化。

(2) 自然式驳岸。自然式驳岸指外观无固定形状或规格的岸坡处理，如常见的假山石驳岸、卵石驳岸、仿树桩驳岸等。这种驳岸自然亲切，景观效果好。

(3) 混合式驳岸。混合式驳岸结合了规则式驳岸和自然式驳岸的特点，一般用毛石砌墙，自然山石封顶，园林工程中较为常用。

2. 驳岸工程常用材料

驳岸的类型主要有浆砌块石驳岸、桩基驳岸和混合驳岸等。园林中常见的驳岸材料有花岗石、青石、虎皮石、浆砌块石、毛竹、混凝土、碎石、木材、钢筋、碎砖、碎混凝土

块等。

桩基材料有木桩、石桩、灰土桩及混凝土桩、竹桩、板桩等。

（1）木桩。木桩要求耐腐、耐湿、坚固、无虫蛀，如柏木、松木、榆树、橡树、杉木等。桩木的规格由驳岸的要求和地基的土质情况所决定，一般直径为 $10\sim15cm$，长为 $1\sim2m$，弯曲度（直径与长度之比）小于 1%。

（2）灰土桩。灰土桩适用于岸坡水淹频繁而木桩又易被腐蚀的地方。混凝土桩坚固耐久，但投资比木桩大。

（3）竹桩、板桩。竹篱驳岸造价低，取材容易，如毛竹、大头竹、勒竹、撑篙竹等均可被采用。

二、护坡材料

在园林中，自然山地的陡坡、土假山的边坡、园路的边坡和水池岸边的陡坡，有时为顺其自然不做驳岸，而是还用斜坡伸向水中，这就要求能就地取材，采用各种材料做成护坡。护坡主要是防止滑坡，减少水和风浪的冲刷，以保证岸坡的稳定。

（一）传统护坡

为保证边坡及其环境的安全，对边坡需采取一定的支挡、加固与防护措施。常用的支护结构形式有：①重力式挡墙；②扶壁式挡墙；③悬臂式挡墙；④板肋式或格构式锚杆挡墙支护；⑤排桩式锚杆挡墙支护；⑥锚喷支护。这些传统的边坡工程，对边坡的处理主要是强调其强度功效，却往往忽视了其对环境的破坏；生态护坡作为岩土工程与环境工程相结合的产物，它兼顾了防护与环境两方面的功效，是一种很有效的护坡、固坡手段。

（二）生态护坡

生态护坡，是综合工程力学、土壤学、生态学和植物学等学科的基本知识对斜坡或边坡进行支护，形成由植物或工程和植物组成的综合护坡系统的护坡技术。

1. 生态护坡的发展

近年来，随着大规模的工程建设和矿山开采，形成了大量无法恢复植被的岩土边坡。传统的边坡工程加固措施，大多采用砌石挡墙及喷混凝土等护坡结构，仅仅只起到了一个保护水土流失的作用，不管怎么做，就灰白色那么一片，对景观没有什么帮助，更谈不上对生态环境有保护作用，相反的只会破坏生态环境的和谐。随着人们环境意识及经济实力的增强，生态护坡技术逐渐应用到工程建设中。

2. 生态护坡的功能

（1）护坡功能。植被的深根有锚固作用、浅根有加筋作用。

（2）防止水土流失。能降低坡体孔隙水压力、截留降雨、削弱溅蚀、控制土粒流失。

（3）改善环境功能。植被能恢复被破坏的生态环境，降低噪声，减少光污染，保障行车安全，促进有机污染物的降解，净化空气，调节小气候。

3. 生态护坡类型

（1）人工种草护坡。人工种草护坡，是通过人工在边坡坡面简单播撒草种的一种传统边坡植物防护措施。多用于边坡高度不高、坡度较缓且适宜草类生长的土质路堑和路堤边坡防护工程。

① 优点：施工简单、造价低廉等。

② 缺点：由于草籽播撒不均匀，草籽易被雨水冲走，种草成活率低等原因，往往达不到满意的边坡防护效果，而造成坡面冲沟、表土流失等边坡病害，导致大量的边坡病害整治、修复工程，使得该技术近年应用较少。

（2）液压喷播植草护坡。液压喷播植草护坡，是国外近十多年新开发的一项边坡植物防护措施，是将草籽、肥料、黏着剂、纸浆、土壤改良剂上、色素等按一定比例在混合箱内配水搅匀，通过机械加压喷射到边坡坡面而完成植草施工的。

优点：①施工简单、速度快；②施工质量高，草籽喷播均匀发芽快、整齐一致；③防护效果好，正常情况下，喷播一个月后坡面植物覆盖率可达70％以上，2个月后形成防护、绿化功能；④适用性广。目前，国内液压喷播植草护坡在公路、铁路、城市建设等部门边坡防护与绿化工程中使用较多。

缺点：①固土保水能力低，容易形成径流沟和侵蚀；②施工者容易偷工减料做假，形成表面现象；③因品种选择不当和混合材料不够，后期容易造成水土流失或冲沟。

（3）客土植生植物护坡。客土植生植物护坡，是将保水剂、黏合剂、抗蒸腾剂、团粒剂、植物纤维、泥炭土、腐殖土、缓释复合肥等一类材料制成客土，经过专用机械搅拌后吹附到坡面上，形成一定厚度的客土层，然后将选好的种子同木纤维、黏合剂、保水剂、复合肥、缓释营养液经过喷播机搅拌后喷附到坡面客土层中。该法适用于坡度较小的岩基坡面、风化岩及硬质土砂地、道路边坡、矿山、库区以及贫瘠土地。

优点：①可以根据地质和气候条件进行基质和种子配方，从而具有广泛的适应性；②客土与坡面的结合牢固；③土层的透气性和肥力好；④抗旱性较好；⑤机械化程度高，速度快，施工简单，工期短；⑥植被防护效果好，基本不需要养护就可维持植物的正常生长。

缺点：要求边坡稳定、坡面冲刷轻微，边坡坡度大的地方，已经长期浸水地区均不适合。

（4）平铺草皮。平铺草皮护坡，是通过人工在边坡面铺设天然草皮的一种传统边坡植物防护措施。适用于附近草皮来源较易、边坡高度不高且坡度较缓的各种土质及严重风化的岩层和成岩作用差的软岩层边坡防护工程。是设计应用最多的传统坡面植物防护措施之一。

优点：施工简单，工程造价低、成坪时间短、护坡功效快，施工季节限制少。

缺点：由于前期养护管理困难，新铺草皮易受各种自然灾害，往往达不到满意的边坡防护效果，而造成坡面冲沟、表土流失、坍滑等边坡灾害。导致大量的边坡病害整治、修复工程。近年来，由于草皮来源紧张，使得平铺草皮护坡的作用逐渐受到了限制。

（5）生态袋护坡。生态袋护坡，是利用人造土工布料制成生态袋，植物在装有土的生态袋中生长，以此来进行护坡和修复环境的一种护坡技术。

优点：透水、透气、不透土颗粒，有很好的水环境和潮湿环境的适用性，基本不对结构产生渗水压力。施工快捷、方便，材料搬运轻便。

缺点：由于空间环境所限，后期植被生存条件受到限制，整体稳定性较差。

（6）网格生态护坡。网格生态护坡，是由砖、石、混凝土砌块、现浇混凝土等材料形成网格，在网格中栽植植物，形成网格与植物综合护坡系统，既能起到护坡作用，又能恢复生态、保护环境。网格生态护坡将工程护坡结构与植物护坡相结合，护坡效果非常好。其中现浇网格生态护坡是一种新型护坡专利技术，具有护坡能力极强、施工工艺简单、技术合理、经济实用等优点，是新一代生态护坡技术，具有很大的实用价值。

三、水池材料

1. 结构材料

水池的结构主要由基础、防水层、池底、池壁、压顶、管网六部分组成。

（1）基础材料。基础材料由灰土（3：7灰土）和C10素混凝土层组成，是水池的承重部分。

（2）防水层材料。防水层材料可分为沥青类、塑料类、橡胶类、金属类、砂浆、混凝土及有机复合材料等。刚性结构水池和刚柔性结构水池通常在水池基础上做防水夹层，采用柔性不渗水材料。刚性结构水池常采用抹5层防水砂浆的做法来满足防水要求。

（3）池底材料。池底材料多用于现浇钢筋混凝土，厚度大于200mm，如果水池容积大，要配双层钢筋网。大型水池还应考虑设止水带，用柔性防漏材料填塞。

（4）池壁材料。池壁材料通常分砖砌池壁、块石池壁和钢筋混凝土池壁三种，池壁厚依据水池大小而定。砖砌池壁采用标准砖，M7.5水泥砂浆砌筑，厚度不小于240mm。

（5）压顶材料。压顶材料常用现浇钢筋混凝土或预制混凝土块及天然石材，整体性好。

（6）管网材料。喷水池中的管网材料包括供水管、补给水管、泄水管和溢水管等。

2. 预制模材料

预制模是现在国外较为常用的小型水池制造方法，通常用高强度塑料制成。预制模水池的材料有玻璃纤维（聚酯强化的玻璃纤维）、纤维混凝土、热塑性塑料胶、玻璃纤维强化水泥（GRC）等。

（1）玻璃纤维（聚酯强化的玻璃纤维）。玻璃纤维可被浇铸成任意形状，用来建造规则或不规则水池。这种由几层玻璃纤维和聚酯树脂铸成的水池可以有各种不同的颜色，但应注意的是其造价较高。

（2）纤维混凝土。纤维混凝土由有机纤维、水泥，有时候再加少量的石棉混合组成。它比水泥要轻，但比玻璃纤维重。纤维混凝土和玻璃纤维一样可以被浇铸成各种形状，但用这种材料建造的水池的样式并不多。

（3）热塑性塑料胶。热塑性塑料胶外壳是用各种化学原料制成的，如聚氯乙烯、聚丙乙烯。它应用较广，但寿命有限。

（4）玻璃纤维强化水泥（GRC）。GRC为玻璃纤维与水泥的混合物，其更为坚硬。它替代了以前用树脂与玻璃纤维或水泥与天然纤维混合制造的纤维玻璃外壳，是一种应用广泛的新型建材，不仅可用以建自然式水池、流水道、预制瀑布等，而且还可用于人造岩石。浇铸成板石后，可用作制成支撑乙烯基的里衬。

3. 水池表面装饰材料

（1）池底装饰。池底通常采用干铺砂、砾石或卵石，或混凝土池底表面抹灰装饰处理，也可采用釉面砖、陶瓷锦砖等片材贴面处理等。

（2）池壁装饰。池壁装饰常见的是水泥砂浆抹光面处理、剁斧石面处理、水磨石面处理、釉面砖饰面、花岗岩饰面等。

4. 砌衬材料

砌衬材料常见的有聚乙烯（PE）、聚氯乙烯（PVC）、丁基衬料（异丁烯橡胶）、三元乙丙橡胶（EPDM）薄膜等。

（1）聚乙烯（PE）。无臭，无毒，手感似蜡，具有优良的耐低温性能（最低使用温度可达−100～−70℃）。化学稳定性好，能耐大多数酸碱的侵蚀（不耐具有氧化性质的酸）。常温下不溶于一般溶剂，吸水性小，由于其为线型分子，可缓慢溶于某些有机溶剂，但不发生溶胀，电绝缘性能优良。但聚乙烯对于环境应力（化学与机械作用）很敏感，耐热老化性差。

（2）聚氯乙烯（PVC）。PVC 的力学性能、电性能优良，耐酸碱力极强，化学稳定性好，但软化点低，适用于制作薄板、电线电缆绝缘层、密封件等。

（3）丁基衬料（异丁烯橡胶）。丁基衬料是一种人造橡胶，具有极强的弹性和韧性，一般可以用 20 多年。铺衬水池的丁基衬料厚度一般为 0.75mm，通常为黑色，也有彩色铺面的丁基衬料。这种材料的主要优点是在冷水中不变硬，天气再冷也不会失掉弹性。因此用它铺衬水池可以避免用 PE 或 PVC 时会出现皱褶的缺点。

（4）三元乙丙橡胶（EPDM）。EPDM 是乙烯、丙烯以及非共轭二烯烃的三元共聚物。EPDM 最主要的特性就是其优越的耐氧化、抗臭氧和抗侵蚀的能力。由于三元乙丙橡胶属于聚烯烃家族，所以它具有极好的硫化特性。在所有橡胶当中，EPDM 具有最低的相对密度，它能吸收大量的填料和油而对特性影响不大。

5. 阀门井材料

给水管道上有时要设置给水阀门井，根据给水需要可随时开启或关闭，操作灵活。给水阀门井内设置安装截止阀，起控制作用。

（1）给水阀门井。给水阀门井为砖砌圆形结构，由井盖、井深和井底构成。井口直径为 600mm 或 700mm，井盖采用成品铸铁。井底常采用 C10 混凝土垫层，井底内径不小于 1.2m，井深采用 MU10 红钻和 M5 水泥砂浆砌筑，井深不小于 1.8m，井壁应逐渐向上收拢，一侧保持直壁便于设置爬梯。

（2）排水阀门井。排水阀门井专用于泄水管和溢水管的交接，通过排水阀门井排进下水管网。泄水管道要安装闸阀，溢水管接连阀后，排水顺畅。

第二节　喷泉与落水材料

一、喷泉材料

喷泉是一种将水或其他液体经过一定压力通过喷头喷洒出来具有特定形状的组合体，提供水压的一般为水泵。喷泉景观概括来说可以分为两大类：一是因地制宜，根据现场地形结构，仿照天然水景制作而成，如壁泉、涌泉、雾泉、管流、溪流、瀑布、水帘、跌水、水涛、漩涡等。二是完全依靠喷泉设备人工造景。这类水景近年来在建筑领域广泛应用，发展速度很快，种类繁多，有音乐喷泉、程控喷泉、摆动喷泉、跑动喷泉、光亮喷泉、游乐喷泉、超高喷泉、激光水幕电影等。下面主要介绍喷泉喷头、调节及控制设备、管材与净化装置、喷泉管网及电磁阀。

（一）喷泉喷头

1. 音乐喷泉

音乐喷泉是利用播放或现场演奏音乐信号控制喷泉和灯光的喷泉，是由电脑和音乐喷泉控制系统控制声、光及喷嘴喷出水形，组合而产生不同形状、不同色彩、配合音乐节奏而构成的综合水景。

2. 程控喷泉

程控喷泉是按照预先编辑的程序变换喷水造型和灯光色彩强弱变化的喷泉。程序通常可以随时修改，也可储存多种程序，随意调用。程控喷泉的优点在于喷泉造价适中，程序变化繁多。

3. 趣味喷泉

趣味喷泉是可供人参与其中游乐、休憩的喷泉，也可以称作游乐喷泉或戏水喷泉等，形式多种多样，娱乐性和参与性极强。

4. 水幕电影

水幕电影是通过高压水泵和特制水幕发生器，将水自上而下，高速喷出，雾化后形成扇形"银幕"，由专用放映机将特制的录影带投射在"银幕"上而成的。

5. 玻光泉／跳泉

玻光泉喷头可以喷出没有振动的清澈水柱，弧形波光水线穿池而出，单而高，小而亮，不溅不散，光洁无瑕，好似一根晶莹剔透的玻璃柱，内置低压、高强度光源，水体透亮，光随水动，异彩纷呈。

玻光泉没有抗风力，设计时需注意使用环境，并且水质须达到游泳池用水标准，以保证玻光泉能保持良好的层流效果、灯光效果，因此必须提供洁净的水源或设置配套水处理设备。

6. 跑泉

跑泉应设置多个喷头，按时序控制喷水，构成各种形态喷水瞬间变化的喷泉，可形成跑动形态，又可构成各种跳动、波动等形态，还可构成固定造型的喷水形态。跑泉着重考虑了水形的静动结合，它是喷泉造型中的一种新型产物，是结合当今世界先进技术与水景艺术融合的一种高科技产品。

7. 超高喷泉

超高喷泉通常指喷水高度在百米以上的喷泉，也称为百米喷泉，水柱从湖面一跃而起，迅速升至百米高处，从远处望去，犹如一条从湖中喷薄而出的巨龙。

8. 旱喷

旱喷又称旱喷泉，喷头置于地下，表面饰以光滑美丽的石材和排水箅子，可铺设成各种图案和造型。喷水时，水花从地下喷涌而出，在彩灯照射和平滑如镜的地面映射下，飞舞的水花如同空中跳跃的精灵般娇艳可爱，停喷后，不阻碍交通，可照常行人，非常适合于广场、大厦、街景小区等。

喷泉中常用的喷泉组合喷头元素有单射程喷头、旋转型喷头、扇形喷头、多孔喷头、半球状喷头及吸气喷头等。

（二）调节及控制设备

1. 水泵

喷水景观工程中从水源到喷头射流过程中水的输送由水泵来完成（除小型喷泉外），因此水泵是喷水工程给水系统的重要组成部分。

喷水景观工程系统中使用较多的是卧式或立式离心泵和潜水泵。小型的移动式喷水的供水系统可用管道泵、微型泵等。

（1）离心泵。离心泵可分为单级离心泵和多级离心泵。其特点是结构简单、体积小、效率高、运转平稳、送水高程可达百米等，在喷水工程供水系统中广泛应用。离心泵是通过利用叶片轮高速旋转时所产生的离心力作用，将轮中心水甩出而形成真空，使水在大气作用下自动进入水泵，并将水压向出水管。离心泵在使用时要先向泵体及吸水管内灌满水，排除空气，然后才可开泵抽水，在使用时也要防止漏气和堵塞。

（2）潜水泵。潜水泵由三部分组成，即水泵、密封体、电动机等。潜水泵分为立式和卧式两种。潜水泵的泵体和电动机在工作时都浸入水中，水泵叶轮可制成离心式或螺旋式，这种水泵的电动机必须有良好的密封防水装置。潜水泵的特点是体积小、质量轻、移动方便、安装简便等。开泵时不需灌水，成本低廉，节省大量管材，不装底阀和单向阀，也不需另设泵房，效率高，机泵合一，既减少了机械损失，又减少了水力损失，提高了水泵效率。卧式潜水泵是最理想的，因为它可使水池所需水深度降至最小值，节省成本。

（3）管道泵。管道泵可以用于移动式喷泉或小型喷泉，将泵体与循环水的管道直接相连。另外，还可以用自来水管路加压，以提高喷水的扬程。管道泵的特点是结构简单、质量轻、安装维修方便等。泵的入口和出口在一条直线上，能直接安装在管道之中，占地面积小，不需要安装基础。

2. 控制设备

（1）手阀控制。手阀是最常见和最简单的控制方式，在喷泉的供水管上安装手控调节阀，用来调节各管段中水的压力和流量，形成固定的喷水姿。

（2）时间继电器控制。通常利用时间继电器根据设计的时间程序控制水泵、电磁阀、彩色灯等的启闭，从而实现可以自动变换的喷水姿。

（3）音响控制。声控喷泉是用声音来控制喷泉喷水形变化的一种自控泉。声控喷泉通常由以下几部分组成：

① 声-电转换、放大装置，一般是由电子线路或数字电路、计算机等组成。

② 动力，即水泵。

③ 其他设备，主要有管路、过滤器、喷头等。

3. 控制附件

控制附件用来调节水量、水压、关断水流或改变水流方向。在喷水景观工程管路中常用的控制附件主要有闸阀、截止阀、单向阀、电磁阀、电动阀、气动阀等。

（1）闸阀。闸阀用来隔断水流，控制水流道路的启、闭。

（2）截止阀。截止阀起调节和隔断管中的水流的作用。

（3）单向阀。单向阀用来限制水流方向，以防止水的倒流。

（4）电磁阀。电磁阀由电信号来控制管道通断的阀门，作为喷水工程的自控装置。此外，还可以选择电动阀、气动阀来控制管路的开闭。

（三）管材与净化装置

对于室外喷水景观工程，我国常用的管材是镀锌钢管（白铁管）和非镀锌钢管（黑铁管）。通常埋地管道管径在 70mm 以上时用铸铁管。对于屋内工程和小型移动式水景，可采用塑料管（硬聚氯乙烯）。在采用非镀锌钢管时，一定要做防腐处理，防腐的方法，最简单的为刷油法，即先将管道表面除锈，刷防锈漆两遍（如红丹漆等），再刷银粉。

在喷泉的过滤系统中，通常在水泵底阀外设网式过滤器，并且在水泵进水口前装除污器。当水中混有泥砂时，用网式过滤器容易淤塞，此时采用砾料层式过滤器较为合适。

（四）喷泉管网及电磁阀

1. 喷泉管网

喷泉管网通常不采用不锈钢材质，美观耐用。形态不受限制，具有极大的适应性。按照现场条件和投资预算，也可以采用镀锌钢管、PVC-U管等。

2. 水下电磁阀

水下电磁阀是专供音乐喷泉及跑泉使用的专业开关元件，它采用膜片结构，具有启闭迅速、性能稳定、安装方便、可靠性高的特点。良好的防水性能和特有的滤网功能，使电磁阀在略浑浊的水池中动作自如。

二、落水材料

落水是指利用自然水或人工水聚集一处，使水流从高处跌落而形成垂直水带景观。在城市景观设计中，落水通常以人工模仿自然瀑布来营造。根据落水的形式与状态，可分为瀑布、跌水、滚水坝、溢流、管流等多种形式。

（一）瀑布

瀑布可分为天然瀑布和人工瀑布。天然瀑布是由于河床突然陡降形成落水高差，水经陡坎跌落如布帛悬挂在空中，形成千姿百态的水景景观。人工瀑布是以天然瀑布为蓝本，通过工程手段而营造的水景景观。

1. 人工瀑布材料

（1）水源。现代庭院中多用水泵（离心泵和潜水泵）加压供水，或直接采用自来水做水源。瀑布用水要求较高的水质，通常都应配置过滤设备。

（2）落水口（堰口）

① 自然式瀑布落水口。可以用一块光滑的石板或混凝土板做落水口。落水口应与山石融为一体，天然而不造作。以树木及岩石加以隐蔽或装饰，使之在流瀑时美观，停流时也自然不突兀。

② 规则式落水口。最好在落水口的抹灰面上包覆不锈钢板、杜邦板、铝合金板、复合钢板等新型材料，并在板的接缝处仔细打平、上胶至光滑无纹，使落水口呈现出一种现代、平整、新颖的造型感。

（3）瀑布面。瀑布面应以石材装饰其表面，内壁面可用1∶3∶5的混凝土，高度及宽度较大时，则应加钢筋。瀑身墙体通常不宜采用白色材料作饰面，如白色花岗岩。利用料石或花砖铺砌墙体时，必须密封勾缝，避免墙体起霜。

（4）瀑道和承水潭。瀑道和承水潭可进行必要的点缀，如装饰卵石、水草，铺上净砂、散石，必要时安装上灯光系统。

（5）预制瀑布。在国外，可以自己动手安装风格自然的预制瀑布。预制瀑布造景成品数量多，选择面广，有些生产商还可以专门为业主设计制造。预制瀑布造景的材料主要有玻璃纤维、水泥、塑料和人造石材等。

① 玻璃纤维预制模。最为普通，质地轻且强度高，而且表面可以上色以模仿自然岩石，还可以粘上一层砂砾或石子进行遮饰。

② 塑料预制件。塑料预制件有许多规格可供选择，质地轻，容易安装，造价便宜。但其光滑的表面和单一的颜色很难进行遮饰，水下部分会很快覆盖上一层自然的暗绿色水苔，与露出水面的部分形成不自然的反差。如果塑料的颜色与周围石头的颜色不协调的话，可以在其表面铺上色泽自然的石头，或再粘涂一层颜色合适的砂砾。如果做得恰到好处可一举两得。因为这一层保护可以减轻阳光对预制模直接照射所造成的损害，从而使它的寿命大大延长。

③ 水泥和人造石材。其预制模瀑布造景相对玻璃纤维和塑料材料等会重些，但强度好，结实耐用。由于自重的影响，能选的规格较为有限。人造石材预制模瀑布色泽自然，容易与周围环境协调统一。不过这些预制模材料的表面布有一些气孔，容易附着水中的沉淀物，如果出现这种情况，可以用处理石灰石的酸性溶液清除。

2. 柔性衬砌瀑布

有衬里的瀑布群在水池规格的大小以及瀑布的落差上有很大的选择自由，可以适用于所有风格的水池，包括非常正统、形状规则的水景。柔性衬砌的作用相当于防水衬垫。瀑布大部分的衬里上还要铺上一层装饰物，使衬里不会由于阳光直射而过早老化。可以选用较为经济的塑料材料，如果采用质量较好的橡胶衬里则更为理想，可以与复杂的瀑布和溪流造型相协调。若计划把岩石铺在衬里上，在衬里上还要再铺上一层保护层，要避免岩石划破衬里，但绝不能用纤维类材料，防止虹吸作用使水渗入周围的土壤里。

（二）跌水

跌水的外形就像一道楼梯。其构筑的方法和瀑布基本一样，只是它所使用的落水材料更加规则，如砖块、混凝土、厚石板、条形石板或铺路石板，目的是为了取得设计中所严格要求的几何形结构。

（三）溢（泻）流材料

1. 溢流

溢流是指池水满盈而外流。材料既有大理石等石制材料，也有铸铁等金属材料。

2. 泄流

在园林水景中，泄流是指那种断断续续、细细小小的流水，材料与溢流相同。

（四）管流材料

管流是指水从管状物中流出。日式水景中的管流主要有两类，即蹲踞与惊鹿，两者对东方园林水景影响较大，并已成为一种较为普遍的庭院装饰水景。

1. 蹲踞

蹲踞通常由一个中空的石钵和竹筒所制的水管组成，高度通常为 200～300mm。其中的石钵一般都是天然石材凿空而成的。可以有不同的风格或材质，但大多以圆形为主。

2. 惊鹿

惊鹿也是一种使用竹筒作水管的水景。惊鹿需要一个隐藏的水池和鹅卵石表面，最关键的一点是，带活动转轴的接水竹筒安装的位置，要正好使水可以流入隐藏的水池或流到水池上面的鹅卵石上。

第五章

园林给排水工程与喷灌工程
材料的识别与应用

第一节　园林给排水工程材料

一、园林给排水材料

（一）给水管材

园林给水工程中，主要是利用给水管道，从现有的市政给水管网或附近河流中将水输送到水景点喷头或绿地喷头，供植物生长所需。由于园林工程中的用水量相对较少。因此给水管道大多是用水末端的小管径管道。园林给水管道主要埋设在公园或道路植被土壤的下面，管径范围通常为 $DN15\sim150mm$，埋深一般为 $500\sim700mm$。工程建成后，外界压力较小、破坏较少，但是管道接头较多、分布较密，且管道走向随意性较大、管道水头损失较大，部分管道可能通过树木的树穴，管道一旦渗漏，查找难度大。园林给水管道中可适用的管材主要有 PVC-U 给水管、PP-R 管、FIDPE 管、钢塑复合管（SP）、铸铁管和镀锌钢管等。

（1）PVC-U 给水管。PVC-U 给水管具有以下特点：

① 产品材质较轻。搬运、装卸和施工便利，可节省人工。

② 耐化学腐蚀。具有优异的耐酸、耐碱和耐腐蚀性，适用于化学工业。

③ 流体阻力小。PVC-U 管的壁面光滑，对流体的阻力较小，其粗糙系数仅为 0.009，较其他管材低。在相同的流量下管径可予缩小。

④ 力学性能好。PVC-U 管的耐水压强度、耐外压强度和耐冲击强度良好，适用于各种条件的配管工程。

⑤ 电气绝缘性能良好。PVC-U 管具有优越的电气绝缘性，适用于电线和电缆的导管。以及建筑中的电线配管。

⑥ 不影响水质。PVC-U 管经溶解试验证实不影响水质，为目前自来水配管的最佳管材。

⑦ 施工简易。PVC-U 管的结合施工迅速、方便，所以施工工程费低廉。

（2）PP-R 管。PP-R 管又称为三型聚丙烯管、无规共聚聚丙烯管或 PPR 管，采用无规共聚聚丙烯经挤出成为管材，注塑成为管件。具有节能节材、环保、轻质高强、耐腐蚀、内壁光滑不结垢、施工和维修简便、使用寿命长等优点，广泛应用于建筑给排水、城乡给排水、城市燃气、电力和光缆护套、工业流体输送、农业灌溉等建筑业、市政、工业和农业领域。

（3）钢塑复合管（SP）。钢塑复合管是一种被称为第四代新型绿色环保材料的高科技产品，采用高新的科学技术，现代化的工艺流程，将复合塑料复合在钢管内壁和表面，既有钢管的高强度、高抗冲击性能的特点，又具有复合塑料材料耐腐蚀、无毒、无味、不结垢等优点；并且施工操作简单方便，是综合性能十分优良的复合管材。

（4）铸铁管。铸铁管分为灰铸铁管和球墨铸铁管。灰铸铁管具有经久耐用、耐腐蚀性强、使用寿命长的优点；但质地较脆，不耐震动和弯折，质量大。灰铸铁管是以往使用最广的管材，主要用于管径范围 $DN80\sim1000mm$ 的地方，但使用中易发生爆管，不适应城市的发展，已逐步被球墨铸铁管代替。球墨铸铁管在抗压和抗震性能上有所提高。

（5）钢管。钢管有两种，即焊接钢管和无缝钢管。焊接钢管又分为镀锌钢管（白铁管）和非镀锌钢管（黑铁管）。钢管有较好的力学性能，耐高压、震动，质量较轻，单管长度长，接口方便，有较强的适应性，但耐腐蚀性差，防腐造价高。镀锌钢管就是防腐处理后的钢管，使用寿命长，是主要的室内给水管材。

（6）钢筋混凝土管。钢筋混凝土管防腐能力强，不需任何防腐处理，有较好的抗渗性和耐久性；但水管质量大，质脆，装卸和搬运不便。其中，自应力钢筋混凝土管会后期膨胀，可使管疏松，故不用于主要管道。预应力钢筋混凝土管能承受一定压力，在我国国内的大口径输水管中应用较广，但是由于接口问题，易爆管、漏水。为克服这个缺陷，目前采用预应力钢筒混凝土管（PCCP管），它是利用钢筒和预应力钢筋混凝土管复合而成的，具有抗震性好、使用寿命长、不易腐蚀、渗漏等特点，是较理想的大水量输水管材。

（二）排水管材

1. 排水管渠材料的要求

为保证正常的排水功能，排水管渠的材料必须满足下列几点要求：

① 具有足够的强度，承受外部的荷载和内部的水压。

② 必须不渗水，防止污水渗出或地下水渗入而污染或腐蚀其他管道、建筑物基础。

③ 具有抵抗污水中杂质的冲刷和磨损的作用，还应有抗腐蚀的性能。

④ 内壁要整齐光滑，使水流阻力尽量减小。

⑤ 尽量就地取材，减少成本及运输费用。

2. 排水管渠材料种类

常用管道多是圆形管，大多数为非金属管材，具有抗腐蚀的性能，且价格便宜。

（1）混凝土管和钢筋混凝土管。混凝土管和钢筋混凝土管适用于排除雨水、污水，可在现场浇制，也可在专门的工厂预制。可以分为混凝土管、轻型钢筋混凝土管、重型钢筋混凝土管3种。混凝土管的管径一般小于450mm，长度多为1m，适用于管径较小的无压管。管口通常有承插式、企口式、平口式。当管道埋深较大或敷设在土质条件不良的地段或当管径大于400mm时，为抗外压，通常都采用钢筋混凝土管。钢筋混凝土管制作方便、价低、应用广泛，但抵抗酸碱侵蚀及抗渗性差、管节短、节口多、搬运不便。

（2）塑料管。塑料管内壁光滑，抗腐蚀性能好，水流阻力小，节长且接头少，抗压力不高。很多应用在建筑排水系统中，多用于室外小管径排水管，主要有PVC波纹管、PE波纹管等。

（3）金属管。常用的铸铁管和钢管强度高，抗渗性好，内壁光滑，水冲无噪声、防火性能好、抗压抗振性能强，节长且接头少，易于安装与维修，但价格较贵，耐酸碱腐蚀性差，常用在压力管上。

（4）陶土管。陶土管是用低质黏土及瘠性料经成型、烧成的多孔性陶器，可以排输污水、废水、雨水、灌溉用水或排输酸性、碱性废水等其他腐蚀性介质。其内壁光滑，水阻力小，不透水性能好，抗腐蚀，但易碎，抗弯、抗拉强度低，节短，施工不方便，不宜用在松土和埋深较大之处。

3. 排水管渠系统附属构筑物

（1）检查井。检查井用来对管道进行检查和清理，同时也起连接管段的作用。检查井常设在管渠转弯、交汇、管渠尺寸变化和坡度改变处，在直线管段相隔一定距离也需设检查井。相邻检查井之间管渠应成一直线。直线管道上检查井最大间距见表 5-1。检查井分不下人的浅井和需下人的深井，常用井口为 600～700mm。

表 5-1　直线管道上检查井最大间距

管线或暗渠净高/mm	最大间距/m	
	污水管道	雨水流的渠道
200～400	30	40
500～700	50	60
800～1000	70	80
1100～1500	90	100
1500～2000	100	120

（2）跌水井。跌水井是设有消能设施的检查井。当遇到下列情况且跌差大于 1m 时需设跌水井：

① 管道流速过大，需加以调节处，管道垂直于陡峭地形的等高线布置，按原坡度将露出地面处。

② 接入较低的管道处。

③ 管道遇上地下障碍物，必须跌落通过处。

常见跌水井有竖管式、阶梯式、溢流堰式等。

（3）雨水口。雨水口是雨水管渠上收集雨水的构筑物。地表径流通过雨水口和连接管道流入检查井或排水管渠。雨水口由进水管、井筒、连接管组成，雨水口按进水比在街道上设置位置可分为边沟雨水口、侧石雨水口、联合式雨水口等。雨水口常设在道路边沟、汇水点和截水点上。雨水口的间距一般为 25～60m。

（4）出水口。出水口的位置和形式，应根据水位、水流方向、驳岸形式等设定，雨水管出水口最好不要淹没在水中，管底标高在水体常水位以上，以免水体倒灌。出水口与水体岸边连接处，一般做成护坡或挡土墙，以保护河岸及固定出水管渠与出水口。园林的雨水口、检查井、出水口，在满足构筑物本身的功能以外，其外观应作为园景来考虑，可以运用各种艺术造型及工程处理手法来加以美化，使之成为一景。

（三）管网附属设施

1. 管件

给水管的管件种类很多，不同的管材有些差异，但分类差不多，有接头、弯头、三通、四通以及管堵、活性接头等等。每类又有很多种，如接头分内接头、外接头、内外接头、同径或异径接头等。钢管部分管件见图 5-1。

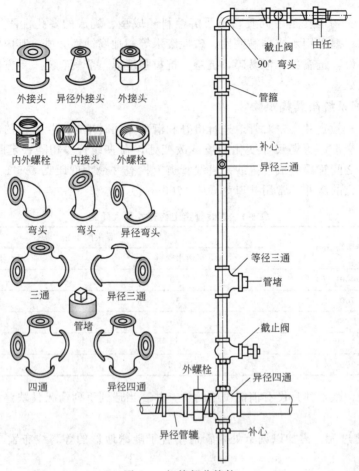

外接头　异径外接头　外接头

内外螺栓　内接头　外螺栓

弯头　弯头　异径弯头

三通　异径三通

管堵

四通　异径四通

截止阀　由任

90° 弯头

管箍

补心

异径三通

等径三通

管堵

截止阀

外螺栓

异径四通

异径管辖　补心

图 5-1　钢管部分管件

2. 地下龙头

地下龙头一般用于绿地浇灌，它由阀门、弯头及直管等组成，通常用 $DN20mm$ 或 $DN25mm$。一般把部件放在井中，埋深 300～500mm，周边用砖砌成井，大小根据管件多少而定，一般内径（或边长）300mm 左右。地下龙头的服务半径为 50m 左右，在井旁应设出水口，以免附近积水。

3. 阀门井

阀门用来调节管线中的流量和水压。主管和支管交接处的阀门常设在支管上。一般把阀门放在阀门井内，其平面尺寸由水管直径及附件种类和数量决定，一般阀门井内径 1000～2800mm（管径 $DN75～1000mm$ 时），井口 $DN600～800mm$，井深由水管埋深决定。

4. 排气阀井和排水阀井

排气阀装在管线的高起部位，用以排出管内空气。排水阀设在管线最低处，用以排除管道中沉淀物和检修时放空存水。两种阀门都放在阀门井内，井的内径为 1200～2400mm，井深由管道埋深确定。

5. 消火栓

消火栓分地上式和地下式，地上式易于寻找，使用方便，但易被碰坏。地下式适于气温较低地区，一般安装在阀门井内。在城市，室外消火栓间距在120m以内，公园和风景区根据建筑情况确定。消火栓距建筑物应在5m以上，距离车行道应不大于2m，以便于消防车的连接。

二、给排水管的选择

给水管材和排水管材很多，究竟选何种材料，要综合分析、比较确定。

1. 室外给水管材

（1）钢筋混凝土管。这类管材耐腐蚀、强度高，但施工、安装不便。

（2）灰铸铁管。这类管材的耐腐蚀性能较好，但比较脆，承压能力不高。

（3）钢管。有螺旋缝钢管和无缝钢管两种，这类管材承压能力较高，管材的力学性能较好，也好连接、施工，但耐腐蚀性能差。

（4）球墨铸铁给水管。管材的强度、刚度都很好，管材的耐腐蚀性能好，管子的施工、安装难度也不大，只是价格较高。

（5）硬聚氯乙烯（PVC-U）给水管。管材轻便，好施工，节约能源，耐腐蚀性能好，管材的力学性能与钢管、球墨铸铁管相比差，管材的抗剪切、抗拉性能差。

（6）聚乙烯（PE）管。一种新型环保建材，管材的抗拉、抗剪切性能、耐腐蚀性能都很好。但此管不耐高压。PE100给水管的最大工作压力为1.6MPa。这是目前国家大力提倡和推广使用的管材。这种管材有致命缺点：阻燃性差（保管存放要严加防火）、易老化（此管严禁明敷设）。

2. 室外排水管材

（1）混凝土管。这是已经被使用了几十的管材。实践证明，在城镇，这种管材缺点较多：

① 管材的密封性能不好，接口易渗水，造成污水外漏，造成污染。

② 管材的抗剪切性能差，城市人多车多，排水管道设在道路两侧，用不了几年管子就破裂了，特别是在埋深小于1.0m的城市主干道的两侧，这种现象很普遍。

（2）硬聚氯乙烯（PVC-U）双壁波纹管。这是20世纪90年代才开始使用的管材，管材的防腐性能、接口的密封性性能都不错，施工简便，造价较低，这种管材的力学性能不太好、抗压性能一般，用作排水管材只能用在支管路、少车辆的地方。

（3）聚乙烯（PE）双壁波纹管。这是近几年投入使用的新型管材。具有密封性能好、抗压性能较好、耐腐蚀性能好等多种优点，也是目前重点推广使用的管材。

（4）埋地排污用硬聚氯乙烯（PVC-U）管。是专门用作埋地排污用的管材。综合性能仅次于聚乙烯双壁波纹管。

3. 建筑内给水管道

（1）生活饮用水管。生活饮用水管材有硬聚氯乙烯（PVC-U）给水管、给水聚乙烯（PE）管、无规共聚聚丙烯（PP-R）管、交联聚乙烯（PE-X）管、给水薄壁铜管、给水薄壁不锈钢管、钢塑（衬塑、涂塑）复合管等，这些管材各有优缺点，但综合性能比较好的是PE给水管（但此管必须安装，因为该管明敷设很容易老化）、PP-R给水管和薄壁铜管。

（2）生产、消防给水管道。如压力不高（$p \leqslant 1.0\text{MPa}$），可采用镀锌钢管，如压力较高（$p > 1.0\text{MPa}$），可采用无法钢管。

（3）生活热水管。可采用耐热聚乙烯管、耐热 PP-R 管、薄壁铜管和薄壁不锈钢管。

4. 建筑内排水管道

经过几十年的实践证明，硬聚氯乙烯（PVC-U）排水管和柔性接口排水铸铁管是比较受欢迎的建筑内排水管材。

第二节 喷灌工程材料

一、喷头

（一）喷头的分类

1. 按非工作状态分类

（1）外露式喷头。外露式喷头是指非工作状态下暴露在地面以上的喷头。这类喷头的材质一般为工程塑料、铝锌合金、锌铜合金或全铜，喷洒方式有单向出水和双向出水两种。早期的绿地喷灌系统多采用这类喷头，其原因是其构造简单、使用方便、价格便宜。这类喷头对喷灌系统的供水压力要求不高，这也给实际应用带来一定的方便。

外露式喷头在非工作状态下暴露在地面以上，不便于绿地的养护和管理，且有碍园林景观；这种喷头的使用在体育运动场草坪场地，更是受到限制。另外，这类喷头的射程、射角及覆盖角度不便于调节，很难实现专业化喷灌。

外露式喷头一般用在资金不足或喷灌技术要求不高的场合。

（2）地埋式喷头。地埋式喷头是指非工作状态下埋藏在地面以下的喷头。工作时，这类喷头的轴芯（简称"喷芯"）部分在水压的作用下伸出地面，然后按照一定的方式喷洒。关闭水源，水压消失后，喷芯在弹簧的作用下缩回地面。地埋式喷头的结构复杂、工作压力较高，对喷灌系统规划设计和绿地管理水平要求较高。

地埋式喷头的最大优点是不影响园林景观效果，不妨碍人们的活动，便于绿地养护管理。这类喷头的射程、射角和覆盖角度等喷洒性能易于调节，雾化效果好，适合于不规则区域的喷灌，能够更好地满足园林绿地和运动场地草坪的专业化喷灌要求。

2. 按射程分类

（1）近射程喷头。近射程喷头是指射程小于 8m 的喷头。固定式喷头大多属于近射程喷头，其工作压力低，只要设计合理，市政管网压力即能满足其工作要求。近射程喷头适用于市政、庭院等小规模绿地的喷灌。

（2）中射程喷头。中射程喷头是指射程为 8～20m 的喷头。这类喷头适合于较大面积园林绿地的喷灌。

（3）远射程喷头。远射程喷头是指射程大于 20m 的喷头。这类喷头的工作压力较高，一般需要配置加压设备，以保证正常的工作压力和雾化效果。远射程喷头多用于大面积观赏绿地和运动场草坪的喷灌。

3. 按工作状态分类

（1）固定式喷头。固定式喷头是指工作时喷芯处于静止状态的喷头，也称为散射式喷头，工作时有压水流从预设的线状孔口喷出，同时覆盖整个喷洒区域。

固定式喷头的结构简单、工作可靠、使用方便；另外，其具有工作压力低、喷洒半径小和雾化程度高等特点，它是庭院和小规模绿化喷灌系统的首选产品。这类喷头在喷洒时还能产生美妙的景观效果，给园林喷灌系统增添了新的功能。

（2）旋转式喷头。旋转式喷头是指工作时边喷洒边旋转的喷头。这类喷头在喷洒时，水流从一个或两个方向成 180°夹角的孔口喷出，由于紊动混合重力作用，水流在空中分裂成细小的水滴洒落在绿地上。旋转式喷头一般汇集多项专利技术，具有较高的技术含量。这类喷头对工作压力的要求较高、喷洒半径较大。采用旋转式喷头的喷灌系统有时需要配置加压设备。这类喷头的射程、射角和覆盖角度在多数情况下可以调节，是大面积园林绿地和运动场地草坪喷灌的理想产品。

（二）喷头的构造

喷头一般由喷体、喷芯、喷嘴、弹簧、滤网和止溢阀等部分组成，旋转式喷头还多了传动装置。

1. 喷体

喷体是喷头的外壳部分，它是支撑喷头的部件结构。喷体一般由工程塑料制成，底部有标准内螺纹，用于和管道连接。螺纹规格与喷头的射程有关，常见的有 20mm、25mm 和 40mm 等。喷体总高度随喷芯的伸缩高度改变，当喷体总高度较大时，喷体自带侧向进口，这样既便于施工，又能满足冬季泄水的安装要求。侧向进口的内螺纹规格通常与底部相同。

2. 喷芯

喷芯是喷头的伸缩部分，为喷嘴、滤网、止溢阀、弹簧和传动装置（在旋转喷头的场合）提供结构支撑。水流从喷芯内部经过，自下而上流向喷嘴。喷芯的材质一般为工程塑料或不锈钢。喷芯的伸缩高度通常为 5cm、10cm、15cm 和 30cm，可根据植物的种植高度合理选择。

3. 喷嘴

喷嘴是喷头的重要部件之一，是水流完成压力流动进入大气的最后部分。在一定工作压力下，喷嘴的形状和内径决定喷头的水量分布及雾化效果。

（1）固定式喷头。固定式喷头多为线状喷嘴，喷嘴与喷芯以螺纹相连接，便于施工人员根据设计要求现场调换；只有个别情况喷嘴与喷芯是连为一体的，不可调换，设计选型和材料准备时要加以注意。

固定式喷头的喷洒覆盖区域一般呈扇形或矩形。呈扇形时，可使用专用工具从喷头顶部调节扇形的角度。扇形角度的调节方式有单区调节方式和多区调节方式两种。单区调节喷嘴的覆盖区域在 0°～360°范围内连续变化，当圆心角为 0°时，喷嘴完全关闭；当圆心角为 360°时，喷洒覆盖区域呈圆形，称为全圆喷洒。多区调节喷嘴将全圆分成几个区域，每个区域的喷洒范围可根据需要单独调节。工作时它的喷洒水形主要取决于绿地形状，可以是连续的，也可以是间断的。多区调节喷嘴能够更好地满足不规则地形的喷灌要求，有利于降低工程造价。固定式喷嘴顶部的螺钉通常具有调节射程的作用，一般可将正常射程缩短 25% 左右。

为了便于使用，喷头的生产厂家通常为一个型号的喷头提供几个不同规格的喷嘴与其配套，以满足不同射程的要求。每种喷嘴由不同颜色区别，便于调用。

（2）旋转式喷头。旋转式喷头一般采用单孔或多孔的置换喷嘴。置换式喷嘴是一组由喷头的生产厂家提供的不同仰角和孔径的孔口喷嘴，它们与喷头配套，以满足不同的水源、气象和地形条件对喷灌的要求。不同孔径的喷嘴通常用颜色来加以区别。由于喷嘴孔口局部阻力的作用，水流的出口压力会有所降低。喷嘴孔口越小，对水流的局部阻力越大，水流的出口压力则越小。在喷头的喷洒效果方面，这种影响还会表现为喷头的射程减小、出水量减小及喷灌强度减小。

规划设计时必须根据当地在喷灌季节的平均风速和水源、地形条件，合理选择喷嘴的射角和规格，从喷头选型上首先满足设计要求。

置换式喷嘴安装后应旋下顶部螺钉，对喷嘴加以固定。置换式喷嘴的安装不太方便，有时也不能满足射程和射角方面的要求。作为对此缺憾的弥补，非置换式喷嘴起到了一定的作用。非置换式喷嘴是一种与喷头固定在一起的喷嘴。使用时根据现场距离和风力情况，通过调节喷头顶部的螺钉，改变射程或射角。使用这种喷嘴既节省了置换喷嘴的琐碎工作，又能实现射程和射角的连续变化，能更好地满足不规则地形的喷灌要求。

4. 弹簧

弹簧由不锈钢制成，作用是当喷灌系统关闭后使喷芯复位。弹簧的承压能力决定着启动喷头工作的最小水压。

5. 滤网

滤网的作用是截留水中的杂质，以免堵塞喷嘴。按照安装位置的不同，滤网可分为上置式和下置式。上置式滤网安装在喷嘴的底部，多用于固定式喷头中的喷嘴和喷芯为分体结构的场合，便于拆装清洗。下置式滤网安装在喷芯底部，多见于喷嘴和喷芯为连体结构的固定式喷头和各种旋转式喷头；下置式滤网的过水面积比上置式滤网大，在同样的水质条件下，清洗的次数要少一些。滤网一般由抗老化性能较好的尼龙材料制成。

6. 止溢阀

止溢阀一般属于选择部件，位于喷芯的底部。其作用是防止喷灌系统关闭后，管道中的水从地势较低处的喷头顶部外溢，造成地表径流、局部积水或土壤侵蚀。

7. 传动装置

传动装置的作用是驱使喷芯在喷洒过程中沿喷头轴线旋转。地埋式喷头最普遍的传动方式是齿轮传动。它的工作原理是：安装在传动装置底部的叶片受到水流的轴向冲击后绕喷头轴线旋转，然后借助一组齿轮将这种旋转向上传递，带动喷芯顶部的喷嘴部分，使其按照一定的方式匀速旋转。喷头工作时的旋转角度可以预先设置。设置方法有从喷头顶部通过工具调节，也有借助侧向调节环徒手调节。喷头的旋转动力传动除了齿轮传动方式外，还有其他传动方式，如球传动方式等。无论采用什么方式，都有一个基本的要求，那就是在喷洒过程中喷嘴应该匀速转动。

（三）喷头的性能

喷头的性能参数包括工作压力、射程、射角、出水量和喷灌强度等。它们是规划设计中喷头选型和布置的依据，直接影响着喷灌系统的质量。

1. 工作压力

工作压力是指保证喷头的设计远程和雾化强度时喷头进口处的水压。工作压力是喷头的重要性能参数，直接影响到喷头的射程和喷灌均匀度。在正常的工作压力下，喷头的水量分布近似呈三角形。对于水量分布呈三角形的喷头，如果喷头的布置间距正好等于它在设计工作压力下的射程，就可以获得最佳的喷灌均匀度。实际情况往往有所不同，主要原因除来自喷头的性能和风力的影响外，还有喷头实际工作压力的因素。喷头的工作压力过大或过小，单喷头喷洒水量沿径向的分布形式都会发生变化。这两种分布形式都不利于得到较好的组合喷灌均匀度。因此，在喷灌系统的规划设计中应保证管网的压力均衡，使系统中所有的喷头都在额定的压力范围内工作，以求得到最高的组合喷洒均匀度。

工作压力是喷头和加压设备选型的重要依据。低压喷头多用于自然型喷灌系统。在加压喷灌系统中，有利于降低系统中的运行费用。

2. 射程

国家标准《灌溉试验规范》（SL 13—2004）中规定，喷头的射程是指雨量筒中收集的水量为 $0.3mm/h$（喷头流量小于 $0.25m^3/h$ 时为 $0.15mm/h$）的那一点到喷头中心的距离。

喷头的射程受工作压力的影响，在相同的工作压力下，射程往往成为喷头布置间距的依据，而喷头的射程会直接影响到工程造价。虽然近射程喷头的单价较低，但由于喷头的密度较大，管材数量增加，一般情况会增加工程造价。如果规划设计时需要，应根据喷头射程制定不同的设计方案，分析比较后加以确定。

3. 射角

喷头的射角是指喷嘴处水流轴线与水平线的夹角。理想情况下 $45°$ 射角的喷洒距离最大。受到空气阻力和风力的影响，实际的喷头射角往往比理想的值大。常见的喷头射角如下：

（1）低射角。低射角为小于 $20°$，具有良好的抗风能力，但以损失射程为代价，多用于多风地区的喷灌系统。

（2）标准射角。标准射角为 $20°\sim30°$，多用于一般气象条件和地形条件下的绿地喷灌系统。

（3）高射角。高射角为大于 $30°$，抗风能力较差，多用于陡坡地形和其他有特殊要求的喷灌系统。同样压力下，高射角喷嘴的射程较大。

（4）喷灌强度。喷灌强度是指单位时间喷洒在单位面积上的水量，或单位时间喷洒在灌溉区域上的水深。一般情况下，当涉及喷头的喷灌强度时，总是有些附加条件，在喷头选型时应加以注意。

（5）出水量。喷头出水量是指单位时间喷头的喷洒水量。在同样的射程下，出水量大表示喷灌强度大，出水量小表示喷灌强度小。出水量间接地反映了水滴打击强度的大小，在其他条件不变的情况下，出水量大表明水滴打击强度大，反之，表明水滴打击强度小。

喷头的出水量对工程造价的影响较明显，这种影响主要表现在管径与工程造价的关系上。

（四）喷头的规格

喷头的规格是指喷头的静态高度、伸缩高度、接口规格、暴露直径和喷洒范围等，这些参数与设备安装有直接的关系。所以，在喷灌系统的规划设计时，必须对各种喷头的规格有足够的了解，以便合理选择。

1. 静态高度

喷头的静态高度是指喷头在非工作状态下的高度。一般取决于喷头的伸缩高度，它决定了喷灌系统末端管网的最小埋深。

2. 伸缩高度

喷头的伸缩高度是指工作状态下喷芯升起的高度。绿地喷灌常用喷头的伸缩高度有5.0cm、7.5cm、10.0cm、15cm 和 30cm，规划设计时可根据植物的高度进行选择。在灌木丛中设置喷头，可利用立管来抬高喷头，满足使用要求。

3. 接口规格

接口规格是指喷头与管道接口的规格。喷头与管道一般采用螺纹连接，常见的规格有1/2″、3/4″、1″和 1.5″（1″=25.4mm）等几种。

4. 暴露直径

喷头的暴露直径是指喷头顶部的投影直径。喷头的暴露直径决定了它是否能被用于激烈运动草坪的喷灌系统。

5. 喷洒范围

喷洒范围是指无风状态下，喷头喷洒在绿地上形成的湿润范围。喷洒范围通常有扇形和矩形两种，全圆是扇形的特例。扇形的角度是否可以调节，取决于喷头的性能。有些喷头的喷洒范围可以调节，根据需要设置；有些喷头的覆盖角度是固定的特殊值，如 45°、90°、180°、270°和 360°等。在喷洒范围为矩形的场合，分为单向喷洒和双向喷洒。

（五）喷头的主要特点

（1）在非工作状态下，无任何部分暴露在地面以上，既不妨碍园林绿地的养护工作，也不影响整体的景观效果，在一定程度上还可以免遭人为损坏。

（2）具有较稳定的"压力-射程-流量"关系，便于控制喷灌强度和喷洒均匀度等喷灌技术要素。

（3）射程、射角和覆盖角度的调节性好，能更好地满足不规则地形、不同的种植条件对喷灌的要求，便于实现专业化喷灌。

（4）产品的规格齐全，选择范围广，能满足不同类型绿地对喷灌的专业化要求。

（5）自带过滤装置，对喷灌水源的水质无苛刻要求，使推广应用更为容易。

（6）使用工程塑料和不锈钢材质，不但降低了对应用环境的要求，也大大延长了其使用寿命。

（7）止溢阀结构可以有效地防止系统停止运行后，管道中的水从地势较低处的喷头溢出，避免形成地表径流或积水。

（8）运动场草坪专用喷头顶部的柔性护盖或防护草坪，能有效地保护运动员免受伤害。

固定式喷头和旋转式喷头的比较见表 5-2。

表 5-2 固定式喷头和旋转式喷头的比较

喷头类型	射程	工作压力	雾化效果	适用场合
固定式	近	小	好	庭院、温室、其他小规模绿地、景观需要
旋转式	远	大	较好	市政、园林、运动场地、大面积绿地及观赏草坪

（六）喷头选择的要素

1. 声音

在选择喷头时，要根据周围环境的要求选择，其中，有的喷头喷水噪声很大，如吸水喷头；而有的喷头却是有造型而无声，很安静，如喇叭喷头。办公、住宅、校园等环境的喷水都应选用安静的喷头类型。

2. 风力的干扰

在选择喷水的形式时要考虑所设置的位置与环境之间的关系，有的喷头受外界风力影响很大，如球形喷头，此类喷头形成的水膜很薄，强风下几乎不能成型；有的则没什么影响，如水松柏喷头。

3. 水质的影响

有的喷头的喷孔较细小，受水质的影响很大，若水质不佳或硬度过高，容易发生堵塞，如蒲公英喷头，一旦堵塞局部，就会破坏整体造型；但有的影响很小，如涌泉喷头。

4. 高度和压力

各种喷头都有其合理、效果较佳的喷射高度。要营建出较高的喷水，用环形喷头比用直流喷头好，由于环形水流的中部空气稀薄，四周空气裹紧水柱使之不易分散，而儿童戏水池等场合为安全起见，要选用低压喷头，避免孩子的眼睛被水的压力损伤。

二、管材

在喷灌工程中，聚氯乙烯（PVC）、聚乙烯（PE）和聚丙烯（PP）等塑料管逐渐取代其他材质的管道，成为喷灌系统主要采用的管材。

1. 聚氯乙烯（PVC）管

（1）管材。聚氯乙烯管材是将聚乙烯树脂、增塑剂、稳定剂、填充剂和其他外添加剂按照一定比例均匀混合，加热塑化后，挤出、冷却定形而成的。根据管材外观的不同，可将其分为光滑管和波纹管。光滑管的生产厂家较多，承压规格有 0.20MPa、0.25MPa、0.32MPa、0.63MPa、1.00MPa 和 1.25MPa 几种，后三种规格的管材能够满足绿地喷灌系统的承压要求，常被采用。波纹管按承压等级分为 0.00MPa（不承压）、0.20MPa 和 0.40MPa 三个规格，由于其承压能力不能满足喷灌系统的要求，一般不采用。

绿地喷灌系统主要使用硬质聚氯乙烯管。聚氯乙烯管有硬质聚氯乙烯管和软质聚氯乙烯管之分，它们的性能见表 5-3。

表 5-3　聚氯乙烯管材性能

项目	硬质	软质	项目	硬质	软质
密度/(g/cm³)	1.4～1.45	1.16～1.35	冲击强度/(kJ/m²)	25	
硬度	65～85(肖式 D)	50～100(肖式 A)	热传导率/[W/(m·K)]	0.11～0.14	
吸水率/%	0.04～0.4	0.15～0.75	软化温度/℃	86	
抗拉强度/MPa	50～55	15～35	燃烧性	自熄	自熄
抗弯强度/MPa	86		耐电压/(kV/mm)	40	
抗压强度/MPa	66		熔接温度/℃	175～180	150～160

根据国家和水利部标准，绿地喷灌工程中常采用的硬质聚氯乙烯管材的公称外径、壁厚见表 5-4。

表 5-4　硬质聚氯乙烯管材的公称外径、壁厚

公称外径/mm	公称壁厚/mm		
	公称压力 0.63MPa	公称压力 1.00MPa	公称压力 1.25MPa
20	1.6	1.9	

续表

公称外径/mm	公称壁厚/mm		
	公称压力 0.63MPa	公称压力 1.00MPa	公称压力 1.25MPa
25	1.6	1.9	
32	1.6	1.9	
40	1.6	1.9	2.4
50	1.6	2.4	3
63	2	3	3.8
75	2.3	3.6	4.5
90	2.8	4.3	5.4
110	3.4	5.3	6.6
125	3.9	6	7.4
140	4.3	6.7	8.3
160	4.9	7.7	9.5
180	5.5	8.6	
200	6.2	9.6	

注：1. 公称压力是管材在 20℃下输送水的工作压力。

2. 单根管材长度一般为 4～6m。

（2）管件。绿地喷灌系统使用的硬质聚氯乙烯管件主要是给水系列的一次成型管件，主要有胶合承插型、弹性密封圈承插型和法兰连接型管件。绿地喷灌系统常用的硬质聚氯乙烯标准管件的类型与公称直径见表 5-5。

表 5-5 硬质聚氯乙烯标准管件的类型与公称直径

塑料管件			公称直径（连接管材的公称外径）/mm
胶合承插型	弯头	90°等径	20、25、32、40、50、63、75、90、110、125、140、160
		45°等径	20～160
	三通	90°等径	20～160
		45°等径	20～160
	套管		20～160
	变径管（长型）		25(20)～160(140)
	堵头		20～160
	活接头		20～63
弹性密封圈承插型	90°三通		63、75、90、110、125
	套管		63～125
	变径管		75(63)～125(110)
法兰连接型	法兰		63～160

2. 聚乙烯（PE）管

（1）管材。聚乙烯管材分为高密度聚乙烯（HDPE）和低密度聚乙烯（LDPE）管材。高密度聚乙烯管材具有较好的物理学性能，使用方便，耐久性好，但由于价格昂贵，在喷灌系统中很少采用。低密度聚乙烯管材材质较软，力学强度低，但抗冲击性好，适合在较复杂的地形敷设，是绿地喷灌系统中常使用的聚乙烯管材。

低密度聚乙烯管材具有以下几方面的特性：

① 化学稳定性好，能够抵抗一定浓度及温度的酸、碱、盐类及有机溶剂的腐蚀作用。

② 具有良好的延伸性和力学性能。

③ 无毒、加工性能好。

低密度聚乙烯，可以采用挤塑工艺生产各种管材，其规格见表5-6。

表5-6　低密度聚乙烯管材规格

公称外径/mm	公称壁厚/mm			
	公称压力			
	0.25MPa	0.400MPa	0.605MPa	1.00MPa
6		0.5		
8		0.6		
10	0.5	0.8		
12	0.6	0.9		
16	0.8	1.2	2.3	2.7
20	1	1.5	2.3	3.4
25	1.2	1.9	2.8	4.2
32	1.6	2.4	3.6	5.4
40	1.9	3	4.5	6.7
50	2.4	3.7	5.6	8.3
63	3	4.7	7.1	10.5
75	3.6	5.5	8.4	12.5
90	4.3	6.6	10.1	15
110			12.3	18.3

注：公称压力是管材在20℃下输送水的工作压力。

（2）管件。低密度聚乙烯管材材质较软，一般采用注塑成型的组合式管件进行连接。当管径较大时，可将锁紧螺母改为法兰盘，一般采用金属加工制成。

3. 聚丙烯（PP）管

（1）管材。聚丙烯管材的最大特点是耐热性优良。不管是聚氯乙烯管材，还是聚乙烯管材，一般使用温度均局限于60℃以下，但聚丙烯管材在短期内使用温度可达100℃以上，正常情况可在80℃条件下长时间使用，聚丙烯管材的这个特性，使其在某些特殊的场合被使用。

目前采用乙丙共聚树脂生产管材，改善了聚丙烯树脂的低温脆化性能，扩大了它的应用范围。聚丙烯管材性能见表5-7，其规格见表5-8。

表5-7　聚丙烯管材性能

项目	指标	项目	指标
相对密度	0.90～0.91	使用温度/℃	110～120

续表

项目	指标	项目	指标
抗拉强度/MPa	25～36	脆化温度/℃	0附近
抗拉强度/MPa	42～56	体积电阻率/Ω·cm	≥1016
抗压强度/MPa	39～55	介电强度/(kV/mm)	30

表 5-8　聚丙烯管材规格

公称外径/mm	公称壁厚/mm				
	公称压力				
	0.25MPa	0.40MPa	0.60MPa	1.00MPa	1.60MPa
16				1.8	2.2
20			1.8	1.9	2.8
25			1.8	2.3	3.5
32			1.9	2.9	4.4
40		1.8	2.4	3.7	5.5
50	1.8	2	3	4.6	6.9
63	1.8	2.4	3.8	5.8	8.6
75	1.9	2.9	4.5	6.8	10.3
90	2.2	3.5	5.4	8.2	12.3
110	2.7	4.2	6.6	10	15.1
125	3.1	4.8	7.4	11.4	17.1
140	3.5	5.4	8.3	12.7	19.2
160	4	6.2	9.5	14.6	21.9
180	4.4	6.9	10.7	16.4	24.6
200	4.9	7.7	11.9	18.2	27.3

注：公称压力是管材在 20℃下输送水的工作压力，管材长度每节 4～6m。

（2）管件。聚丙烯树脂是一种高结晶聚合物，加工温度为 160～170℃，成型温度控制比较严格，一般以甘油浴方式加工管材，制作管件。

三、加压设备

（一）离心泵

离心泵是叶片式水泵中利用叶轮旋转时产生的惯性离心力来抽水的。根据水流进水叶轮的方式不同，又可分为单进式（也称单吸式）和双进式（也称双吸式）。单吸式泵从叶轮的一侧进水，双吸式泵从叶轮的两侧进水。根据泵体内安装叶轮数目的多少，又可分为单级泵和多级泵。单级泵体内安装一个叶轮，多级泵的泵体内安装两个或两个以上叶轮。

1. 单级吸式离心泵

单级吸式离心泵主要有四个系列，即 IB 型、IS 型、B 型和 BA 型，其中 IB 型、IS 型泵是 B 型、BA 型泵的更新换代产品。单级吸式离心泵——IS 型泵如图 5-2 所示，单级吸式离心泵——BA 型泵如图 5-3 所示。它们共同的特点是扬程高、流量较小、结构简单、使用方便。其中 IS 型泵的结构更加合理，使用可靠，其流量为 6.3～285mm/h，扬程为 9.5～91m。

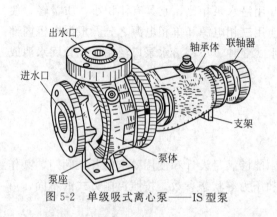

图 5-2　单级吸式离心泵——IS 型泵

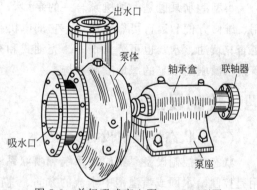

图 5-3　单级吸式离心泵——BA 型泵

2. 单级双吸式离心泵

单级双吸式离心泵主要有两个系列，即 S 型泵和 Sh 型泵，泵体均为水平中开式接缝，进水口与出水口均在泵轴线下方的泵座部分，成水平直线方向，与泵轴线垂直，检修起来特别方便，不需拆卸旁边的电机和管线。单级双吸式离心泵——S（Sh）型泵如图 5-4 所示。这类泵的特点是扬程较高，流量比同口径单吸泵大，其流量为 20～1100m³/h，扬程为 10～125m，体积较大，比较笨重。

3. 多级离心泵

多级离心泵主要有两个系列，即 D 型泵和 DG 型泵，其中 D 型泵系列更适合于大面积绿地喷灌，多级离心泵——D 型泵如图 5-5 所示。它的进水口为水平方向，出水口为垂直方向。其特点是扬程高、流量小，结构比单级泵复杂。多级离心泵的流量为 18～288m³/h，扬程为 17～405m。

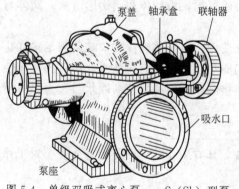

图 5-4　单级双吸式离心泵——S（Sh）型泵

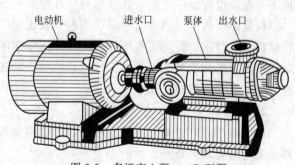

图 5-5　多级离心泵——D 型泵

（二）井用泵

井用泵是专门从井中提水的一种叶片泵。井用泵有两种，即长轴井泵和井用潜水泵，长轴井泵的动力机安装在井口地面上，靠一根很长的分节传动轴带动淹没在井水中的叶轮旋转；井用潜水泵是将长轴井泵的长轴去掉，电动机与水泵连成一体，工作时机泵一起潜入水中，在地面通过电缆将电源与电机接通，驱动水泵叶轮旋转的一种井用泵。

（三）小型潜水泵

小型潜水泵也是一种机泵合一的泵型，与井用潜水泵相比，它具有体积小，质量轻，使用、维修方便和运行可靠等优点。它的电机有使用三相电源和单相电源之分。根据电机内部可否充填油、水，也可分为干式、充油式和充水式3种。小型潜水泵广泛用于无管网水源或管网水源压力不足的绿地喷灌系统。

四、控制设备

（一）状态性控制设备

状态性控制设备是指给水系统和喷灌系统中能够满足设计和使用要求的各类阀门，其作用是控制给水网或喷灌网中水流的方向、速度和压力等状态参数。按照控制方式的不同，可将这些阀门分为手控阀、电磁阀和水力阀。

1. 手控阀

（1）闸阀。闸阀是一种广泛使用的阀门，具有水流阻力小、操作省力的优点，还可有效防止发生水锤；但闸阀结构复杂，密封面容易擦伤，影响止水效果，高度尺寸较大。

闸阀在绿地喷灌系统中多与供水设备和过滤设备配套使用，也用在管网主干管或相邻两个轮灌区的连接管上。根据闸阀规格的不同，与管道的连接方式有法兰、螺纹、焊接和胶接等。

（2）球阀。球阀是绿地喷灌系统中使用最多的一种阀门，优点是密封性好、结构简单、体积小、质量轻、对水流阻力小；但难以做到对流量的微调节，启闭速度不易控制，且容易在管道内产生较大的水锤压力。

塑料球阀在绿地喷灌系统中的普遍采用，主要是因为便于与同类材质的管道和管件连接。塑料球阀的规格直径一般为15～100mm，启闭较大规格的球阀时一定要缓慢，以免引起水锤现象。塑料球阀与塑料管道的连接方式主要有两种，即螺纹和胶接。

（3）快速连接阀。快速连接阀的材质一般为塑料或黄铜，由阀体和阀钥匙组成。阀体与地下管道通过铰接杆连接，其顶部与草坪根部平齐。

快速连接阀作为绿地喷灌系统的配套设施被广泛使用。单纯的喷灌方式难以满足多样化种植的灌水要求，要保证在喷灌系统故障维修期间仍能对植物进行有效灌水，应适当使用快速连接阀，这样还有利于降低工程的总造价。快速连接阀作为一种方便的取水口，为绿地喷灌系统提供了有效的补充。

2. 电磁阀

电磁阀是自控型喷灌系统常用的状态性控制设备，具有工作稳定、使用寿命长、对工作环境无苛刻要求等特点。

（1）构造原理。电磁阀主要由阀体、阀盖、隔膜、电磁包、放水阀门和压力调节杆等部分构成。阀体上有一个被称为导入孔的细小通道，它连接着隔膜上、下室和电磁包底部的空间。电磁阀有常开型和常闭型两种。绿地喷灌系统使用的电磁阀多属于常闭导入型，即电磁阀不工作时处于关闭状态。电磁阀工作时，安全电流通过电磁包，在电磁感应作用下电磁芯移动，从而开启导入孔。导入孔的开启使隔膜上、下室之间的压力平衡受到破坏，隔膜便在上游水压的作用下打开通道，阀门开启。

电磁阀的阀体一般由工程塑料、强化尼龙或黄铜制成，隔膜通常由具有良好韧度的橡胶材料制成，弹簧则由不锈钢制成。这些材料都具有较好的化学稳定性和力学性能。

（2）类型

① 直动式电磁阀。通电时，电磁线圈产生电磁力把关闭件从阀座上提起，阀门打开；断电时，电磁力消失，弹簧把关闭件压在阀座上，阀门关闭。在真空、负压和零压时能正常工作，但通径一般不超过 25mm。

② 分步直动式电磁阀。它运用直动和先导式相结合的原理，当入口与出口没有压力差时，通电后，电磁力直接把先导阀和主阀关闭件依次向上提起，阀门打开；当入口与出口达到启动压力差时，主阀下腔压力上升，上腔压力下降，从而利用压差把主阀向上推开；断电时，先导阀利用弹簧或介质压力推动关闭件向下移动，使阀门关闭。

③ 先导式电磁阀。通电时，电磁力把先导孔打开，上腔室压力迅速下降，在关闭件周围形成上低下高的压力差，流体压力推动关闭件向上移动，阀门打开；断电时，弹簧将先导孔关闭，入口压力通过旁通孔迅速在关阀件周围形成下低上高的压力差，流体压力推动关闭件向下移动，关闭阀门。先导式电磁阀的流体压力范围上限较高，可任意安装（需定制），但必须满足流体压力差条件。

（3）规格。绿地喷灌系统常用电磁阀的规格有 20mm、25mm、32mm、40mm、50mm 和 75mm，与管道的连接方式有螺纹连接和承插连接。与手控阀不一样的是，电磁阀的安装方向不可逆，安装时应注意。电磁阀的工作电压一般为 24V/50Hz，启动电流为 400mA 左右，吸持电流为 250mA 左右。不同品牌产品的性能参数有差异，选用时应详细阅读产品说明书。

3. 水力阀

水力阀的作用与电磁阀基本相同，但水力阀启闭是依靠液压的作用，而不是靠电磁作用。水力阀也有常开型和常闭型、直阀和角阀之分，常见的规格为 50～200mm，连接方式为螺纹连接和法兰连接。绿地喷灌系统使用较多的是常闭阀。

水力阀的特点是使用方便、准确、可靠、迅速（启闭只需几秒），并在泵的开启与关闭时可防止断电、通电所产生的回流。采用自动控制时，不需外加动力源。控制阀既可以是二位三通电磁阀，也可以是二位三通旋塞阀；既可以直接安装在水力阀上，也可以通过控制管集中在一个地方控制。水力阀是实现自动化控制和半自动化控制的远程控制阀门，配备电磁阀可与计算机连通实现自动化控制；配备手控阀可实现集中远程控制。水力阀的工作原理是利用隔膜将截面放大，从而将控制器给予的压力信号放大，使控制杆升降，完成阀门的启闭。

（二）安全性控制设备

安全性控制设备是指保证喷灌系统在设计条件下安全运行的各种控制设备，如减压阀、逆止阀、调压孔板、空气阀、水锤消除阀和自动泄水阀等。安全性控制设备的作用是保障喷灌系统的正常运行和管网安全。

1. 减压阀

减压阀的作用是在设备或管道内的水压超过其正常的工作压力时，自动消除多余的压力。按其结构形式可分为薄膜式、弹簧薄膜式、活塞式和波纹管式。除活塞式减压阀外，其余三种形式均可用于喷灌系统。常用的减压阀与管道的连接方式为螺纹连接，规格有

20mm、25mm、40mm 和 50mm。

2. 逆止阀

逆止阀也称为单向阀或止回阀，是根据阀前和阀后的水压差而自动启闭的阀门，其作用是防止管中的水倒流。根据结构的不同，逆止阀可分为升降式、摆板式和立式升降式三种。

3. 调压孔板

调压孔板的工作原理是在管道中设置带有孔口的孔板，对水流产生较大的局部阻力，从而达到消除水流剩余水头的目的。使用调压孔板比使用减压阀更经济、方便。

在绿地喷灌系统中，调压孔板常用于离水源较近的轮灌区入口处，或地势起伏较大的场合。调压孔板的作用在于平衡管网压力，保证喷灌均匀。

4. 空气阀

空气阀是喷灌系统中的重要附件之一，其作用是自动进、排空气，满足喷灌系统的运行要求。空气阀主要由阀体、浮块、气孔和密封件等部分构成，阀体一般是耐腐蚀性较强的工程塑料或金属材料。空气阀一般通过外螺纹与管道连接。绿地喷灌系统常用空气阀的规格有20mm、25mm 和 50mm。

空气阀在绿地喷灌系统中主要有以下作用：

（1）当局部管道中存在空气时，使管道的过水截面减小，压力增加。空气阀可以自动排泄空气，保证管道正常的过水截面和喷头的工作压力，避免管道破裂。

（2）冬季泄水时，通过空气阀向喷灌管网管道补充空气，保证管道中有足够的泄水压力，避免因管道中的负压现象造成泄水不畅，留下管道破裂的隐患。

5. 水锤消除阀

水锤消除阀是一种当管道压力上升或下降到一定程度时自动开启的安全阀。根据水锤消除阀的启动压力与管道正常工作压力的关系，可将水锤消除阀分为上行式和下行式。

正常情况下，下行式水锤消除阀常和逆止阀配合使用。当事故停泵过程中初始阶段的最大压降值接近管道的正常工作水压时，不宜采用下行式水锤消除阀进行水锤防护。

6. 自动泄水阀

自动泄水阀在绿地喷灌系统中的作用是自动排泄管道中的水，避免冰冻对管道的危害。自动泄水阀的底部有一个弹性底阀，当喷灌系统运行时，管道中的水压大于其开启压力，则底阀关闭；当喷灌系统停止工作时，管道中的水压小于其开启压力，则底阀打开，管道中的水泄出。

自动泄水阀通常由塑料制成，常用规格有 20mm、25mm 和 50mm，不同规格的泄水速度不同，使用时应根据产品的性能参数加以选择。

五、过滤设备

1. 离心过滤器

绿地喷灌系统常用离心过滤器的构造，主要部分有罐体、接砂罐、进出水口、排砂口和冲洗口。离心过滤器的工作原理是：有压水流由进水口沿切向进入锥形罐体，水流在罐内顺罐壁运动形成旋流；在离心力和重力的作用下，水流中的泥砂和其他密度大于水的固定颗粒向管壁靠近，逐渐沉积，最后进入底部的接砂罐；清水则从过滤器顶部的出水口排出，水砂分离完成。

　　离心过滤器主要用于含砂水的初级过滤，可分离水中的砂粒和碎石。在稳定流状态下，对 60~150 目的砂石有较好的分离效果。由于启、停泵阶段的水流属于非稳定流态，砂石在罐内得不到很好的分离，建议将离心过滤器与网式过滤器同时使用。

　　离心过滤器的规格一般用进水口口径表示。绿地喷灌系统常用离心过滤器的规格和建议工作水量见表 5-9。离心过滤器既可单台使用，也可多台组合使用。多台组合的方法有并联和串联，串联组合使用可以提高出水质量，并联组合使用可以增加出水量。

表 5-9　离心过滤器的规格和建议工作水量

规格(DN)/mm	20	20	50	60	100
工作水量/(m³/h)	1.0~3.0	1.5~7.0	5.0~20	10~40	30~70

　　为获得较好的过滤效果，进水管应有足够的直段长度，以保证水流以稳定流状态进入罐内。一般要求进水直管的长度大于进水口径的 10 倍。

2. 砂石过滤器

　　砂石过滤是给水工程中常见的净化水的方法。常采用砂石过滤器去除水中的藻类和漂浮物等较轻的杂物。砂石过滤器一般呈圆柱状，主要由滤罐和砂石组成。滤罐内的砂石是按照一定的粒径级配方式分层填充的。水从过滤器上部的进水口流入，通过砂石过滤器上部的进水口，通过砂石层中的孔隙向下渗漏，在这个过程中，杂质被滞留在砂石表层，经过滤后洁净水由底部的排水口排出。

　　绿地喷灌系统常用砂石过滤器的规格和建议工作水量见表 5-10。

表 5-10　砂石过滤器的规格和建议工作水量

规格(DN)/mm	50	80	100
工作水量/(m³/h)	5.0~18	10~35	20~70

　　使用砂石过滤器应注意下列几点。

　　(1) 严格控制过滤器的工作流量，使其保持在设计流量的范围内。过滤器的工作流量过大，会造成"砂床流产"，导致过滤效果下降。

　　(2) 砂石过滤器可作为单级过滤，也可与网式过滤器或叠片过滤器组合使用。

　　(3) 在过滤器进、出水口分别安装压力表。根据进、出水口之间压差的大小，定期进行反冲洗，以保证出水水质。

　　(4) 对于沉积在砂滤层表面的污染物，应定期用干净颗粒代替。视出水水质情况，一年应处理 1~4 次。

3. 网式过滤器

　　网式过滤器主要用于水源水质较好的场合，也可与其他类型的过滤器组合使用，作为末级过滤设备。网式过滤器主要由罐体和过滤网组成。水由进水口流入罐内，经过滤网水流向出水口，大于滤网孔径的杂质被截留在滤网的外表面，这样就达到了净化水质的目的。网式过滤器结构简单，价格低廉，使用方便。绿地喷灌系统常用网式过滤器的规格和建议工作水量见表 5-11。

表 5-11　网式过滤器的规格和建议工作水量

规格(DN)/mm	50	80	100
工作水量/(m³/h)	5.0~20	10~35	30~70

使用网式过滤器应注意下列几点。

（1）在过滤器进、出水口分别安装压力表。当过滤网上积聚了污物后，过滤器进、出水口之间的压差会急剧增加，根据压差大小定期将滤网拆下清洗，保证出水水质能够满足喷灌系统的用水要求。

（2）网式过滤器的水流方向一般是从滤网的外表面指向内表面。应按照设备上标明的水流方向安装使用，不可逆转。如发现滤网、密封圈损坏，必须及时更换，否则将失去过滤作用。

4. 叠片过滤器

叠片过滤器主要由罐壳、叠片、进出水口和排污口构成。叠片的一面是一条连续的径向肋，另一面是一组同心环向肋。同样规格叠片按照相同的方式紧压组装，构成一个具有巨大过滤表面积的圆柱体。过滤器工作时，水流从进水口进入罐体，由叠片的外环经肋间隙流向内环，水中杂质被截留在叠片间的杂物滞留区，净化水通过叠片内环汇流至出水口。

使用叠片过滤器时，应该在进、出水口分别安装压力表，以便通过进、出水口的压差来判断叠片间隙的堵塞程度和出水水质情况。如果进、出水口的压差超过规定的数值，应反复冲洗。叠片过滤器反冲洗的步骤为：打开排污阀；关闭出水阀；往复转动罐壳，直至排污阀排出的水变清；打开出水阀，关闭排污阀。

叠片过滤器具有以下特点。

① 在同样体积的过滤器设备中，叠片过滤器具有较大的过滤表面积。

② 水流阻力小，因而运费较低。

③ 杂物滞留空间大，这意味着反冲洗频率低。

④ 反冲洗时只需要轻轻转动几下罐体，无需拆卸，几十秒即可完成。

叠片过滤器对水中杂质的过滤程度取决于环内向肋的高度，生产厂家通常利用叠片的颜色来区别其过滤精度，规划设计时应根据水质条件和喷灌系统的要求合理选用。

第六章

园路工程材料的识别与应用

第一节 园路路面面层材料

一、常见路面面层材料

1. 沥青

沥青路面，如车道、人行道、停车场等；透水性沥青路面，如人行道、停车场等；彩色沥青路面，如人行道、广场等。

2. 混凝土

混凝土路面，如车道、人行道、停车场、广场等；水洗小砾石路面，如园路、人行道、广场等；卵石铺砌路面，如园路、人行道、广场等；混凝土板路面，如人行道等；彩板路面，如人行道、广场等；水磨平板路面，如人行道、广场等；仿石混凝土预制板路面，如人行道、广场等；混凝土平板瓷砖铺面路面，如人行道、广场等；嵌锁形砌块路面，如干道、人行道、广场等。

3. 块砖

普通黏土砖路面，如人行道、广场等；砖砌块路面，如人行道、广场等；澳大利亚砖砌块路面，如人行道、广场等。

4. 花砖

釉面砖路面，如人行道、广场等；陶瓷锦砖路面，如人行道、广场等；透水性花砖路面，如人行道、广场等。

5. 天然石材

小料石路面，如散石路面、人行道、广场、池畔等；铺石路面，如人行道、广场等；天然石砌路面，如人行道、广场等。

6. 沙砾

砂石铺面，如步行道、广场等；碎石路面，如停车场等；石灰岩粉路面，如公园广场等。

7. 砂土

砂土路面，如园路等。

8. 土

黏土路面，如公园广场等；改善土路面，如园路、公园广场等。

9. 木

木砖路面，如园路、游乐场等；木地板路面，如园路、露台等；木屑路面，如园路等。

10. 草皮

透水性草皮路面，如停车场、广场等。

11. 合成树脂

现浇环氧沥青塑料路面，如人行道、广场等；人工草皮路面，如露台、屋顶广场等；弹性橡胶路面，如露台、屋顶广场、过街天桥等；合成树脂路面，如体育用路面等。

二、混凝土路面材料

（一）水泥混凝土

路面面层通常采用 C20 混凝土，做 120～160mm 厚，路面每隔 10m 应设伸缩缝一道，水泥混凝土面层的装饰主要采取各种表面抹灰处理。

1. 普通抹灰材料

用普通灰色水泥配制成 1∶2 或 1∶2.5 水泥砂浆，在混凝土面层浇注后还未硬化时进行抹面处理，抹面厚度应为 1～1.5cm。

2. 彩色水泥抹面装饰材料

水泥路面的抹面层所用水泥砂浆，可通过添加颜料而调制成彩色水泥砂浆，用此材料可做出彩色水泥路面。在调制彩色水泥时，应选用耐光、耐碱、不溶于水的无机矿物颜料，如红色的氧化铁红、黄色的柠檬铬黄、绿色的氧化铬绿、蓝色的钴蓝和黑色的炭黑等。

3. 彩色水磨石地面材料

彩色水磨石地面材料是用彩色水泥石子浆罩面，再经过磨光处理而成的装饰性路面，依据设计，平整后，在粗糙、已基本硬化的混凝土路面面层上，弹线分格，用玻璃条、铝合金条（或铜条）作为分格条，然后在路面上刷一道素水泥浆，再用 1∶（1.25～1.50）彩色水泥细石子浆铺面，厚 0.8～1.5cm，铺好后拍平，表面滚筒压实，待出浆后再用抹子抹面。

4. 露集料饰面材料

采用露集料饰面方式的混凝土路面和混凝土铺砌板，其混凝土应用粒径较小的卵石配制。

5. 表面压模

表面压模是在铺设现浇混凝土的同时，采用彩色强化剂、脱模粉、保护剂来装饰混凝土表面，以混凝土表面的色彩和凹凸质感表现天然石材、青石板、花岗岩和木材的视觉效果。

（二）沥青混凝土

沥青混凝土一般以 30～50mm 厚做面层，按照沥青混凝土的集料粒径大小，可选用细粒式、中粒式和粗粒式沥青混凝土，此种路面属于黑色路面，通常不用其他方法来对路面进行装饰处理。

三、地砖砌砖材料

（一）烧结砖

烧结砖是园林铺装的经典材料。它可以抵御风雨，防火阻燃，不易掉色，实用性强。烧结砖表面光洁，但它的粗糙度又足以在雨天起到防滑作用。经高温煅烧的烧结砖在强烈的阳光照射下不反光、不刺眼，还有一定的吸水功能。再加上砖与砖之间接缝砂的透水作用，下雨时路面的雨水会很快流入排水系统。

烧结砖的铺设方法主要有以下几种：

（1）柔性基础上的柔性铺设在平整夯实的基础上铺一层 25mm 左右的垫砂层，在平整的砂层上铺设烧结砖。不用砂浆，砖与砖之间的接缝用细砂填满后即可使用。

（2）半刚性基础上的柔性铺设半刚性基础上的柔性铺设应按 1：7（水泥：砂）的比例充分搅拌后将其平铺在整平压实的基础上，厚度为 25mm 左右；然后铺设烧结砖，再用细砂填实砖缝；最后在砖面上洒水。水通过砖缝渗入垫砂层，可有效提高砖与垫砂层之间的结合性能。

（3）刚性基础上的柔性铺设刚性基础上的柔性铺设其基础必须平整压实，密实度应在95％以上。砖下有厚度为 30mm 左右的水泥稳定层及 30mm 左右的水泥垫层。

（二）荷兰砖

荷兰砖是一种长 200mm、宽 100mm、高 50mm（或 60mm）的小型路面砖，铺设在街道路面上，并在砖与砖之间预留出 2mm 的缝隙，这样下雨时雨水会从砖之间的缝隙渗入地下。

荷兰砖透气、透水、强度高、耐磨、防滑、抗折、抗冻融、美观且价格适中。其块型较小，所以铺设灵活、色彩搭配自由、效果简洁大方，是常用的地面铺装材料，适用于道路、庭院、停车场和车站等。荷兰砖的常见砖形有矩形、方形、六边形、扇形和鱼鳞形等多种，拼铺方式也多种多样。

1. 舒布洛克路面砖

舒布洛克路面砖是由荷兰砖改进、发展而来的地面铺装材料，其主要性能特点有以下几项：

（1）高承载力。舒布洛克路面砖的抗压强度在 30MPa 以上，具有极高的承载能力。

（2）耐久、耐磨、耐腐。舒布洛克路面砖耐用持久，抗折强度很高，对基础不均匀沉降的适应能力强，耐高温和抗冻融能力强；面层不易磨损，对车辆急刹车等高度摩擦的耐磨性能和抗冲击能力也比较强；对碱性物质和汽车漏油等的化学腐蚀具有极强的抵抗能力。

（3）柔性结构。使用舒布洛克路面砖铺设的路面是由一块块独立、自由的小地砖形成的柔性路面，在荷载作用下可自由移动而不产生裂缝。

（4）施工简便快捷。在夯实并整平的基础上铺一层 25mm 左右的表面平整的砂垫层，便可铺设舒布洛克路面砖，可不用砂浆。舒布洛克路面砖切割方便，可切割成任意大小进行拼铺。

（5）实用性能好。舒布洛克路面砖表面粗糙适当，雨、雪天防滑性能好；透水性好，铺设时又有填缝砂，路面上的积水可很快排到地下，不会产生泥浆四溅的现象；表面粗糙不反光，阳光照射不刺眼；路面上的各种标志，如行车道分割线、斑马线和盲道等可由不同颜色的舒布洛克路面砖进行永久性设置。

（6）维护方便。舒布洛克路面砖使用寿命长，维护费用低。

（7）美观。舒布洛克路面砖除了用途最广的功能性拼法、顺砖形铺法和花篮形铺法外，还可根据不同要求拼成各种图案。舒布洛克路面砖具有多种颜色，可分为浅色系列和深色系列，基本能满足任何设计需求。不同颜色的砖在配合铺设时还会出现不同的效果，使空间环境富有生气和动感。

2. 多孔陶粒混凝土透水砖

陶粒是一种陶瓷质地的人造颗粒，具有综合强度高、防火性能好、耐风化等优点，是优良的轻质建筑材料。陶粒可解决质量、防火、隔热和保温等工程上的难题，大量应用于预制墙板、轻质混凝土、屋面保温、混凝土预制件、小型轻质砌块和陶粒砖等市场，也可用于园艺、花卉、市政及无土栽培。

多孔陶粒混凝土透水砖是通过添加聚合物和吸水性高强度页岩陶粒来对无砂多孔水泥混凝土进行改性制成的。在不影响混凝土的抗压强度的基础上改善了水泥浆体的弹性和水泥浆体与集料的粘接性能，从而改善了多孔混凝土的力学性能和耐久性；并利用页岩陶粒的强吸水性，减少了透水砖生产时水泥浆的析出，降低了多孔混凝土透水砖的透水空隙在制备时被析出的水泥浆堵塞的风险，同时扩大了多孔混凝土路面砖的水分适用比例范围，增加其适用性能。用该法生产的多孔陶粒透水砖可用于有较重交通荷载的透水路面。

3. 瓷质透水砖

瓷质透水砖透水性高，并具有很高的保水特性，孔隙率达 25％。下雨时大量吸收并保存水分，在太阳照射下水分蒸发，可起到降低地表温度的功能。瓷质透水砖具有防滑性能优良、耐磨性好、强度高、耐风化和降低噪声等优点，适用于人流较大的场所。

瓷质透水砖施工采用柔性铺装法。首先平整基础、压实，然后铺实、铺砂刮平、铺砖，最后填缝。施工方便、快捷，成本低。

4. 建菱砖

建菱砖具有美观、自然、环保、耐酸碱、泄水防滑、品种色彩多样、铺设简单、性价比高等优点，是优质的地面铺装材料。

建菱砖的特性包括：

① 耐磨性好，挤压后表面不脱落，适合高负重的使用环境。

② 是上下一致且不分层的同质砖，不会出现表面龟裂和脱层的现象。

③ 透水性好，防滑性能优良。

④ 色泽自然、持久，使用寿命长。

⑤ 外表光滑，边角清晰，线条整齐。

⑥ 抗冻性能好，耐抗盐碱。

⑦ 不易破裂，抗压、抗折强度高，行车安全。

⑧ 维护成本低，易于更换，便于路面下敷设管线。

⑨ 颜色形状多样，与四周环境相映衬，自然美观。

5. 劈裂砖

劈裂砖又称劈离砖或双合砖，是将黏土、页岩和耐火土等原料按一定比例混合，经湿化、真空挤出成形（在成形时制成背靠背的两层），干燥、烧结，烧成后将其从中间劈成两块制成的。

劈裂砖具有强度高、粘接牢固、色泽柔和、耐冲洗、耐酸碱和耐腐蚀等优点。劈裂砖的背面有很深的燕尾槽，施工中粘接坚牢，不会脱落。

目前，劈裂砖已形成丰富的品种系列，有的还经过磨砂、拉毛或添加木纹等加工。主要规格有 240mm×52mm×11mm、240mm×115mm×11mm、194mm×94mm×11mm、190mm×190mm×13mm、240mm×115（52）mm×13mm、194mm×94（52）mm×13mm 等。

劈裂砖适用于各类建筑物的外墙装饰及楼堂馆所、车站、候车室和餐厅等室内地面铺设。厚砖适用于广场、公园、停车场、走廊和人行道等露天地面铺设，也可用于游泳池、浴池池底和池岸的贴面材料。

6. 连锁砖

连锁砖具有透气、透水、强度高、耐磨、防滑、抗折和抗冻融等优点。其外形独特，配合颜色、排列图案和面层质感的变化使铺设生动活泼、平面立体化，并具有特殊的装饰效果。砖与砖的连锁效果适用于各种荷载较大的地面，并且不易翘起，可保证每一块砖的位置准确并防止发生侧向移动。连锁砖适用于人行道、车行道、停车场和广场等处的地面铺设。

7. 植草砖

植草砖是为了达到保护地表生态和增强地面强度的双重作用而研制成的地面铺设产品，把软（植被）硬（地砖）的铺地元素结合到了一起，形成生态美观的地面效果。由于很多场合既希望地面能达到承载的强度要求，又要最大限度地保护地表生态，植草砖便是一种集景观视觉质量和力学性能于一体的边缘性铺地产品。

植草砖形式多样，有井字形、"8"字形、十字形和方形等，可以铺设出各种与周边景观环境相匹配的视觉效果。植草砖广泛应用于公园、高速公路两旁、住宅小区、停车场及各种休闲场所的地面铺设。

8. 花盆砖

花盆砖有方形和鼓形等多种样式，不但能种植鲜花，还可以组成围墙、护坡和花坛等，应用于小区、庭院、园林和公园等景观。同时又可做挡土墙使用，是立面垂直绿化的不错选择。花盆砖的墙高不能超过 2m，若超过则需增加构造措施。

花盆砖墙的铺设工艺为：铺设 150mm 厚的 C15 混凝土垫层，振捣密实，垫层标高以超过自然地面标高为宜。在混凝土垫层达到设计强度的 75% 以上后开始砌筑花盆砖。花盆砖用 M5～M10 的水泥砂浆砌筑，并浇水养护。花盆砖墙达到 75% 以上强度后用营养土填充花盆砖，植草，再在基层上铺设花盆砖，花盆砖之间用 1:3 的水泥砂浆粘接。7d 后用土回填满空隙，以营养土填满花盆砖，植草，浇水养护。

9. 青砖

青砖是中国传统建筑材料，质地较致密，硬度和强度均优于红砖，但对工艺的要求高于红砖，制造成本较高。用青砖铺设的地面能与传统园林很好地融合，营造出古朴的氛围，而青砖应用于现代园林中也能凸显清雅和怀旧的感觉。

10. 广场砖

广场砖色彩丰富、自然质朴、通体着色、耐久性强、抗压强度高，适用于庭院、人行道、广场、车行道、停车场和码头等的地面铺设。广场砖表层粗糙适当、耐磨、透水性强、防滑，且铺设方式简单多样，易于路面局部更换和地下管道增设及维修，对周边环境影响较小。

目前，市场上的广场砖规格、颜色和品种多样，选择方向广泛，可结合不同要求选用不同的砖样及铺设方式。

四、木材路面材料

用于铺地的木材有正方形的木条、木板，圆形的、半圆形的木桩等。在潮湿近水的场所使用时，应选择耐湿防腐的木料。

通常用于铺装木板路面的木材，除无需防腐处理的红杉等木材外，还有多种可加压注入防腐剂的普通木材。若使用和处理防腐剂，应尽量选择对环境无污染的种类，还有许多具有一定耐久性的木材，如柚木（东南亚）等。

1. 木质砖砌块路面材料

木质砖砌块路面由于具有独特的质感，较强的弹性和保温性，而且无反光，可提高步行的舒适性，因此被广泛用于露台、广场、园路的地面铺装。

木质砖砌块路面的结构一般为：在 $100\sim150$mm 厚的碎石层上铺撒 30mm 左右厚的砂土，然后再铺砌木质砖砌块。

木质砖砌块中除由经过防腐处理木材制成的外，还有耐久性、耐磨损性强的贾拉木经人工干燥制作的砖砌块。此外还有一种预制组装拼接型，施工方便，修补容易。因为木质砖砌块地面易出现翘曲、开裂现象，在用于平台铺装时应注意采取相应预防措施。

2. 木屑路面材料

木屑路面是利用针叶树树皮、木屑等铺成的，其质感、色调、弹性好，并使木材得到了有效利用，通常用于公共广场、散步道、步行街等场所，有的木屑路面不用黏合剂固定木屑，只是将砍伐、剪枝留下的木屑简单地铺撒在地面上。使用这种简易铺装路面时应注意慎重选择地点，既要防止由于风吹雨淋破坏路面，又要避免幼儿误食木屑。

3. 圆木桩

铺地用的木材以松、杉、桧为主，直径需 10cm 左右，木桩的长度平均锯成 15cm。

五、透水性路面材料

透水性路面是指能使雨水通过，直接渗入路基的人工铺筑路面，因此其具有使水还原于地下的功能。透水构造是通过特定的构造形式使雨水渗透入泥土保持地表水量的平衡，主要包括砂、碎石及砾石路面，透水性混凝土路面，透水性沥青路面，透水性砖和嵌草砖路面，方石、砌块路面（石材本身不透水，主要通过石块间的缝隙渗水）。透水性路面适用于人行道、居住区小路、公园路和通行轻型交通车路及停车场等。普通路面与透水性路面的差异如图 6-1 所示。

透水性路面主要有以下几种。

（1）嵌草路面。嵌草路面又有两种类型：①在块料路面铺装时，在块料和块料之间，留有空隙在其间种草。②制成可以种草的各种纹样的混凝土路面砖。

（2）彩色混凝土透水透气性路面。彩色混凝土透水透气性路面采用预制彩色混凝土异型步道砖为骨架，与无砂水泥混凝土组合而成，通常采用单一粒级的粗集料，不用或少用细集料，并以高标号水泥为胶凝材料配制成多孔混凝土，其孔隙率达 43.2%，步道砖的抗折强度不低于 4.5MPa，无砂混凝土抗折强度不低于 3MPa，所以具有强度较高、透水效果好的性能。其基层选用透水性和蓄水性能较好，渗透系数不小于 10^{-3}cm/s，且具有一定强度和稳定性的天然级配砂砾、碎石或矿渣等。

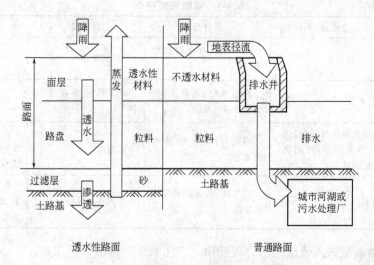

图 6-1　普通路面与透水性路面的差异

过滤层在雨水向地下渗透过程中起过滤作用，并防止软土路基土质污染基层。过滤层材料的渗透系数应略大于路基土的渗透系数。其土基的要求是：为确保土基具有足够的透水性，路基土质的塑性指数不宜大于 10，应避免在重黏土路基上修筑透水性路面。修整路基时，其压实度宜控制在重型击实标准的 87%～90%。

（3）透水性沥青铺地。透水性沥青铺地通常用直溜石油沥青，在车行道上，为提高集料的稳定和改善耐久性，使用掺加橡胶和树脂等办法改善沥青的性质。上层粗集料为碎石、卵石、砂砾石、矿渣等。下层细集料用砂、石屑，并要求清洁，不能含有垃圾、泥土及有机物等。石粉主要使用石灰岩粉末，为避免剥离，可与消石灰或水泥并用，掺料为总料重量的 20% 左右，对于黏性土，这种难于渗透的土路基，可在垂直方向设排水孔、灌入砂子等。

（4）透水砖铺地。透水砖的主要生产工艺是将煤矸石、废陶瓷、长石、高岭土、黏土等粒状物与结合剂拌和，压制成型再经高温煅烧制成具有多孔的砖，其材料强度高、耐磨性好。

（5）改善粗砂铺地。在普通粗砂路结构层不变的情况下，在面层上加防尘剂，该防尘剂以羧基丁苯胶乳为主要成分，其胶结性好、渗透性强，不影响土壤的多孔性、透水性，不污染环境，不影响植物生长，刮 8～9 级大风不扬尘。

六、运动地面材料

（一）塑胶地面

塑胶地面是目前运动场地中应用最广的材料之一，它具有弹性好、吸震性能好，耐磨、耐油、耐气候老化，防滑、平整、色彩美观，使用舒适、不易产生运动疲劳，易清洁、易维修管理，使用寿命长等优点。

1. 塑胶地面适用范围

塑胶地面适用于田径场跑道、公园慢跑道、球场和老年人锻炼场地等。

根据面层、底层材料及工艺不同，塑胶场地种类见表 6-1。

表 6-1　塑胶场地种类

类型	全塑型	复合型	混合型	透气型
面层	PU 纯胶浆	PU 颗粒,渗水聚氨酯密封	PU 纯胶浆	PU 掺 EPDN 颗粒
底层	PU 颗粒	再生颗粒、聚氨酯、机械施工缓冲底垫	PU 颗粒掺再生胶颗粒	机械摊铺缓冲底垫
优点	物理性能优良,拉伸强,弹性好,高耐磨,防老化,防滑性能好	弹性好,高耐磨,防滑性能好	成本低	造价低,透气。渗水,不易鼓包,对基础防水要求较低
缺点	成本高	成本高,表面防滑颗粒易脱落	使用寿命较短	防滑面较硬,而钉刺能力差,使用寿命短

塑胶运动地面应按其适应范围合理使用,其注意事项包括以下几点。

① 经常用水冲洗,保持清洁。

② 避免剧烈机械冲击、摩擦。

③ 避免切割、穿刺(使用标准跑鞋除外)。

④ 避免长期荷重。

⑤ 避免明火,隔离热源。

2. 塑胶地面施工方法

塑胶地面施工应用的铺设材料包括底胶、面胶及防滑胶粒。每层材料均在地面上进行整面积摊铺,包括配料、检查、清扫地基基础、底胶摊铺、面胶摊铺、喷撒防滑胶粒、回收剩余胶粒及画跑道线等步骤。在底胶和面胶摊铺之前根据地面基础情况,还可以增加一层底漆或纯 PU 胶浆涂覆工序。完成后的胶面应厚度均匀,没有疤痕、接缝、反光和脱胶等缺陷。竣工后地面质量良好,更加耐磨,不会出现露黑现象,还省去了裹粒防脱等后置处理工序;同时,应用全新的铺设材料,在沥青及水泥地面上均可施工,不需添加任何催化剂,没有温度限制。

(二) 人造草坪

人工草坪是以塑料化纤产品为原料,采用人工方法制作的拟草坪。用人造草皮建造运动场在国外已有十多年的历史,随着科学技术与体育事业的发展,现在由高性能聚丙烯纤维、PP 树脂、抗紫外线老化的"胺"物质阻隔层以及根据不同运动场功能的需要选配的多种添加剂构成的人工草坪不仅用于网球场、足球场、曲棍球场,而且还用于铺设田径场、橄榄球场、游泳池周边和休闲场地绿化等,是一种多功能的运动场地新型铺设材料。人工草坪与天然草坪的比较,如表 6-2 所示。

表 6-2　人工草坪与天然草坪的比较

项目	人工草坪	天然草坪
气候适应性	全天候场地,不受雨、高寒、高温、高原等极端气候影响	遇雨天场地泥泞不堪,气候干燥时尘土飞扬,草的死亡造成表土裸露
渗水性	良好,雨停后20min可进行活动	不好,雨停后3～5h,才可进行运动

续表

项目	人工草坪	天然草坪
保养维护	维护处理简单,使用单位可自行维修,修补处无色差及痕迹,维修速度快	赛事后要进行滚压、补植和灌溉等保养工作,平时常需杀虫、定期维护保养
施工要求	不高,可在沥青、水泥、硬沙地上施工,工期短	在工地上施工,工期长
耐用性	无使用期限,不易褪色,耐磨,一般可有5年以上使用寿命	耐用度极低,尖跟高跟鞋、勾状钉鞋、脚踏车、机动车等尖硬物体不易在场地上使用
造价	造价较高	造价不高
生态性	材质环保,表面层可回收再利用,但表面温度变化幅度大,尤其是夏季	自然植被,可降低场地温度

人工草坪是以塑料化纤产品为原料,采用人工方法制作的拟草坪。人工草坪可分为两种类型,即编织型和镶嵌型。

1. 编织型草坪

编织型草坪采用尼龙编织,成品呈毯状,制作程序复杂,价格相对昂贵,草坪表面硬度大,缓冲性能不好,但草坪均一性好,结实耐用,适用于网球、曲棍球和草地保龄球等运动。镶嵌式草坪的叶状纤维长度较长且变化较大,草丛间填充石英砂和橡胶粒等,外观与性状表现也与天然草坪较为接近,适用于足球、橄榄球和棒球等运动。

2. 镶嵌型草坪

镶嵌型草坪的叶状纤维长度较长且变化较大,草丛间填充石英砂、橡胶粒等,外观与性状表现也与天然草坪较为接近,适用于足球、橄榄球、棒球等运动。

人造草坪的制作材料一般有两种,即聚丙烯(PP)和聚乙烯(PE)。

PP材料的人造草坪质地坚实,缓冲力较小,适用于冲击强度较小的运动项目,如网球等。

PE材料的人造草坪质地柔软,缓冲性能良好,对运动员的伤害作用小,适用于冲击强度较大的运动项目,如足球和橄榄球等。

人造草坪的填充材料一般为砂或橡胶颗粒,有时也将两者混合使用。对于冲击强度较大的运动项目,如橄榄球、足球等,应适当增加橡胶颗粒的比例,尽量减少可能对运动员的损伤;对冲击强度小或几乎没有冲击强度的运动场地(如网球场等),只要场地硬度均一即可,对缓冲性的要求不高,因此在填充材料的选择上范围较广。所以,在建造人造草坪之前,应根据不同场地需要选择不同的人造草坪类型、所用人造草坪的纤维材料、填充物质的类型及填充深度等,并做好场地的排水设计。

(三) 橡胶地垫

橡胶地垫是以再生胶为原料,以高温硫化的方式形成的一种新型地面装饰材料。橡胶地垫由两层不同密度的材料构成,彩色面层采用细胶粉或细胶丝并经过特殊工艺着色,底层则采用粗胶粉或胶粒、胶丝制成。该产品克服了各种硬质地面和地砖的缺点,能让使用者在行走和活动时处于安全舒适的生理和心理状态,脚感舒适,身心放松。用该产品铺设的运动场地,不仅能更好地发挥竞技者的技能,还能将跳跃和器械运动等可能对人体造成的伤害降到最低程度。

橡胶地垫抗压,耐冲击,摩擦系数大,有弹性,减震防滑,防护性能强;耐候性、耐温性能好，抗紫外线性能好，在－40～100℃范围内可正常使用，可满足不同场所的需求；耐水性能好，表面易清洗，好保养；隔热，隔声，抗静电，阻燃，安全系数大；无毒，对人体无刺激，无污染，防霉，不滋生微生物。

橡胶地垫规格多样，色彩丰富，不反光，饰面美观大方，可随意组合出多种图案。橡胶地垫施工方便，可用胶黏剂铺设，也可直接铺设，可广泛应用于幼儿园、体育场馆、健身房、学校、办公大楼、老年人活动中心、超市、商场等场所。

第二节　园路其他结构层材料

一、园路基层材料

园路基层材料常用碎（砾）石、灰土或各种工业废渣等，以下列举干结碎石、天燃级配砂砾、石灰土、煤渣石灰土、二灰土进行简单介绍。

1. 干结碎石

干结碎石基层是指在施工过程中不洒水或少洒水，依靠充分压实或用嵌缝料充分嵌挤使石料间紧密锁结所构成的具有一定强度的结构，厚度通常为 8～16cm，适用于园路中的主路等。

材料规格要求：要求石料强度不低于 8 级，软硬不同的石料不宜掺用；碎石最大粒径视厚度而定，通常不宜超过厚度的 0.7 倍，0.5～20mm 粒料占 5%～15%，50mm 以上的大粒料占 70%～80%，其余为中等粒料。

选料时，应先将大小尺寸大致分开，分层使用。长条、扁片的含量不宜超过 20%，否则就要就地打碎作为嵌缝料使用。结构内部空隙要尽量填充粗砂、石灰土等材料（具体数量根据试验确定），其数量在 20%～30%的范围内。

不同路面厚度干结碎石材料用量参考见表 6-3。

表 6-3　干结碎石材料用量参考

路面厚度/cm	大块碎石		第一次嵌缝料		第二次嵌缝料	
	规格/mm	用量/(m³/km²)	规格/mm	用量/(m³/km²)	规格/mm	用量/(m³/km²)
8	30～60	88	5～20	20	—	—
10	40～70	110	5～20	25	—	—
12	40～80	132	20～40	35	5～20	18
14	40～100	154	20～40	40	5～20	20
16	40～120	176	20～40	45	5～20	22

2. 天然级配砂砾

天然级配砂砾是用天然的低塑性砂料，经摊铺整型、洒适当水、碾压后所形成的基层结构，其具有一定的密实度和强度。它的厚度一般为 10～20cm，若厚度超过 20cm 需分层铺筑，适用于园林中各级路面，特别是有荷载要求的嵌草路面，如草坪停车场等。

材料规格要求：砂砾要求颗粒坚韧，粒径大于 20mm 的粗集料含量应占 40%以上，其中最大粒径不可大于基层厚度的 0.7 倍，即使基层厚度要大于 14cm，砂石材料最大粒径一般也不能大于 10mm。粒径 5mm 以下颗粒的含量应小于 35%，塑性指数不大于 7。

3. 石灰土

在粉碎的土中，掺入适量的石灰，按一定的技术要求把土、灰、水三者拌和均匀，在最佳含水量的条件下成型的结构称为石灰土基层。

石灰土力学强度高，有较好的水稳性、抗冻性和整体性。它的后期强度也很高，适合各种路面的基层、底基层和垫层。为了达到要求的压实度，石灰土基层要用不小于 12t 的压路机或用铲等压实工具进行碾压。每层的压实厚度最小不应小于 8cm，最大也不应大于 20cm，如超过 20cm 应分层铺筑。

材料规格要求如下。

（1）土。塑性指数在 4 以上的粉性土、砂性土、黏性土都可用于修筑石灰土。

① 塑性指数 7～17 的黏性土类易于粉碎均匀，便于碾压成型，铺筑效果比较好。人工拌和，应筛除 1.5cm 以上的土颗料。

② 土中的盐分和腐殖物质对石灰有不良影响，对硫酸含量超过 0.8％或腐殖质含量超过 10％的土类，都要事先通过试验，参考已有经验进行处理。土中不得含有树根、杂草等物。

（2）石灰

① 石灰质量应符合标准。要尽量缩短石灰存放时间，最好在出厂后 3 个月内使用，否则就需采取封土等有效措施。

② 石灰土的石灰剂量是按熟石灰占混合料总干容重的百分率计算的。石灰剂量的大小可根据结构层所在位置要求的强度、水稳性、冰冻稳定性及土质、石灰质量、气候及水文条件等因素，参照已有经验来确定。

（3）水。一般露天水源和地下水源都可用于石灰土施工。如对水质有疑问，应事先进行试验，经鉴定后方可使用。

（4）混合料的最佳含水量和最大密实度。石灰土混合料的最佳含水量和最大密实度（即最大干容重），是随土质及石灰的剂量不同而不同的。最大密度随着石灰剂量的增加而减少，最佳含水量则随着石灰剂量增加而增加。

4. 煤渣石灰土

煤渣石灰土也称二渣土，是煤渣、石灰（或电石渣、石灰下脚料）、土三种材料在一定配比下，经拌和压实后形成强度较高的一种基层。

煤渣石灰土具有石灰土的全部优点，同时还因其有粗粒料做骨架，使它的强度、稳定性和耐磨性都好于石灰土。另外由于它的早期强度高还有利于雨季施工，它的隔温防冻、隔泥排水性能也比石灰土要好，适合地下水位较高或靠近湖边的道路铺装场地。煤渣石灰土对材料的要求不太严，允许范围比较大。一般最小压实厚度不应小于 10cm，但也不宜超过 20cm，大于 20cm 时要分层铺筑。

材料规格要求如下。

（1）煤渣。锅炉煤渣或机车炉渣均可使用。要求煤渣中未燃尽的煤质（烧失量）不超过 20％，煤渣中无杂质。颗粒略有级配，一般大于 40mm 的粒径不应超过 15％（若用铧犁或重耙拌和，粒径可适当放宽），小于 5mm 粒径不应大于 60％。

（2）石灰。氧化钙含量大于 20％的消石灰、电石渣或石灰下脚料均可使用。若用石灰下脚料，在使用前，需先进行化学分析及强度试验，防止有害物质混入。

（3）土。一般可就地取土，但必须符合对土的要求。人工拌和时土应筛除粒径 15mm 以上的土块。

（4）煤渣石灰土混合料的配比。煤渣石灰土混合料的配比要求不严，可较大范围内变动，影响强度不大，因此，表6-4的煤渣灰配比数值仅供参考，在实际应用中，可以根据当地条件适当调整。

表6-4　煤渣灰配比参考

混合料名称	材料数量（质量分数）/%		
	消石灰	土	煤渣
煤渣石灰土	6～10	20～25	65～74
	12	30～60	28～58

5. 二灰土

二灰土是用石灰、粉煤灰、土按一定的配比混合，加水拌匀后碾压而成的一种基层结构，其强度比石灰土还高，且具有一定的板体性和较好的水稳性。在产粉煤灰的地区很有推广的价值。由于二灰土由细料组成，对水敏感性强，初期强度低，在潮湿寒冷季节结硬较慢，因此冬季或雨季施工较困难。为了达到要求的压实度，二灰土每层厚度最小不宜小于8cm，最大不超过20cm，大于20cm时要分层铺筑。

材料规格要求如下。

（1）石灰。二灰土对石灰活性氧化物的含量要求不高，一般氧化钙含量大于20%便可使用。若用电石渣或石灰下脚料，与煤渣石灰土的要求相同。

（2）粉煤灰。粉煤灰是电厂煤粉燃烧后的残渣，呈黑色粉末状，80%左右的颗粒粒径小于0.074mm，密度在600～750kg/m³的范围内，因粉煤灰是用水冲排出的，所以含水量较大，应堆置一定时间，晾干后再使用。粉煤灰颗粒粗细不同，颗粒越细对水敏感性越强，施工越不容易掌握含水量，故要选用粗颗粒。

（3）土。土质对二灰土的影响很大。土的塑性指数越高，二灰土的强度也越高，因此要尽量采用黏性土，但塑性指数也不应大于20。用铧犁和重耙（或手扶拖拉机带旋耕犁）拌和时，土可不过筛。

（4）混合料配比。合理的配比要通过抗压强度试验确定。一般经验配比：石灰、粉煤灰与土为12∶35∶53，相应的体积比为1∶2∶2。

二、园路结合层材料及园路附属工程材料

园路结合层是指在采用块料铺筑面层时路面面层和基层之间，为了结合找平而设置的一层。用于提高界面间黏结力的材料层。连接底层与面层起承上启下的作用，一般施工对结合层砂浆要求比较黏稠。通常用M7.5水泥、白灰、混合砂浆或1∶3白灰砂浆，砂浆摊铺宽度应大于铺装面5～10cm，已拌好的砂浆应当日用完，也可用3～5cm的粗砂均匀摊铺而成。常用材料如下。

（1）粗砂。粗砂是沙土中砾粒含量不大于25%，而粒径大于0.5mm的含量超过总质量50%的砂。

（2）水泥砂浆。水泥、沙子和水的混合物。在建筑工程中，一是用作块状砌体材料的黏合剂，比如砌毛石、红砖要用水泥砂浆；二是用于室内外抹灰。水泥砂浆在使用时，还要经常掺入一些添加剂如微沫剂、防水粉等，以改善它的和易性与黏稠度。

（3）混合砂浆。混合砂浆＝砂＋水泥＋石灰膏（或者黏土等）＋水。混合砂浆由于加入

了石灰膏，改善了砂浆的和易性，操作起来比较方便。

园路铺设时，结合层应密实、牢固，如发现结合层不平，应取出路面材料，以结合层材料重新找平，严谨用砖、石材料临空填塞。

三、道牙、台阶材料

1. 道牙

道牙是路缘石的别名（一般称路缘石），简称缘石，分为立缘石（简称侧石）和平缘石（简称平石），安装在道路边缘，起保护路面的作用。通常用砖、混凝土或花岗岩制成，在园林中也可用瓦、大卵石等制成。

道牙一般分为立道牙和平道牙两种形式，是用来在道路上划分不同区域的，比如说将车行道和人行道分开时必须采用立道牙，而人行道和自行车道分开就可以采用平道牙或者采用不同色块和材质的道板转。其中立道牙适用于块料路面，平道牙适用于整体路面，它们安置在路面两侧，使路面与路肩在高程上起衔接作用，并能保护路面，便于排水。正是有了立道牙，使流到车行道内的雨水可以汇集在立道牙和道路横坡所组成的小三角地带内，这样既能方便设置雨水口收集雨水，又能减小降雨对靠近中心线车道行车的影响，保证道路的通行能力。道牙一般用砖或混凝土制成，在园林中也可用瓦、大卵石等制成。

道路分为城市道路和公路。道牙一般用于城市道路，公路有时会用平道牙（就是和道路一样高的道牙）。城市道路的道牙主要的作用是：①下雨后雨水会汇集到路边和道牙所形成的沟里，沿道牙会设置收水口收集雨水。②车辆不上便道，保证行人的安全，避免便道被压坏。

通常立道牙凸出地面高度是 100mm、150mm、200mm 三种。

2. 台阶

台阶的制作材料有多种，以石材来说就有自然石，如六方石、圆石、鹅卵石及整形切石、石板等；木材则有杉、桧等的角材或圆木柱等；其他材料还包括红砖、水泥砖、钢铁等。此外还有各种贴面材料，如石板、洗石子、瓷砖、磨石子等。选用材料时要从多方面考虑，基本条件是坚固耐用，耐湿耐晒。

第七章

园林供电工程材料的
识别与应用

第一节　园路灯具

一、照明光源

照明光源指用于建筑物内外照明的人工光源。照明光源主要采用电光源，即将电能转换为光能的光源。一般分为热辐射光源、气体放电光源和半导体光源三大类。

（一）热辐射光源

热辐射光源是利用物体通电加热至高温时辐射发光的原理制成的。这类光源结构简单，使用方便，在光源额定电压与电源电压相同的情况下即可使用，常用的如下。

1. 白炽灯

普通白炽灯的特点是构造简单、使用方便、能瞬间点亮、无频闪现象、价格便宜等，可以用在超低电压的电源上；可即开即关，为动感照明效果提供了可能性；可以调光，所发出的光以长波辐射为主，呈红色，与天然光有些差别；其发光效率较低，仅 $6.5 \sim 19 \mathrm{lm/W}$，只有 2%～3% 的电能转化光，灯泡的平均寿命 1000h 左右。常用白炽灯品种如图 7-1 所示。

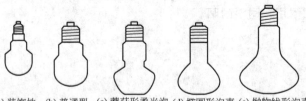

(a) 装饰性　(b) 普通型　(c) 蘑菇形柔光泡　(d) 椭圆形泡壳　(e) 抛物线形泡壳
白炽灯　　白炽灯　　壳反射型白炽灯　反射型白炽灯　反射型白炽灯

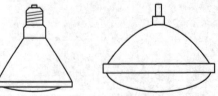

(f) PAR38反射型白炽灯　　　(g) PAR56反射型白炽灯

图 7-1　常用白炽灯品种

（1）普通型。普通型透明玻璃壳灯泡，功率有 10W、15W、25W、40～1000W 等多种规格。40W 以下是真空灯泡。40W 以上则充以惰性气体，如氩气、氮气或氩氮混合气体。

（2）漫射型。通常采用乳白玻璃壳或在玻璃壳内表面涂以扩散性良好的白色无机粉末，使灯光具有柔和的漫射特性，常见的规格有 25～250W 等多种。

（3）反射型。在灯泡玻璃壳内的上部涂以反射膜，使光线向一定方向投射，光线的方向性较强；功率常见有 40～500W。最常使用的几种灯是 MR 灯（低电压型卤钨灯的代表）、PAR 灯（压制泡壳反射型白炽灯）、R 灯，都是通过内置反射器提供不同的光输出。

（4）水下型。水下灯泡通常用特殊的彩色玻璃壳制成，在水下能承受 0.25MPa，功率为 1000～1500W。这种灯泡主要用在涌泉、喷泉、瀑布水池中作水下灯光造景。

（5）装饰型。用彩色玻璃壳或在玻璃壳上涂以各种颜色，使灯光成为不同颜色的色光，其功率一般为 15～40W。

2. 微型白炽灯

此类光源虽属于白炽灯系列，但因为它功率小、所用电压低，所以照明效果不好，在园林中主要是作为图案、文字等艺术装饰使用，如可塑霓虹灯、美氖灯、满天星灯等。微型灯泡的寿命一般在 5000～10000h，其常见的规格有 6.5V/0.46W、13V/0.48W、28V/0.84W 等几种，体积最小的直径只有 3mm，高度只有 7mm。

（1）一般微型灯泡。一般微型灯泡主要是体积小、功耗小，只起普通发光装饰作用。

（2）断丝自动通路微型灯泡。断丝自动通路微型灯泡可以在多灯串联电路中某一个灯泡的灯丝烧断后，自动接通灯泡两端电路，从而使串联电路上的其他灯泡能够继续发光。

（3）定时亮灭微型灯泡。定时亮灭微型灯泡能够在一定时间中自动发光，又能在一定时间中自动熄灭。其通常不单独使用，而是在多灯泡串联的电路中，使用一个定时亮灭微型灯泡来控制整个灯泡组的定时亮灭。

3. 卤钨灯

卤钨灯是白炽灯的改进产品，光色发白，较白炽灯有所改良，其发光效率约为 221lm/W，平均寿命约 1500h，其规格有四种，即 500W、1000W、1500W、2000W。管形卤钨灯需水平安装，倾角不得大于 4°，在点亮时灯管温度达 600℃左右，所以不能与易燃物接近。卤钨灯有两种形状，即管形和泡形，其特点是体积小、功率大、可调光、显色性好、能瞬间点燃、无频闪效应、发光效率高等，多用于较大空间和要求高照度的场所。卤钨灯品种如图 7-2 所示。

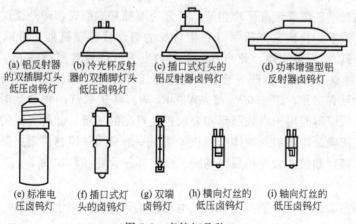

(a) 铝反射器的双插脚灯头低压卤钨灯　(b) 冷光杯反射器的双插脚灯头低压卤钨灯　(c) 插口式灯头的铝反射器卤钨灯　(d) 功率增强型铝反射器卤钨灯

(e) 标准电压卤钨灯　(f) 插口式灯头的卤钨灯　(g) 双端卤钨灯　(h) 横向灯丝的低压卤钨灯　(i) 轴向灯丝的低压卤钨灯

图 7-2 卤钨灯品种

（二）气体放电光源

气体放电光源是利用电流通过气体时发光的原理制成的。这类灯的发光效率高，寿命长，光色品种多。

1. 荧光灯

荧光灯俗称日光灯，其灯管内壁涂有能在紫外线刺激下发光的荧光物质，依靠高速电子，使灯管内蒸气状的汞原子电离而产生紫外线并进而发光。其发光效率通常可达 45lm/W，有的可达 70lm/W 以上。灯管表面温度很低，光色柔和，眩光少，光质接近天然光，有助于颜色的辨别，同时光色还可以控制。灯管的寿命长，通常在 2000~3000h，国外也有达到 10000h 以上的。荧光灯的常见规格有 8W、20W、30W、40W 等，其灯管形状有直管形、环形、U 形和反射形等，近年来还发展有用较细玻璃管制成的 H 形灯、双 D 形灯、双曲灯等，被称为高效节能日光灯；其中还有些将镇流器、启辉器与灯管组装成一体的，可以直接代替白炽灯使用。普通日光灯的直径为 16mm 和 38mm、长度为 302.4~1213.6mm。彩色日光灯管尺寸与普通日光灯相似，颜色有蓝、绿、白、黄、淡红等，是很好的装饰兼照明用的光源。荧光灯品种如图 7-3 所示。

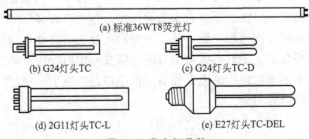

(a) 标准36WT8荧光灯
(b) G24灯头TC
(c) G24灯头TC-D
(d) 2G11灯头TC-L
(e) E27灯头TC-DEL

图 7-3　荧光灯品种

2. 冷阴极管（包括霓虹灯）

冷阴极管发光原理类似于荧光灯，但它通常在 9000~15000V 之间的电压下运行，光效更低，主要用于标志牌、光雕塑、建筑物轮廓照明等，其优点是能够任意塑形，在尺寸和形状上具有灵活性，还能产生出各种强烈鲜艳的色彩，其取决于管中使用的气体、管壁内侧的磷涂层以及管壁玻璃的颜色。

3. 高压汞灯

高压汞灯发光原理与荧光灯原理相同，可分为两种基本形式，即外镇流荧光高压汞灯和自镇流荧光高压汞灯。自镇流高压汞灯利用自身的钨丝代作镇流器，可以直接接入220V、50Hz 的交流电路，不用镇流器。荧光高压汞灯的发光效率通常可达 50lm/W，灯泡的寿命可达 5000h，其特点是耐震、耐热。普通荧光灯高压汞灯的功率为 50~100W，自镇流荧光高压灯的功率常见有三种，即 160W、250W、450W。高压汞灯的再启动时间长达 5~10s，不能瞬间点亮，所以不能用于事故照明和要求迅速点亮的场所。此种光源的光色差，呈蓝紫色，在光下不能正确分辨被照射物体的颜色，所以一般只用做园林广场、停车场、通车主园路等不需要仔细辨别颜色的大面积照明场所。标准高压汞灯品种如图 7-4 所示。

4. 钠灯

钠灯是利用在高压或低压钠蒸气中，放电时发出可见光的特性制成的。其发光效率高，通常在 110lm/W 以上；寿命长，通常在 3000h 左右；其规格从 70~400W 的都有。低压钠

(a) 椭球泡壳型HME　　　　(b) 球形泡壳型HMG　　　　(c) 内置反射器型HST70W

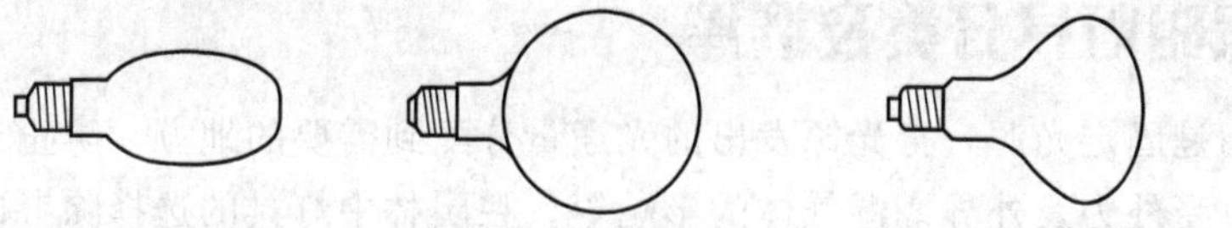

图 7-4　标准高压汞灯品种

灯的显色性差，但透雾性强，很少用在室内，主要用于园路照明。高压钠灯的光色有所改善，呈金白色，透雾性能良好，所以适合于一般的园路、出入口、广场、停车场等要求照度较大的广阔空间照明。标准高压钠灯品种如图 7-5 所示。

(a) 单端椭球泡壳型HSE　(b) 单端管型泡壳型　　(c) 单端管形泡壳型　　(d) 双端管型泡壳型HST-DE
　　　　　　　　　　　　　HST70W　　　　　　　HST700W

图 7-5　标准高压钠灯品种

5. 金属卤化物灯

金属卤化物灯是在荧光高压汞灯基础上，为改善光色而发展起来的第三代光源，灯管内充有碘、溴与锡、钠、镝、钪、铟、铊等金属的卤化物，紫外线辐射较弱，显色性良好，可发出与天然光相近似的可见光，发光效率可达到 $70\sim100lm/W$；其规格有 250W、400W、1000W 和 3500W 等。金属卤化物灯尺寸小、功率大、光效高、光色好，启动所需电流低、抗电压波动的稳定性比较高，所以是一种比较理想的公共场所照明光源；它的缺点是寿命较短，通常在 1000h 左右，3500W 的金属卤化物灯则只有 500h 左右。标准金属卤化物灯品种如图 7-6 所示。

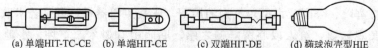

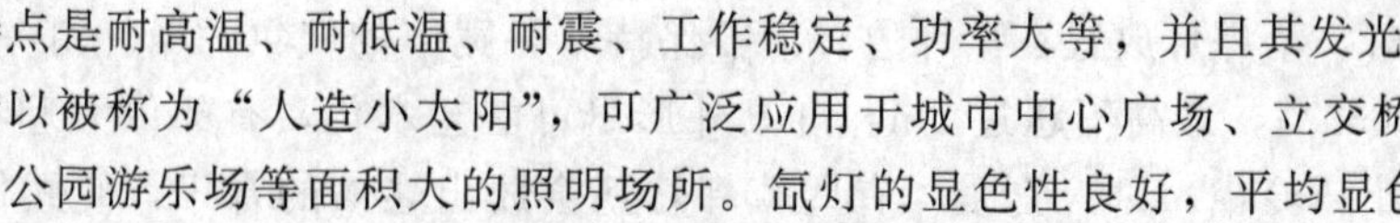

(a) 单端HIT-TC-CE　(b) 单端HIT-CE　　(c) 双端HIT-DE　　(d) 椭球泡壳型HIE

图 7-6　标准金属卤化物灯品种

6. 氙灯

氙灯的特点是耐高温、耐低温、耐震、工作稳定、功率大等，并且其发光光谱与太阳光极其近似，所以被称为"人造小太阳"，可广泛应用于城市中心广场、立交桥广场、车站、公园出入口、公园游乐场等面积大的照明场所。氙灯的显色性良好，平均显色指数达 90～94；其光照中紫外线强烈，所以安装高度不得小于 20m。氙灯的寿命较短，通常在 500～1000h 之间。

(三) 半导体光源

半导体光源包括电致发光灯和半导体等。电致发光灯是荧光粉在电场作用下发光；半导体等是半导体 p-n 结发光。这类光源仅用于需要特殊照明的场所，如发光二极管。

发光二极管（LED），是一种固态的半导体器件，发光原理属于场致发光。LED 为一块小型晶片封装在环氧树脂里，因此体积小、重量轻。它的典型用途是用于显示屏及指示灯，现已大量用于景观装饰中，如标志牌、光雕塑、LED 美氛灯等。

二、园林照明灯具分类及选择

灯具的作用是固定光源，把光源发出的光通量分配到需要的地方，防止光源引起的眩光以及保护光源不受外力及外界潮湿气体的影响等。在园林中灯具的选择除考虑到便于安装维护外，更要考虑灯具的外形和周围园林环境相协调，使灯具能为园林景观增色。

灯具按结构分类可分为开启型、保护式、防水式、密封型及防爆型等。

灯具按光通量在空间上、下半球的分布情况，又可分为直射型灯具、半直射型灯具、漫射型灯具、半反射型灯具、反射型灯具等。而直射型灯具又可分为广照型、均匀配光型、配照型、深照型和特深照型五种。

下面介绍几种园林中常见的灯具。

1. 门灯

庭院出入口与园林建筑的门上安装的灯具为门灯，包括在矮墙上安装的灯具。门灯还可以分为门顶灯、门壁灯、门前座灯等。

（1）门顶灯。门顶灯竖立在门框或门柱顶上，灯具本身并不高，但与门柱等混成一体就显得比较高大雄伟，使人们在踏进大门时，抬头望灯，会感到建筑物的气派非凡。

（2）门壁灯。门壁灯分为枝式壁灯与吸壁灯两种。枝式壁灯的造型类似室内壁灯，可称得上千姿百态，只是灯具总体尺寸比室内壁灯大，因为户外空间比室内大得多，灯具的体积也要相应增大，才能匹配。室外吸壁灯的造型也相似于室内吸壁灯，安装在门柱（或门框）上时往往采取半嵌入式。

（3）门前座灯。门前座灯位于正门两侧（或一侧），高 2～4m，其造型十分讲究，无论是整体尺寸、形象，还是装饰手法等，都必须与整个建筑物风格完全相一致，特别是要与大门相协调，使人们一看到门前座灯，就会感觉到建筑物的整体风格，而留下难忘的印象。

2. 庭园灯

庭园灯用在庭院、公园及大型建筑物的周围，既是照明器材，调是艺术欣赏品。因此庭园灯在造型上美观新颖，给人以心情舒畅之感。庭园中有树木、草坪、水池、园路、假山等，因此各处的庭园灯的形态性能也各不相同。

（1）园林小径灯。园林小径灯竖在庭园小径边，与树木、建筑物相衬，灯具功率不大，使庭园显得幽静、舒适。选择园林小径灯时，必须注意灯具与周围建筑物相协调。

（2）草坪灯。草坪灯放置在草坪边。为了保持草坪宽广的气氛，草坪灯一般都比较矮，一般为 40～70cm 高，最高不超过 1m。灯具外形尽可能艺术化，有的像大理石雕塑，有的像亭子，有的小巧玲珑，讨人喜爱。有些草坪灯还会放出迷人的音乐，使人们在草坪上休息、散步时更加心旷神怡。

3. 水池灯

水池灯具有十分好的防水性，灯具中的光源一般选用卤钨灯，这是因为卤钨灯的光谱呈连续性，光照效果很好。当灯具放光时，光经过水的折射，会产生色彩艳丽的光线，特别是照射在喷水池中的水柱上时，人们会被五彩缤纷的光色与水柱所陶醉。

4. 道路灯具

道路灯具既有照明作用，又有美化作用。道路灯具可分为两类：一是功能性道路灯具，二是装饰性道路灯具。

（1）功能性道路灯具。功能性道路灯具有良好的配光，使灯具发出的大部分光能比较均匀地投射在道路上。功能性道路灯具可分为横装式与直装式灯具两种。横装式灯具在近十余年来风行世界，这种灯反射面设计比较合理，光分布情况良好。在外形的造塑方面有方盒形、流线形、琵琶形等等，美观大方，深受喜欢。直装式路灯又可分老式与新式两种，老式直装灯式造型很简单，多数用玻璃罩、搪瓷罩或铁皮涂漆罩加上一只灯座，因其配光不合理，直射下的路面很亮，而道路中央及周围反而显得暗了，因此，这种灯已被逐渐淘汰。新式直装式道路灯具有设计合理的反光罩，能使灯光有良好的分布。由于直装式道路灯具换灯泡方便，且高压汞灯、高压钠灯等在直立状态下工作情况比较好，因此，新式直装灯式道路灯具发展比较迅速。但这种灯的反射器设计比较复杂，加工比较困难。

（2）装饰性道路灯具。装饰性道路灯具主要安装在园内主要建筑物前与道路广场上，灯具的造型讲究，风格与周围建筑物相称。这种道路灯具不强调配光，主要以外表的造型来美化环境。

5. 太阳能灯

太阳能发电具有安全可靠，无噪声，无污染；能量随处可得，无需消耗燃料；无机械转动部件，维护简便，使用寿命长；建设周期短，规模大小随意；可以无人值守，也无须架设输电线路，还可方便与建筑物相结合等许多优点。这些都是常规发电和其他发电方式所不及的。太阳能发电是能源的高新技术，具有明显的优势和巨大的开发利用潜力。充分利用太阳能有利于维护人与自然的和谐平衡。

太阳能灯是白天将太阳能储存，夜晚作为电能供给用来照明的节能照明设施。其安装简便、工作稳定可靠、不敷设电缆、不消耗常规能源、使用寿命长，是当今社会大力提倡利用的绿色能源产品。广泛应用于道路、公共绿地、广场等场所的照明及亮化装饰。

目前大多数太阳能灯选用LED作为光源，LED寿命长，工作电压低，非常适合应用在太阳能灯上。

太阳能灯设置建议：城镇公园，别墅小区内，路宽2～5m处，适用太阳能庭园灯照明，灯高4m，光源用超亮LED灯，灯功率15W，路灯间距为单边25m；道路中，宽8～10m双向车道，适用太阳能路灯照明，灯高6m，灯光源用超高亮LED灯，灯功率30W，路灯间距为单边30m。

（1）太阳能灯的优势。太阳能灯具与传统照明灯具相比，具有以下几点优势：

① 太阳能灯属于绿色环保照明灯具，环保节能，无污染，是真正的绿色照明。太阳能灯的能量来源于取之不尽、用之不竭的太阳能，是资源最丰富的可再生资源。太阳能发电不会给空气带来污染，也不破坏生态环境，是一种清洁安全环保的能源。在自然界可不断生成，又是可再生的绿色能源。

传统照明灯具多使用煤电，煤是不可再生的资源，并且燃烧发电的过程中会生成二氧化碳等温室气体，影响环境。

② 节电效果明显，一次投资，长期受益。无须支付电费，节约成本。

太阳能灯使用太阳能供电，无须再消耗其他电能，成本低廉。而传统照明电器需要使用电网供电，除了自身照明使用，还有电缆损耗，耗电大，浪费多，价格昂贵。

③ 安装方便，无需挖沟埋线，避免损坏道路，节省施工费用。特别适用于附近无电源和难于敷设电缆的路段，安装好的太阳能灯具还可以随时调整布局而不用花费太多的工程量。

太阳能照明灯安装简便，无须复杂的土方和线路工程，只要做一个水泥基座，然后用螺钉、螺母将灯具固定即可。

传统照明灯具安装复杂，首先要铺设电缆，这就需要破开路面、开挖电缆沟、铺设套管、管内穿线、回填土方等大量程序，还需要安装变压器和配电柜，对安装环境和线路要求高，而且人工和辅助材料成本费用大，在其安装、调试和使用过程中，只要任何一条线路出现问题，就要大面积返工，费时费力。

④ 不受市政供电系统的影响，不管停电与否都一样可以照明。因为太阳能灯具在设计时就留有余量，即使在阴天也同样开灯工作，而传统照明工具在停电时便不能起到照明作用。

⑤ 太阳能灯具采用控制器进行控制管理。天黑自动放电开灯，天亮自动关灯充电，工作过程中无须人工管理，省事省钱。

⑥ 使用低电压 36V 以下供电，安全可靠，特别适用于油田等特殊场所。

传统照明灯具存在着施工质量、器材质量、线路自然老化、供电不正常、水电气管道冲突等多方面用电安全隐患，容易对人群造成生命、财产威胁。而太阳能照明没有安全隐患。太阳能灯是低电压产品（36V 以下），运行安全可靠。

⑦ 维护简单，没有电缆被盗的麻烦。

（2）太阳能灯的缺陷。与传统照明灯具相比，太阳能灯也有缺陷，其缺点如下：

① 造价较高太阳能产品与传统的煤、油、电、气等能源相比，虽然从一定的时间跨度上来计算，还是非常省钱的，但一次性投入要高一点。

② 电池板大小受环境和景观效果制约。太阳能电池板必须保证足够的日照时间才能有足够的电能供给灯具照明使用。所以对太阳能电池板安装位置要求高，对其安装角度也有严格要求。

电池板转换效率不高，暂时很难满足防风和不影响景观效果的要求。根据道路照明设计规范，1.0W 节能灯只能满足支路照度的要求，所以目前太阳能照明仅能立足于小功率产品。

③ 配套灯泡技术问题与太阳能低压直流电源配套的直流灯泡选择余地很小。价格较高，光色、照度也不易令人满意。

6. 景观艺术灯

景观艺术灯是现代景观中不可缺少的部分，它不仅自身具有较高的观赏性，还强调景观艺术灯与景区历史文化、周围环境的协调统一。景观艺术灯利用不同的造型、相异的光色与亮度来造景，适用于广场、居住区和公共绿地等景观场所。

7. 墙头灯

墙头灯是设置在墙头上的照明设施，需要与墙的形态颜色等相协调，还需要与墙内外的景观和谐统一。尤其是非实体的栅栏墙体，由于内外景致通透，墙头灯的造型与亮度更不能马虎。墙头灯适用于广场、公园、花园、别墅和私人小院等的实体或栅栏墙头上。

8. 地灯

地灯又称地埋灯或藏地灯，是镶嵌在地面上的照明设施。地灯对地面和地上植被等进行照明，能使景观更美丽，行人通过更安全。为了确保排水通畅，建议在安装地灯灯具时，在其下部垫上碎石。目前，地灯多用 LED 节能光源，表面为不锈钢抛光或铝合金面板，并使用优质的防水接头。

9. 壁灯

壁灯是指安装在墙壁上，对附近景观进行照明，并以优美的造型装饰墙体的照明设施。壁灯分为两种，即嵌入式和非嵌入式。其中，嵌入式壁灯适合走道和台阶的照明。

10. 其他景观灯

（1）射灯。射灯是以束状光线来进行局部重点照明的照明设施，一般适用于照亮突出特殊的小品或者广告牌等。

射灯光源的选择应考虑光色、演色性、效率、寿命等因素。光色与建筑物之外墙材料颜色须协调。一般来说，砖、黄褐色的石材较适合使用暖色光来照射，使用光源为高压钠灯或卤化物灯。白色或浅色的大理石则可以使用色温较高的冷白色光（复金属灯）来照射，也可使用高压钠灯，花叶混合或叶色不同的绿化带适合选用显色性好的金属卤化物灯；而所需照度主要取决于周边环境的明暗以及建筑物外墙材料颜色的深浅。次立面照度常为主立面的一半，以借两个面的明暗不同来表现出建筑物的立体感。灯具的形状来看，方形投光灯的光线分布角度较大，圆形灯具的角度较小。广角型灯具效果较均匀，但不适合做远距投射，窄角型灯具适合做较远距离的投射，但近距离使用时则均匀度较差。另外，灯具的选择除配比特性外，外形、材质、防尘、防水等级（IP 等级）等也都是必须考虑的因素。

（2）彩虹灯。彩虹灯的主要构造材料是 PVC 材料、铜线和灯泡。彩虹灯可塑性高，可以随意弯曲制成各种字体和图案，安全耐用，可承受日晒雨淋。适合于建筑楼宇外墙轮廓装饰和户外广告图案构成等。

（3）强力空中探照灯。强力空中探照灯由大功率模块、大功率氙灯光源和铝合金灯体等构件组成。即开即亮，光束直入云层，数公里可见。可用于城市建筑和旅游景点等营造灯光夜景。

（4）护栏灯。护栏灯是广泛应用于桥梁、广场、地铁、旅游区，装饰建筑物的轮廓或进行其他照明装饰的照明设施。多采用优质超高亮度的 LED 发光二极管光源，具有耗电少、无热量、寿命长、耐冲击和可靠性高等特点。内置微电脑程序或外接控制器，可实现流水、渐变、跳变和追逐等数种变化效果。安装简便，易于维护。在使用中既起到警示作用，又是一道靓丽的城市景观。

（5）泛光灯。泛光灯是一种可以向四面八方均匀照射的点光源，可投射任何方向，（照射范围可以任意调整）并具有防水和防风结构，是用于照射照明对象物，使其亮度和色调区别于周围环境的照明设施。一些体形较大、轮廓不突出的建筑物，或是颜色、形态各异的植物景观，可用灯光将某些突出部分均匀照亮，以亮度、阴影的变化在黑暗中获得动人的效果。另外，在运动场所，泛光照明特别重要。泛光照明所需的照度取决于照明对象在周围景观中的重要性，所处环境（明或暗的程度）和照明对象表面的反光特性。泛光灯可具体放在下列几个位置。

① 照明对象本身内。如阳台、雨棚上。利用阳台的栏杆使灯具隐蔽，这时注意墙面的亮度应有一定的变化，防止大面积相同亮度所引起的呆板感觉。

② 灯具放在照明对象附近的地面上。此时因为灯具位于观众附近，尤其要防止灯具直接暴露在观众视野范围内，更不能看到灯具的发光面，形成眩光。通常可采用绿化等物体加以遮挡。还应注意不应将灯具离墙太近，防止在墙面上形成贝壳状的亮斑。

③ 放在路边的灯杆上。这特别适用于街道狭窄、建筑物不高的条件，如旧城区中的古建筑，可以在路灯灯杆上安设专门的投光灯照射建筑立面，既照亮了旧城的狭窄街道，也照

亮了低矮的古建筑立面。

④ 放在邻近或对面建筑物上。以前泛光照明经常安置在距离被照物比较远的位置上，而现在的趋势是将泛光照明系统尽量地靠近。

（6）星星灯。星星灯以其璀璨的亮光，给人如同被无数星星环绕的感觉。配装功能控制器后，可更好地感受星星闪烁的效果。既可用于背景光衬托其他中心事物，也可散置在树或者小品上使其更具观赏性。

（7）网灯。网灯是具有任意折叠和弯曲的装饰性照明设施，是制作造型和照明图案的最理想灯饰品种，其覆盖物体表面而形成的灯墙效果，是其他许多灯饰无法达到的。可设置在墙壁上，也可置于绿化小品等景观构筑物上，形成独具魅力的照明景观。

三、灯具的选择与识别技巧

（一）灯具的选择

1. 照明灯具选择考虑因素

在照明设计中，灯具的选择应考虑的主要因素如下。

（1）配光要求。灯具表面亮度，显色性能，眩光度。

（2）环境条件。使用环境的防护式要求。

（3）协调性。灯具的外形是否与建筑物和室内装饰协调。

（4）经济性。如灯具效率、电功率消耗、投资运作费、节能效果等。

2. 按配光特性选择灯具

（1）一般生活用房和公共建筑物内采用直接型，均匀散型灯具或荧光灯（露的或带罩的），使顶部和墙壁均有一定的亮度，整个室内空间分布均匀。

（2）当要求垂直照度时，可采用倾斜安装的灯具，或选用不对称配光的灯具，如教室黑板照明等。

（3）大厅、门厅、会议堂、礼堂、宾馆等处的照明，除满足照明功能外，还应考虑照明灯具的装饰艺术效果，对于家庭的客厅、卧室等，随着人们生活水平的不断提高，也应作以上考虑。

（4）生产厂房采用直接型灯具较多，使光通全部投射到下方的工作面上，若工作位置集中或灯具悬挂高度较高时，宜采用深照型灯具。一般生产采用深照型灯具。

（5）特殊用房，应根据需要选用专用灯具，如舞厅、舞台、手术室、摄影棚等。

（二）灯具的识别技巧

灯具产品均应先进行以下几类识别。

① 核实来源标志，如商标、厂名、厂址和联系方式等。

② 核实品牌，如利用文字、图形仿效或接近铭牌的标志。

③ 所有标志应清晰以辨，字迹要工整、正规、完整。

④ 知名品牌应在说明书或包装盒上表明功率、电压、光通量、寿命和使用注意事项等。

⑤ 包装应合理，便于运输等。

⑥ 灯体外观应精致、结实（仅针对灯类产品）。

1. 节能灯的识别技巧

（1）观察冲压点是否分布均匀，塑料件和灯头配合是否合理。

（2）用手适力拧灯头和灯体的连接部位，不应松动。

（3）用手适力摇晃灯，灯内不应发出声音。

（4）点亮节能灯观察其是否不预热。

2. 普通灯的识别技巧

（1）圆形灯泡不应变形。

（2）灯与灯头的连接处不应松动。

（3）透明灯泡可见钨丝，钨丝形状完好。

3. 荧光灯

（1）灯管全体应呈白色，不应出现黄圈。

（2）环灯灯管与灯头的连接处应可以小角度旋转。

4. 镇流器（电子、电感）

（1）外观应完整。

（2）镇流器标志功率应与所配灯相符。

第二节 变压器、电线电缆材料

一、变压器

变压器是利用电磁感应的原理来改变交流电压的装置，主要构件是初级线圈、次级线圈和铁芯（磁芯）。

（一）变压器的相关技术指标

园林供电可选用的集中变压器的有关技术数据见表7-1。

表 7-1 园林供电可选用的配电变压器

型号	额定容量 /kV·A	额定电压/kV		效率($\cos\varphi_2=1$)/%	
		高压	低压	额定负荷时	额定负荷1/2时
SJ-10/6	10	6.0	0.4	95.79	96.36
SJ-10/10	10	10.0	0.4	95.47	95.69
SJ-10/6	20	6.0	0.4	96.25	96.81
SJ-10/10	20	10.0	0.4	96.06	96.43
SJ-10/6	30	6.3	0.4	96.46	97.01
SJ-10/10	30	10.0	0.4	96.31	96.70
SJ-10/6	50	6.3	0.4	96.75	97.32
SJ-10/10	50	10.0	0.4	96.59	97.01

注：型号栏内"SJ-10/6"的意义如下：S表示三相，J表示油浸自冷式，10表示容量为10kV·A，6表示变压器高压一侧的额定电压为6kV·A；其余类推。变压器的型号通常在其铭牌上都有说明。

（二）变压器的识别技巧

1. 从外观识别

常用电源变压器的铁芯有E形和C形两种，E形铁芯变压器呈壳式结构（铁芯包裹线圈），采用 D41、D42 优质硅钢片作铁芯，应用广泛；C 形铁芯变压器用冷轧硅钢带作铁芯，磁漏小，体积小，呈芯式结构（线圈包裹铁芯）。

2. 从绕组引出端子数识别

电源变压器常见的有两个绕组，即一个初级绕组和一个次级绕组，因此有 4 个引出端。有的电源变压器为防止交流声及其他干扰，初、次级绕组间一般加一屏蔽层，此屏蔽层是接地端。因此，电源变压器接线端至少是 4 个。

3. 从硅钢片的叠片方式识别

E 形电源变压器的 E 片和 I 片间不留空隙，整个铁芯严丝合缝。音频输入、输出变压器的 E 片和 I 片之间留有一定的空隙，这是区别电源和音频的最直观方法。至于 C 形变压器，一般都是电源变压器。

二、电线电缆材料

电缆是用于电力或相关传送的材料。通常是由几根或几组导线每组至少两根绞合而成的类似绳索的电缆，每组导线之间相互绝缘，并常围绕着一根中心导线，整个外面包有高度绝缘的覆盖层。

（一）电缆的分类及构造

1. 电缆的分类

（1）根据绝缘材料分可分为塑料绝缘电缆和橡胶绝缘电缆。其中塑料绝缘电缆又可分为聚氯乙烯绝缘电缆、聚乙烯绝缘电缆和交联聚乙烯绝缘电缆。橡胶绝缘电缆则可分为橡胶绝缘型电缆和合成橡胶绝缘型电缆。

（2）根据护套分可分为铠装电缆、塑料护套电缆和橡胶护套电缆。

（3）根据铠装形式分，铠装电缆又可分为两类，即钢带铠装和钢丝铠装。

2. 电缆的构造

室外配电线路应选用铜芯电缆或导线。电缆主要由缆芯、绝缘层和保护层构成。

（1）缆芯。缆芯是导电的主芯材，用以导通电流传递电信号，多采用高电导率的铜材料制成，来减小电能损耗和发热量。电缆的缆芯形状大多为圆形，分为单股和多股。

（2）绝缘层。为了保证电缆在长期工作条件下不降低原有的信号强度，用绝缘层来防止缆芯与缆芯之间以及缆芯与大地之间的导电。绝缘层一般采用橡胶或聚氯乙烯等材料制成，常分为分相绝缘层和统包绝缘层两种。分相绝缘层是指包绕在裸体线芯上的绝缘层，为了便于区别相位，用不同颜色的缆芯绞合后在外面包上绝缘层就是统包绝缘层。

（3）保护层。保护层又称为护套，保护缆芯及绝缘，防止受机械拉力和外界机械损伤，由塑料或橡胶制成。保护层分为两部分，即内护层和外护层。内护层是避免电缆的内部受潮以及轻度的机械损伤，而外护层是保护内护层的，用以防止内护层受到机械损伤或强烈的化学腐蚀。

（二）电线电缆主要材料

1. 电线电缆绝缘材料

（1）聚乙烯（PE）。聚乙烯是乙烯的聚合物，无毒，容易着色，化学稳定性好，耐寒，耐辐射，电绝缘性好。它适合做食品和药物的包装材料，制作食具、医疗器械，还可做电子工业的绝缘材料等。

（2）聚氯乙烯（PVC）。聚氯乙烯是氯乙烯的聚合物。它化学稳定性好，耐酸、碱和有些化学药品的侵蚀。它耐潮湿、耐老化、难燃。它使用时温度不能超过60℃，在低温下会变硬。聚氯乙烯分软质塑料和硬质塑料。软质的主要制成薄膜，作包装材料、防雨用品、农用育秧膜等，还能作电缆、电线的绝缘层、人造革制品。硬质的一般制成管材和板材，管材用作水管和输送耐腐蚀性流体管，板材用作各种贮槽的衬里和地板。如：0.6/1kV 聚氯乙烯绝缘电力电缆。

（3）交联聚乙烯（XLPE）。交联聚乙烯是提高PE性能的一种重要技术。经过交联改性的PE可使其性能得到大幅度的改善，不仅显著提高了PE的力学性能、耐环境应力开裂性能、耐化学药品腐蚀性能、抗蠕变性和电性能等综合性能，而且非常明显地提高了耐温等级，可使PE的耐热温度从70℃提高到90℃以上，从而大大拓宽了PE的应用范围。目前，交联聚乙烯（XLPE）已经被广泛应用于管材、薄膜、电缆料以及泡沫制品等方面。如：35kV 及以下交联聚乙烯绝缘电力电缆。

（4）橡胶。高弹性的高分子化合物。分为天然橡胶与合成橡胶二种。天然橡胶是从橡胶树、橡胶草等植物中提取胶质后加工制成的；合成橡胶则由各种单体经聚合反应而得。具有弹性、绝缘性、不透水和空气等特性。橡胶制品广泛应用于工业或生活各方面。

2. 电线电缆导电材料

（1）铜（Cu）。是一种过渡金属，呈紫红色光泽的金属，密度 8.92g/cm³。熔点 1083.4℃±0.2℃，沸点 2567℃。常见化合价为+1 和+2。电离能 7.726eV。铜是人类发现最早的金属之一，也是最好的纯金属之一，稍硬、极坚韧、耐磨损，具有良好的延展性，导热和导电性能较好。

（2）铝（Al）。是地壳中含量最丰富的金属元素。在金属品种中，仅次于钢铁，为第二大类金属。至19世纪末，铝才崭露头角，成为在工程应用中具有竞争力的金属，且风行一时。航空、建筑、汽车三大重要工业的发展，要求材料特性具有铝及其合金的独特性质，这就大大有利于这种新金属铝的生产和应用。

3. 光纤传导材料

光纤（光导纤维）是一种利用光在玻璃或塑料制成的纤维中的全反射原理而达成的光传导工具。多数光纤在使用前必须由几层保护结构包覆，包覆后的缆线即被称为光缆。光缆分为光纤、缓冲层及披覆。光纤和同轴电缆相似，只是没有网状屏蔽层。中心是光传播的玻璃芯。

在多模光纤中，芯的直径是 15～50μm，大致与人的头发的粗细相当。而单模光纤芯的直径为 8～10μm。芯外面包围着一层折射率比芯低的玻璃封套，以使光纤保持在芯内。再外面的是一层薄的塑料外套，用来保护封套。光纤通常被扎成束，外面有外壳保护。纤芯通常是由石英玻璃制成的横截面积很小的双层同心圆柱体，它质地脆、易断裂，因此需要外加一保护层。

（三）电缆的选型

1. 影响因素

在选择控制电缆时，应主要考虑以下因素。

（1）根据使用要求和技术经济指标来选择电缆的绝缘结构。

（2）根据电磁阀的数量选择控制电缆的芯数。

（3）根据敷设方式和敷设环境选择电缆的保护层结构。

（4）在以上三项选择完成之后，根据电缆敷设长度选择电缆的导体截面，以确定电缆的规格。

2. 绝缘材料、护套及电缆防护结构的选择

（1）交联聚乙烯绝缘电缆是结构简单、允许温度高、载流量大、重量轻的新产品，适合优先选用。

（2）聚氯乙烯绝缘电缆由于具有制造工艺简单、价格便宜、重量轻、耐酸碱、不延燃等优点，宜用于一般工程。

（3）空气中敷设的电缆，有防鼠害、蚁害要求的场所，应选用铠装电缆。

（4）室内电缆沟、电缆桥架、隧道、穿管敷设等，适合选用带外护套不带铠装的电缆。

（5）直埋电缆适合选用能承受机械张力的钢丝或钢带铠装电缆。

3. 选择电缆的线芯截面方法

（1）按持续工作电流选择电缆

$$I_{xu} \geqslant I_{js}$$

式中　I_{xu}——电缆按发热条件允许的长期工作电流，电缆允许的长期工作电流按其允许电流量乘以敷设条件所确定的校正系数求得，A；

　　　　I_{js}——通过电缆的半小时最大计算电流，A。

（2）按经济电流密度选择电缆

$$S_n = I_{js}/I_n$$

式中　S_n——电缆的经济截面，mm^2；

　　　　I_{js}——通过电缆的半小时最大计算电流，A；

　　　　I_n——经济电流密度，A/mm^2，见表7-2。

表 7-2　经济电流密度 I_n　　　　　　　单位：A/mm^2

年利用时间/h		3000 以下	3000～5000	5000 以上
导体材料	铜芯电缆	2.5	2.25	2.0
	滤芯电缆	1.92	1.73	1.54

根据上式计算所得的经济截面 S_n，选择最接近的标准截面。一般情况下应选择较大的标准截面。

（3）按敷设长度选择电缆

$$S = 0.0175L/R$$

式中　S——电缆线芯的截面，mm^2；

　　　　L——电缆的敷设长度，m；

　　　　R——电缆的最大允许电阻，Ω。

（四）常用电缆的种类及应用

1. 裸电线

裸电线的主要特征是纯的导体金属，无绝缘及护套层，如钢芯铝绞线和铜铝汇流排等；产品主要用于城郊、农村、用户主线、开关柜等。架空线，用于输送电能；铜排，应用于开关柜。

2. 电力电缆

电力电缆是在电力系统的主干线路中用以传输和分配大功率电能的电缆产品，其中包括 1～500kV 及以上各种电压等级，各种绝缘的电力电缆。电力电缆品种规格繁多，应用范围广泛，其中使用电压在 1kV 以下的电缆应用较多，如耐火线缆、阻燃线缆、低烟无卤线缆、低烟低卤线缆，防白蚁、老鼠线缆，耐油、耐寒、耐温、耐磨线缆，医用、农用、矿用线缆等。常用的电缆有绝缘电线（BV 或 RV）、YJV 电缆线等。

3. 漆包线

漆包线是在导体（铜或铝）表面涂上一层绝缘漆形成绝缘层的导线体。漆包线广泛应用于家用电器、电动工具、汽车摩托车、电力、仪器仪表等行业。

（五）电缆装卸、运输

在电缆装卸、运输过程中，要使电缆不受损伤，应注意以下问题：

（1）除大长度海底电缆采用筒装或圈装外，电缆应绕在盘上运输。长距离运输的电缆盘应有牢固的封板。在运输车、船上，电缆盘必须采取可靠的固定措施，以防止其移位、滚动、倾翻或相互碰撞。

不得将电缆盘平放运输，因为将电缆盘平放时，底层电缆可能受到过大的侧向压力而变形，而且运输途中由于振动可能使电缆缠绕松开。长度在 30m 以下的短段电缆，可以按电缆允许弯曲半径绕成圈子，至少在 4 处捆紧后搬运。

（2）装卸电缆盘应使用吊车，装卸时电缆盘孔中应有盘轴，起吊钢丝绳套在轴的两端，不应将钢丝绳直接穿在盘孔中起吊。严禁将电缆盘直接由车上推下。

在施工工地，允许将电缆盘在短距离内滚动，为避免在滚动时盘上电缆松散，应按照盘上的箭头指示方向，即顺着电缆绕紧的方向滚动。

（3）充油电缆运输途中，应有专人随车监护。要将电缆端头固定好，检查油管路和压力表，保证压力箱阀门必须始终处于开启状态，在运输途中发现渗漏油等异常情况应及时处理。

第八章

园林绿化工程材料的
识别与应用

第一节 园林树木

园林树木，指在园林中栽植应用的木本植物。又可说成是适于在城市园林绿地及风景区栽植应用的木本植物。包括各种乔木、灌木和藤木。很多园林树木是花、果、叶、枝或树形美丽的观赏树木。园林树木也包括那些虽不以美观见长，但在城市与工矿区绿化及风景区建设中能起卫生防护和改善环境作用的树种。因此，园林树木所包括的范围要比观赏树木更为宽广。

一、悬铃木

悬林木科悬林木属，包括一球悬铃木（美国梧桐）、二球悬铃木（英国梧桐）、三球悬铃木（法国梧桐）三种。

1. 形态特征

落叶大乔木，高可达 35m。枝条开展，树冠广阔，呈长椭圆形。树皮灰绿或灰白色，不规则片状剥落，剥落后呈粉绿色，光滑。柄下芽。单叶互生，叶大，叶片三角状，长 9～15cm，宽 9～17cm，3～5 个掌状分裂，边缘有不规则尖齿和波状齿，基部截形或近心脏形，嫩时有星状毛，后近于无毛。花期 4～5 月，头状花序球形，球形花序直径 2.5～3.5cm；花长约 4mm；萼片 4；花瓣 4；雄花（4～8 个雄蕊）；雌花（有 6 个分离心皮）。球果下垂，通常 2 球一串。9～10 月果熟，坚果基部有长毛。

2. 产地分布

悬铃木引入中国栽培已有 100 多年历史，从北至南均有栽培，以上海、杭州、南京、徐州、青岛、九江、武汉、郑州、西安等城市栽培的数量较多，生长较好。

3. 生长习性

喜光、喜湿润温暖气候。枝条开展，树冠广阔，呈长椭圆形。树皮为灰绿色或灰白色，片装脱落。柄下芽。单叶互生，叶大，掌状 5～9 裂，幼时密生星状柔毛，后脱落。花期为 4～5 月，头状花序球形。球果下垂，通常 2 球一串。9～10 月果熟，坚果基部有长毛。

4. 园林用途

悬铃木具有良好的杂种优势，生长迅速，繁殖容易，叶大荫浓，树姿优美，有净化空气的作用，是一种很好的城市和农村"四旁"绿化树种。悬铃木是阳性速生树种，抗逆性强，不择土壤，萌芽力强，很耐重剪，抗烟尘，耐移植，大树移植成活率极高。对城市环境适应性特别强，具有超强的吸收有害气体、抵抗烟尘、隔离噪声能力，耐干旱、生长迅速。

是世界著名的优良庭荫树和行道树。适应性强，又耐修剪整形，是优的行道树种，广泛应用于城市绿化，在园林中孤植于草坪或旷地，列植于甬道两旁，尤为雄伟壮观，又因其对多种有毒气体抗性较强，并能吸收有害气体，作为街坊、厂矿绿化颇为合适。果可入药。

二、银杏

银杏又名白果，公孙树。银杏科，银杏属。

1. 形态特征

落叶大乔木，高达 40m，干部直径达 3m 以上；树冠广卵形，青壮年期树冠圆锥形，树皮灰褐色，深纵裂。主枝斜出，近轮生，枝有长枝、短枝之分。一年生的长枝呈浅棕黄色，后则变为灰白色，并有细纵裂纹，断枝密被叶痕。叶扇形，有二叉状叶脉，顶端常 2 裂，基部楔形，有长柄，互生于长枝而簇生于断枝上。雌雄异株，球花生于断枝顶端的叶腋或苞腋；雄球花亦无花被，有长柄，顶端有 1～2 盘状珠座，每座上有 1 直生胚珠；花期 4～5 月，风媒花。种子核果状，椭圆形，径 2cm，熟时呈淡黄色或橙黄色，外种皮肉质，被白粉，有臭味；中种皮白色，骨质；内种皮膜质；培乳肉质味甘微苦；子叶 2；种子 9～10 月成熟。

2. 产地分布

浙江天目山和云南东北部局部地段有野生银杏植株，沈阳以南、广州以北各地均有栽培，在江南一带种植较多。在宋时传入日本，18 世纪中叶又由日本传自欧洲，以后再由欧洲传至美洲。

3. 生长习性

喜阳光，忌荫蔽。喜温暖、湿润环境，具有耐寒能力。深根性，忌水涝。在酸性、中性、碱性土壤中都能生长，适宜生长于肥沃疏松、排水良好的砂质土壤，不耐瘠薄与干旱。萌蘖力强，病虫害少，对大气污染有一定的抗性。寿命长，可达千年以上，是现存种子植物中最古老的孑遗植物，为国家重点保护植物之一。

4. 园林用途

其树干端直，树姿雄伟，叶形奇特，黄绿色的春叶与金黄色的秋叶都十分美丽，是著名的观赏树种。宜作行道树，或配置于庭园、大型建筑物和庭园入口等处，孤植、对植、丛植都可。

三、合欢

合欢是豆科，合欢属落叶乔木，气微香，味淡。

1. 形态特征

落叶乔木，高可达 16m，树冠开展；小枝有棱角，嫩枝、花序和叶轴被绒毛或短柔毛。托叶线状披针形，较小叶小，早落。二回羽状复叶，总叶柄近基部及最顶一对羽片着生处各有 1 枚腺体；羽片 4～12 对，栽培的有时达 20 对；小叶 10～30 对，线形至长圆形，长 6～12mm，宽 1～4mm，向上偏斜，先端有小尖头，有缘毛，有时在下面或仅中脉上有短柔毛；中脉紧靠上边缘。头状花序于枝顶排成圆锥花序；花粉红色；花萼管状，长 3mm；花冠长 8mm，裂片三角形，长 1.5mm，花萼、花冠外均被短柔毛；花丝长

2.5cm。荚果带状，长 9～15cm，宽 1.5～2.5cm，嫩荚有柔毛，老荚无毛。花期 6～7 月；果期 8～10 月。

2. 产地分布

产于我国东北至华南及西南部各省区，生于山坡或栽培。非洲、中亚至东亚均有分布；北美亦有栽培。

3. 生长习性

合欢为温带、亚热带、热带树种，对气候和土壤适应性较强，喜阳光，不耐阴，生长适温 13～18℃，冬季能耐－10℃低温，不耐严寒，不耐涝。对土壤要求不严，较耐干旱、贫瘠土壤，适宜栽植在排水良好、土质疏松的沙质壤土中，其根具有根瘤菌，有改良土壤的能力。属浅根性树种，其萌芽力不强，不耐修剪。

4. 园林用途

合欢在园林上可作为行道树、庭荫树用，或配植于山坡、丘陵；木材耐久，可供家具用材；树可固沙、保土、改土。

四、国槐

国槐又名槐树、豆槐、家槐。豆科，槐属。

1. 形态特征

乔木，高达 25m；树皮灰褐色，具纵裂纹。羽状复叶；叶轴初被疏柔毛，旋即脱净；叶柄基部膨大，包裹着芽；托叶形状多变，有时呈卵形，叶状，有时线形或钻状，早落；小叶对生或近互生，纸质，卵状披针形或卵状长圆形，先端渐尖，具小尖头，基部宽楔形或近圆形。圆锥花序顶生，常呈金字塔状；花萼浅钟状，近等大，圆形或钝三角形，被灰白色短柔毛，萼管近无毛；花冠白色或淡黄色，旗瓣近圆形，具短柄，有紫色脉纹，先端微缺，基部浅心形，翼瓣卵状长圆形，先端浑圆，基部斜戟形，无皱褶，龙骨瓣阔卵状长圆形，与翼瓣等长；雄蕊近分离，宿存；子房近无毛。荚果串珠状，种子间缢缩不明显，种子排列较紧密，具肉质果皮，成熟后不开裂；种子卵球形，淡黄绿色，干后黑褐色。花期 6～7 月，果期 8～10 月。

2. 产地分布

原产中国，现南北各省区广泛栽培，华北和黄土高原地区尤为多见。日本、越南也有分布，朝鲜并见有野生，欧洲、美洲各国均有引种。

3. 生长习性

喜光而稍耐阴。能适应较冷气候。根深而发达。对土壤要求不严，在酸性至石灰性及轻度盐碱土，甚至含盐量在 0.15% 左右的条件下都能正常生长。抗风，也耐干旱、瘠薄，尤其能适应城市土壤板结等不良环境条件。但在低洼积水处生长不良。对二氧化硫和烟尘等污染的抗性较强。幼龄时生长较快，以后中速生长，寿命很长。老树易成空洞，但潜伏芽寿命长，有利树冠更新。

4. 园林用途

中国庭院常用的特色树种，又是防风固沙用材及经济林兼用的树种，是城乡良好的遮阴树和行道树种。木材供建筑或制农具和家具用；对二氧化硫、氯气等有毒气体有较强的抗性。

五、紫薇

紫薇别名痒痒花、痒痒树、紫兰花、蚊子花。千屈菜科，紫薇属。

1. 形态特征

落叶灌木或小乔木，高可达 7m；树皮平滑，灰色或灰褐色；枝干多扭曲，小枝纤细，具 4 棱，略成翅状。叶互生或有时对生，纸质，椭圆形、阔矩圆形或倒卵形，长 2.5～7mm，宽 1.5～4mm，顶端短尖或钝形，有时微凹，基部阔楔形或近圆形，无毛或下面沿中脉有微柔毛，侧脉 3～7 对，小脉不明显；无柄或叶柄很短。花色玫红、大红、深粉红、淡红色或紫色、白色，直径 3～4mm，常组成 7～20mm 的顶生圆锥花序；花梗长 3～15mm，中轴及花梗均被柔毛；花萼外面平滑无棱，但鲜时萼筒有微突起短棱，两面无毛，裂片 6，三角形，直立，无附属体；花瓣 6，皱缩，长 12～20mm，具长爪；雄蕊 36～42，外面 6 枚着生于花萼上，比其余的长得多；子房 3～6 室，无毛。蒴果椭圆状球形或阔椭圆形，长 1～1.3mm，幼时绿色至黄色，成熟时或干燥时呈紫黑色，室背开裂；种子有翅，长约 8mm。花期 6～9 月，果期 9～12 月。

2. 产地分布

原产亚洲，广植于热带地区，我国广东、广西、湖南、福建、江西、浙江、江苏、湖北、河南、河北、山东、安徽、陕西、四川、云南、贵州及吉林均有生长或栽培。

3. 生长习性

紫薇喜暖湿气候，喜光，略耐阴，喜肥，尤喜深厚肥沃的砂质壤土，好生于略有湿气之地，亦耐干旱，忌涝，忌种在地下水位高的低湿地方，性喜温暖，而能抗寒，萌蘖性强。紫薇还具有较强的抗污染能力，对二氧化硫、氟化氢及氯气的抗性较强。半阴生，喜生于肥沃湿润的土壤上，也能耐旱，不论钙质土或酸性土都生长良好。

4. 园林用途

紫薇花色鲜艳美丽，花期长，寿命长，树龄有达 200 年的，热带地区已广泛栽培为庭园观赏树，有时亦作盆景。紫薇作为优秀的观花乔木，在园林绿化中，被广泛用于公园绿化、庭院绿化、道路绿化、街区城市等，在实际应用中可栽植于建筑物前、院落内、池畔、河边、草坪旁及公园中小径两旁均很相宜。也是做盆景的好材料。

六、贴梗海棠

贴梗海棠又名铁角海棠、皱皮木瓜。蔷薇科、木瓜属。

1. 形态特征

落叶灌木，高达 2m，枝开展，无毛，有刺。叶卵形至椭圆形，长 3～8cm，先端尖，基部楔形，缘有尖锐重锯齿，托叶大。花 3～5 朵簇生于 2 年生老枝上，朱红、粉红或白色，径 3～5cm；萼筒钟状，无毛，萼片直立；花柱基部无毛或稍有毛；花梗粗短或近于无梗。果卵形至球形，径 4～6cm，黄色或黄绿色，芳香，萼片脱落，花期 3～4 月，先叶开放；果熟期 9～10 月。

2. 产地分布

产于我国陕西、甘肃、四川、贵州、云南、广东等地，缅甸也有。

3. 生长习性

喜光，也耐半阴，耐寒，耐旱。对土壤要求不严，在肥沃、排水良好的黏土、壤土中均可正常生长，忌低洼和盐碱地。

4. 园林用途

早春叶前开花，簇生枝间，鲜艳美丽，且有重瓣及半重瓣品种，秋天又有黄色芳香的蒴果，是一种很好的观花、观果灌木。宜于草坪、庭院及花坛内丛植或孤植，也可作为绿篱及基础种植材料，同时还是盆栽和切花的好材料。

七、黄杨

黄杨别名黄杨木、瓜子黄杨。黄杨科、黄杨属。

1. 形态特征

常绿灌木或小乔木。树皮呈淡灰褐色，鳞片状剥落。小枝具四棱脊，小枝及冬芽鳞都有短柔毛。单叶对生，革质，倒卵形或椭圆形，先端圆或微凹，全缘，表面暗绿色，有光泽，背面黄绿色。花期 4 月，花簇生于叶腋。果期为 7 月，蒴果球形，背裂。种子黑色，有光泽。常见栽培的还有雀舌黄杨，分枝密集，小枝纤细，具四棱。单叶对生，叶窄长呈倒披针状，或披针状椭圆形，先端圆形或微凹，基部为狭楔形，全缘，近无柄，中脉在两面隆起。

2. 产地分布

产于我国中部，有部分属于栽培。模式标本采自湖北长阳县。

3. 生长习性

喜温暖，耐阴，在庇阴湿润条件下生长良好。喜疏松肥沃的砂质壤土，耐碱性较强。且萌芽能力强，耐修剪。寿命长，但其生长十分缓慢。

4. 园林用途

枝叶茂盛，颜色翠绿，一般用作绿篱树种或修剪成球形，也可栽植于疏林，作林下或林缘布置。现也常与灌木组成色块。

八、毛白杨

毛白杨为杨柳科、杨属。

1. 形态特征

落叶大乔木，高达 30～40m，树皮幼时暗灰色，壮时灰绿色，渐变为灰白色，老时基部黑灰色，纵裂，粗糙，干直或微弯，皮孔菱形散生，或连生；树冠圆锥形至卵圆形或圆形。侧枝开展，雄株斜上，老树枝下垂；小枝初被灰毡毛，后光滑。芽卵形，花芽卵圆形或近球形，微被毡毛。长枝叶阔卵形或三角状卵形，先端短渐尖，基部心形或截形，边缘深齿牙缘或波状齿牙缘，上面暗绿色，光滑，下面密生毡毛，后渐脱落；短枝叶通常较小，卵形或三角状卵形，先端渐尖，上面暗绿色有金属光泽，下面光滑，具深波状齿牙缘；叶柄稍短于叶片，侧扁，先端无腺点。雌株大枝较为平展，花芽小而稀疏；雄株大枝则多斜生，花芽大而密集。花期 3～4 月，叶前开放。蒴果小，三角形，4 月下旬成熟。

2. 产地分布

中国特产，主要分布于黄河流域，北至辽宁南部，南达江苏、浙江，西至甘肃东部，西南至云南均有之。垂直分布一般在海拔 200～1200m 之间，最高可达 1800m。

3. 生长习性

喜光，要求凉爽和较湿润的气候，年平均气温 11～15.5℃，年降水量 500～800mm，对土壤要求不严，在酸性至碱性土壤上均能生长，在深厚肥沃、湿润的土壤中生长最好，但在特别干瘠或低洼积水处生长不良。一般在 20 年生之前生长旺盛，此后则减弱，但加粗生长变快。15 年生树高达 18m，直径约 22cm。萌芽性强，易抽生夏梢和秋梢。寿命为杨属中最长者，可达 200 年以上，但用营养繁殖者常至 40 年左右即开始衰老。抗烟尘和抗污染能力强。

4. 园林用途

毛白杨树干灰白、端直，树形高大广阔，颇具雄伟气概，树叶在微风吹拂时能发出愉悦的响声，给人以豪爽之感。在园林绿地中很适宜作行道树及庭荫树。若孤植或丛植于旷地及草坪上，更能显出其特有的风姿。在广场、干道两侧规则列植，则气势严整壮观。毛白杨也是工厂绿化、"四旁"绿化及防护林、用材林的重要树种。毛白杨木质轻而细密，淡黄褐色，纹理直，易加工，可供建筑、家具、胶合板、造纸及人造纤维等用。

九、广玉兰

广玉兰又名洋玉兰、大花玉兰、荷花玉兰。木兰科、木兰属。

1. 形态特征

常绿乔木，高 30m。树冠阔圆锥形，芽及小枝有锈色柔毛。叶倒卵状长椭圆形，长 12～30cm，革质，叶端钝，页基楔形，叶表有光泽，叶背有铁锈色短柔毛，有时具灰色，叶缘稍稍微波状；叶柄粗，长约 2cm。花杯形，白色，极大，径达 20～25cm，有芳香，花瓣通常 6 枚，少有达 9～12 枚的；萼片花瓣状，3 枚；花丝紫色。聚合果圆柱状卵形，密被绣色毛，长 7～10cm；种子红色。花期 5～8 月；果 10 月成熟。

2. 产地分布

原产北美东部，我国长江流域至珠江流域的园林中常见栽培。

3. 生长习性

喜阳光，亦颇耐阴，可谓弱阴性树种。喜温暖湿润气候，亦有一定的耐寒力，能经受短期的 -19℃低温而叶部无显著损害，但长期的 -12℃低温下，叶会受冻害，喜肥沃而湿润而排水良好的土壤，不耐干燥及石灰质土，在土壤干燥处则生长变慢且叶易变黄，在排水不良的黏性土和碱性土上也生长不良，总之以肥沃湿润、富含腐殖质的沙壤土生长最佳。本树对各种自然灾害均有较强的抵抗力，亦能抗烟尘，适用于城市园林。根系深大，故颇抗风，但花朵大而富含肉质，故花朵最不耐风害。广玉兰生长速度中等，但幼年生长缓慢，达 10 年生后可逐渐加速，每年可加高 0.5m 以上。

4. 园林用途

广玉兰叶厚而有光泽，花大而香，树姿雄伟壮丽，为珍贵树种之一；其聚合果成熟后，开裂露出鲜红色的种子也颇美观，最宜单植在宽广开旷的草坪上或配置成观花的树丛，由于树冠庞大，花开于枝顶，故配置上不宜植于狭小的庭院内，否则不能充分发挥其观赏效果。

十、五角枫

五角枫又名色木槭、五角槭、色木。槭树科、槭树属。

1. 形态特征

落叶乔木，高达 15～20m，树皮粗糙，常纵裂，灰色，稀深灰色或灰褐色。小枝细瘦，无毛。叶纸质，基部截形或近于心脏形，叶片的外貌近于椭圆形，长 6~8cm，宽 9~11cm；花多数，杂性，雄花与两性花同株，多数常成无毛的顶生圆锥状伞房花序，长与宽均约 4cm，生于有叶的枝上，花序的总花梗长 1~2cm，花的开放与叶的生长同时；黄绿色，长圆形，顶端钝形；花瓣 5，淡白色，椭圆形或椭圆倒卵形，翅果嫩时紫绿色，成熟时淡黄色；小坚果压扁状；翅长圆形，张开成锐角或近于钝角。花期 5 月，果期 9 月。

2. 产地分布

在我国分布较广，东北、华北和长江流域各省均有种植。俄罗斯西伯利亚东部、蒙古、朝鲜和日本也有分布。

3. 生长习性

五角枫为弱阳性树种，耐半阴，耐寒，较抗风，不耐干热和强烈日晒。对土壤要求不严，在酸性土、中性土及石灰性土中均能生长，但以湿润、肥沃、土层深厚的土壤中生长最好。五角枫是深根性植物，对二氧化硫、氟化氢的抗性较强，吸附粉尘的能力亦较强。

4. 园林用途

为著名的秋色叶树种，宜做庭荫树及行道树，可植于堤岸、湖边、草地及建筑物旁，与其他秋色叶树或常绿树配置，可增加秋季绿地色彩。因其病虫害少，是我国槭树科中分布最广的一种。木材细密，可供建筑、车辆、乐器和胶合板等制造之用。

十一、垂柳

垂柳为杨柳科、柳属。

1. 形态特征

乔木，高达 12~18m，树冠开展而疏散。树皮灰黑色，不规则开裂；枝细，下垂，淡褐黄色、淡褐色或带紫色，无毛。芽线形，先端急尖。叶狭披针形或线状披针形，先端长渐尖，基部楔形两面无毛或微有毛，上面绿色，下面色较淡，锯齿缘；叶互生，叶柄长有短柔毛；托叶仅生在萌发枝上，斜披针形或卵圆形，边缘有齿牙。花序先叶开放，或与叶同时开放；雄花序长 1.5~2(3)cm；雄蕊 2，花丝与苞片近等长或较长；苞片披针形，外面有毛；雌花序长达 2~3(5)cm，有梗，基部有 3~4 小叶；子房椭圆形，无柄或近无柄，花柱短，柱头 2~4 深裂。蒴果长 3~4mm，带绿黄褐色。花期 3~4 月，果期 4~5 月。

2. 产地分布

主要分布在我国浙江、湖南、江苏、安徽等地，在亚洲、欧洲、美洲各国均有引种。

3. 生长习性

喜光，喜温暖湿润气候及潮湿深厚之酸性及中性土壤。较耐寒，特耐水湿，但亦能生于土层深厚之高燥地区。萌芽力强，根系发达，生长迅速。但某些虫害比较严重，寿命较短，树干易老化。30 年后渐趋衰老。根系发达，对有毒气体有一定的抗性，并能吸收二氧化硫。

4. 园林用途

最宜配植在水边，如桥头、池畔、河流、湖泊等水系沿岸处。与桃花间植可形成桃红柳绿之景，是江南园林春景的特色配植方式之一。也可作庭荫树、行道树、公路树。亦适用于工厂绿化，还是固堤护岸的重要树种。

十二、雪松

雪松为松科，雪松属。

1. 形态特征

常绿乔木，大枝一般平展，为不规则轮生，小枝略下垂。树皮灰褐色，裂成鳞片，老时剥落。叶在长枝上为螺旋状散生，在短枝上簇生。叶针状，质硬，先端尖细，叶色淡绿至蓝绿。雌雄异株，稀同珠，花单生枝顶。球果椭圆至椭圆状卵形，成熟后种鳞与种子同时散落，种子具翅。花期为 10～11 月，雄球花比雌球花花期早 10 天左右。球果翌年 10 月成熟。

2. 产地分布

原产于喜马拉雅山脉海拔 1500～3200m 的地带和地中海沿岸 1000～2200m 的地带。

3. 生长习性

原产于喜马拉雅山西部自阿富汗至印度海拔 1300～3300m 间；我国自 1920 年起引种，现在长江流域各大城市中多有栽培。青岛、西安、昆明、北京、郑州、上海、南京等地之雪松均能生长良好。

4. 园林用途

在气候温和凉润、土层深厚排水良好的酸性土壤上生长旺盛。要求温和凉润气候和上层深厚而排水良好的土壤。喜阳光充足，也稍耐阴。喜酸性、微碱土，海拔 1300～3500m 地带。分布在北部暖温带落叶阔叶林区，南部暖带落叶阔叶林区，中亚热带常绿、落叶阔叶林区和常绿阔叶混交林区。雪松喜年降水量 600～1000mL 的暖温带至中亚热带气候，在中国长江中下游一带生长最好。对空气中二氧化硫、氯化氢等有害气体有一定的抗性。

第二节 园林花卉

园林花卉是指园林中起装饰、组景、分隔空间、庇阴、防护、覆盖地面的植物，大多具有形体美、色彩美、芳香美、意境美的特点。

一、一串红

一串红又名西洋红、炮仗红。唇形科、鼠尾草属。

1. 形态特征

多年生草本或亚灌木作一年生草本栽培，株高 30～80cm。叶对生有柄。卵形或三角形卵形，长 5～8cm。轮伞花序具 2～6 花，密集成顶生假总状花序。花萼钟状，和花冠同红色。花期 8 月至霜降。小坚果卵形，有三棱。

2. 产地分布

原产巴西，现世界各国广为栽培，我国应用甚多。

3. 生长习性

喜阳，也耐半阴，一串红要求疏松、肥沃和排水良好的砂质壤土。而对用甲基溴化物处理土壤和碱性土壤反应非常敏感，适宜于 pH 值为 5.5～6.0 的土壤中生长。耐寒性差，生长适温 20～25℃。15℃以下停止生长，10℃以下叶片枯黄脱落。

4. 园林用途

为重要节日用花，盆栽、花坛均极需要。

一串红常用红花品种，秋高气爽之际，花朵繁密，色彩艳丽。常用作花丛花坛的主体材料。也可植于带状花坛或自然式纯植于林缘。常与浅黄色美人蕉、矮万寿菊、浅蓝或水粉色水牡丹、翠菊、矮藿香蓟等配合布置。

二、百日草

百日草又名步步高、白日菊、秋罗、火球花。菊科，百日草属。

1. 形态特征

直立形一年生草本，株高 40～90cm，茎被短毛。叶对生，微呈抱茎状。叶片广卵圆形至椭圆形，全缘，长 6～10cm，阔 2.5～5cm。具有短的粗硬毛。头状花序直径为 5～12cm，总花梗单生。舌状雌花倒卵形，顶端稍向后翘卷，紫红色或淡紫色。管状两性花上端有 5 浅裂，黄色或橙黄色。花期 7 月至降霜。瘦果形大，有两种形态；舌状雄花所结果从楔状广卵形至瓶形，顶端尖，中部微凹；管状两性花所结果椭圆形，较扁平，形较小。

2. 产地分布

原产墨西哥，著名的观赏植物，在中国各地栽培很广，有时成为野生，在云南（西双版纳、蒙自等）、四川西南部有引种。

3. 生长习性

喜温暖、不耐寒、喜阳光、怕酷暑、性强健、耐干旱、耐瘠薄、忌连作。根深茎硬不易倒伏。宜在肥沃深土层土壤中生长。生长期适温 15～30℃。

4. 园林用途

园林中系优良花镜材料，矮生种可作花坛材料或盆栽，又可作切花，特以中茎种为佳。叶、花均可入药，性微苦凉，能消炎祛湿热。

三、石竹

石竹别名洛阳花。石竹科、石竹属。

1. 形态特征

宿根性不强的多年生草木，通常作一二年生花卉栽培，株高 20～45cm，茎簇生直立，叶对生，互抱茎节部，条形或宽披针形。花顶生枝端，单生或数朵簇生，花径 2～3cm，花瓣 5 枚，花色有红、粉红、紫红、白色等，花瓣先端有不整齐浅齿裂。花期 4～5 月，果熟期 6 月。

2. 产地分布

系我国原产的著名一二年生花卉，东北、西北至长江流域山野均有，现在国内外普遍栽培。

3. 生长习性

耐寒，耐干旱，不耐酷暑。喜阳光充足、干燥、通风、凉爽的环境，喜排水良好、含石灰质的肥沃土壤，忌潮湿、水涝。

4. 园林用途

为重要的春季花坛、花境材料，也可盆栽。高茎品种可做切花。全草入药，有清热利尿的功效。

四、锦带花

锦带花又名五色海棠。忍冬科、锦带花属。

1. 形态特征

落叶灌木，高达3m，枝条开展，小枝细弱，幼时具2裂柔毛。叶椭圆形或卵状卵圆形，长5～10cm，端锐尖，基部圆形至楔形，缘有锯齿，表面脉上有毛，背面尤密。花1～4朵成聚伞花序；萼片5裂，披针形，下半部连合；花冠漏斗状钟形，玫瑰红色，裂片5。蒴果柱形；种子无翅。花期4～6月。

2. 产地分布

原产我国华北、东北及华东北部。生于海拔100～1450m的杂木林下或山顶灌木丛中。苏联、朝鲜和日本也有分布。

3. 生长习性

喜光，耐阴，耐寒；对土壤要求不严，能耐瘠薄土壤，但在土层深厚、湿润而腐殖质丰富的土壤中生长最好，怕水涝。萌芽力强，生长迅速。

4. 园林用途

锦带花枝叶繁茂，花色艳丽，花期长达两月之久，是华北地区春季主要花灌木之一。适于庭园角隅、湖畔群植；也可在树丛、林缘作花篱、花丛配置；点缀于假山、坡地，也甚适宜。

五、芍药

芍药又名将离、离草。毛茛科、芍药属。

1. 形态特征

多年生宿根草本，具肉质根。茎丛生，高60～120cm。叶为二回三出羽状复叶，小叶通常三深裂。花单生，单瓣或重瓣；萼片5枚，宿存；离生心皮5至数个，无毛；雄蕊多数。花期4～5月，果熟期8～9月。种子数枚，球形，黑色。

2. 产地分布

芍药原产于我国北部、日本及西伯利亚一带。目前我国除了华南地区热不适于芍药生长外，遍及我国各地园林中。大面积栽培以药用生产为主，以山东、安徽、浙江、江苏及四川诸省栽培较多。

3. 生长习性

芍药性耐寒，夏季喜冷凉气候。栽植于阳光充足处生长旺盛，花大而多；但在稍阴处亦可开花。土壤以壤土及砂质壤土为宜，黏土及砂土虽可生长但不及前者。盐碱地及低洼地不宜栽培；土壤排水必须良好，但在湿润土壤中生长最好；如果从秋季到春季土壤保持湿润，不使过干，则生长开花尤佳。

4. 园林用途

芍药适应性强，管理粗放，不仅为各地园林中普遍栽植，为我国传统名花，而且又是重要药材，为园林结合生产良好材料。芍药为配置花镜的良好材料，也常设置为专类园。

六、荷花

荷花别名莲花、芙蓉、芙蕖、中国莲。莲属、睡莲科。

1. 形态特征

宿根挺水型水生花卉，具横走、肥大地下茎（藕），藕与叶柄、花梗均有许多大小不一的孔道，并具有黏液状的木质纤维（藕丝）。藕的顶芽被鳞芽包被。藕有节，节上有不定根。并抽叶开花。叶大，直径可达 0.7m，呈圆形，盾状，全缘。具辐射状叶脉。叶面为深绿色。满布小钝刺，刺间有蜡质白粉，叶背淡绿，无毛，脉隆起；叶柄呈圆柱形，密布倒生刚刺。花期为 6～9 月，花单生，两性，单瓣、复瓣、重台或千瓣，有深红、白、粉红、淡绿等色及间色。花谢后花托膨大（莲蓬）。果实（莲子）初青绿色，熟时深蓝色。

2. 产地分布

荷花一般分布在中亚、西亚、北美、印度、中国、日本等亚热带和温带地区。我国大部分地区都有分布。

3. 生长习性

喜相对稳定、深度为 0.3～1.2m 的静水，如水深 1.5m 则不能开花。生长季节失水，如泥土湿润，虽不会导致死亡，但生长减慢；泥土干裂 3～5d，叶片会枯焦，生长停滞；如继续干旱，则会导致死亡。喜热，最适宜温度为 20～30℃，生长时气温需保持 15℃ 以上，当 15℃ 以下时生长停滞。耐高温，气温高至 41℃ 时对生长无影响。喜光，不耐阴，在强光下生长发育快，开花早；在日照不足 5h 时，往往只长叶，不开花。对土壤要求不高，但以富含有机质的肥沃黏土为宜。

4. 园林用途

荷叶碧绿青圆，如朵朵碧伞，随风翻卷。花朵色艳娇媚，清香远溢，像凌波仙子，亭亭玉立于绿水之上，花叶相映成趣。而且其素有"花中君子"之美誉，是圣洁的化身，高雅的象征。所以，在园林水体的浅水处常作片装栽植。

七、菖蒲

菖蒲又名白菖蒲、藏菖蒲、香蒲。天南星科、菖蒲属。

1. 形态特征

菖蒲是多年生草本植物。根茎横走，稍扁，分枝，直径 5～10mm，外皮黄褐色，芳香，肉质根多数，长 5～6mm，具毛发状须根。叶基生，叶片剑状线形，长 90～100cm，基部宽、对褶，中部以上渐狭，草质绿色、光亮；中肋在两面均明显隆起，侧脉平行，纤弱，大都伸延至叶尖。花序柄三棱形；肉穗花序斜向上或近直立，狭锥状圆柱形。花黄绿色，花被片长约 2.5mm，宽约 1mm；花丝长；子房长圆柱形，浆果长圆形，红色。花期 6～9 月。

2. 产地分布

原产中国及日本。广布世界温带、亚热带。南北两半球的温带、亚热带都有分布。分布于我国南北各地。

3. 生长习性

生于海拔 1500～1750m（2600m）以下的水边、沼泽湿地或湖泊浮岛上，也常有栽培。最适宜生长的温度 20～25℃，10℃ 以下停止生长。冬季以地下茎潜入泥中越冬。喜冷凉湿润气候，阴湿环境，耐寒，忌干旱。

4. 园林用途

菖蒲叶丛翠绿，端庄秀丽，具有香气，适宜水景岸边及水体绿化，也可盆栽观赏或作布景用。叶、花序还可以作插花材料。园林上丛植于湖、塘岸边，或点缀于庭园水景和临水假山一隅，有良好的观赏价值。

八、萱草

萱草又名忘忧草、黄花菜。百合科、萱草属。

1. 形态特征

根状茎粗短，有多数肉质根。叶线状披针形，长 30～60cm，宽 2.5cm。花葶高达 1m 以上，圆锥花序，着花 6～12 朵，橘红色至橘黄色，阔漏斗形，花内外二轮，每轮三片。花期 6～7 月。

2. 产地分布

原产于中国、西伯利亚、日本和东南亚。

3. 生长习性

性强健而耐寒，华北可露地越冬，适应性强，喜湿润也耐旱，喜阳光又耐半阴。对土壤选择性不强，但以富含腐殖质、排水良好的湿润土壤为宜。

4. 园林用途

萱草栽培容易，春季萌发甚早，绿叶成丛，极为美观。园林中多丛植或于花镜、路旁栽植。其叶丛紧密，耐半阴，也可做疏林地被及岩石园栽植。又可作切花之用。

九、矮牵牛

矮牵牛又名番薯花、碧冬茄、灵芝牡丹。茄科、矮牵牛属。

1. 形态特征

多年生草本，播种后当年开花，单瓣种多作一二年生草花栽培。株高 40～60cm，全株被腺毛。叶互生，上部叶对生，卵形，顶端渐尖或钝。花单生，花冠漏斗状，长 5～7cm，檐部五钝裂，径在 5cm 以上，变化很多，花色亦多。花期 4 月至晚霜。

2. 产地分布

原产南美洲，现我国广为栽培。

3. 生长习性

不耐寒，喜向阳、排水良好的砂质土壤，夏季需充分灌水。土壤过肥则过于旺发，以致枝条伸长倒伏。

4. 园林用途

为极好的花坛材料，尤以单瓣种为好，因其对气候条件适应性较强，开花较多。秋播苗作春花坛。春播苗作秋花坛。重瓣及大花种宜盆栽。长枝种可用于门廊窗台的绿化，重瓣种又可用作切花。种子药用，有杀虫泄气之效。

十、万寿菊

万寿菊又名臭芙蓉。菊科、万寿菊属。

1. 形态特征

一年生草本，高 50～150cm。茎直立，粗壮，具纵细条棱，分枝向上平展。叶羽状分裂，裂片长椭圆形或披针形，边缘具锐锯齿，上部叶裂片的齿端有长细芒；沿叶缘有少数腺体。头状花序单生，径 5～8cm，花序梗顶端棍棒状膨大；总苞杯状，顶端具齿尖；舌状花黄色或暗橙色；基部收缩成长爪，顶端微弯缺；管状花花冠黄色，瘦果线形，基部缩小，黑色或褐色，被短微毛；花期 7～9 月。

2. 产地分布

原产墨西哥及中美洲。我国各地均有栽培。在广东和云南南部、东南部以及河南的西南部种植较多。

3. 生长习性

喜温暖，向阳，但稍能耐早霜，耐半阴，抗性强，对土壤要求不严，耐移植，生长迅速，栽培容易，病虫害较少。

4. 园林用途

矮型品种分枝性强，花多株密，植株低矮，生长整齐，球形花朵完全重瓣。可根据需要上盆摆放，也可移栽于花坛，拼组图形等；中型品种花大色艳，花期长，管理粗放，是草坪点缀花卉的主要品种之一，主要表现在群体栽植后的整齐性和一致性，也可供人们欣赏其单株艳丽的色彩和丰满的株型；高型品种花朵硕大，色彩艳丽，花梗较长，作切花后水养时间持久，是优良的鲜切花材料，也可作带状栽植代篱垣，也可作背景材料之用。

十一、月季

月季被称为花中皇后，又名月月红。蔷薇科，蔷薇属。

1. 形态特征

月季花是直立灌木，高 1～2m；小枝粗壮，圆柱形，近无毛，有短粗的钩状皮刺。小叶 3～5，连叶柄长 5～11cm，小叶片宽卵形至卵状长圆形，长 2.5～6cm，宽 1～3cm，先端长渐尖或渐尖，基部近圆形或宽楔形，边缘有锐锯齿，两面近无毛，上面暗绿色，常带光泽，下面颜色较浅，顶生小叶片有柄，侧生小叶片近无柄，总叶柄较长，有散生皮刺和腺毛；托叶大部贴生于叶柄，仅顶端分离部分成耳状，边缘常有腺毛。花几朵集生，稀单生，直径 4～5cm；花梗近无毛或有腺毛，萼片卵形，先端尾状渐尖，有时呈叶状，边缘常有羽状裂片，稀全缘，外面无毛，内面密被长柔毛；花瓣重瓣至半重瓣，倒卵形，先端有凹缺，基部楔形；花柱离生，伸出萼筒口外，约与雄蕊等长。果卵球形或梨形，红色，萼片脱落。花期 4～9 月，果期 6～11 月。

2. 产地分布

中国是月季的原产地之一。主要分布于湖北、四川和甘肃等省的山区，尤以上海、南京、南阳、常州、天津、郑州和北京等市种植最多。

3. 生长习性

月季对气候、土壤要求虽不严格，但以疏松、肥沃、富含有机质、微酸性、排水良好的壤土较为适宜。性喜温暖、日照充足、空气流通的环境。大多数品种最适温度白天为15～26℃，晚上为 10～15℃。冬季气温低于 5℃即进入休眠。有的品种能耐－15℃的低温和耐35℃的高温；夏季温度持续 30℃以上时，即进入半休眠，植株生长不良，虽也能孕蕾，但花小瓣少，色暗淡而无光泽，失去观赏价值。

4. 园林用途

自然花期 8 月到次年 4 月，花由内向外呈发散型，有浓郁香气，可广泛用于园艺栽培和切花。

十二、棣棠

棣棠别名地棠、黄棣棠、棣棠花。蔷薇科,棣棠属。

1. 形态特征

落叶灌木,高 1～2m;小枝有棱,绿色,无毛。叶卵形或三角形,先端渐尖,基部截形或近圆形,边缘有重锯齿,上面无毛或有稀疏短柔毛,下面微生短柔毛;叶柄无毛;有托叶。花单生于侧枝顶端;无毛;花直径 3～5cm;萼筒扁平,裂片 5,卵形,全缘,无毛;花瓣黄色,宽椭圆形;雄蕊多数,离生,长约花瓣之半;心皮 5～8,有柔毛,花柱约与雄蕊等长。瘦果黑色,扁球形。花期 4～5 月,果期 7～8 月。

2. 产地分布

原产中国华北至华南,分布安徽、浙江、江西、福建、河南、湖南、湖北、广东、甘肃、陕西、四川、云南、贵州、北京、天津等省市。在日本也有分布。

3. 生长习性

喜温暖湿润和半阴环境,耐寒性较差,对土壤要求不严,以肥沃、疏松的砂壤土生长最好。

4. 园林用途

棣棠花色金黄,枝叶鲜绿,花期从春末到初夏,柔枝垂条,缀以金英,别具风韵,适宜栽植花镜、花篱或建筑物周围作基础种植材料,墙际、水边、坡地、路隅、草坪、山石旁丛植或成片配置,可作切花。

第三节　草坪与地被

园林地被是指通过栽植低矮的园林植物覆盖于地面形成一定的植物景观,称为园林地被。地被植物指株丛紧密、低矮,用以覆盖园林地面免于杂草滋生并形成一定园林地被景观的植物种类称为地被植物。

园林草坪是指以禾本科草或其他质地纤细的植被为覆盖,并以它们大量的根或匍匐茎充满土壤表面的地被,是由草坪草的地上部分以及根系和表土层构成的整体。草坪植物是组成草坪的植物总称。

一、早熟禾

早熟禾别名小青草、冷草。禾本科、早熟禾属。

1. 形态特征

一年生或冬性禾草。秆直立或倾斜,质软,高 6～30cm,全体平滑无毛。叶鞘稍压扁,中部以下闭合;叶舌长 1～3mm,圆头;叶片扁平或对折,长 2～12cm,宽 1～4mm,质地柔软,常有横脉纹,顶端急尖呈船形,边缘微粗糙。圆锥花序宽卵形,长 3～7cm,开展;分枝 1～3 枚着生各节,平滑;小穗卵形,含 3～5 小花,长 3～6mm,绿色;颖质薄,具宽膜质边缘,顶端钝,第一颖披针形,长 1.5～2mm,具 1 脉,第二颖长 2～3mm,具 3 脉;外稃卵圆形,顶端与边缘宽膜质,具明显的 5 脉,脊与边脉下部具柔毛,间脉近基部有柔毛,基盘无棉毛,第一外稃长 3～4mm;内稃与外稃近等长,两脊密生丝状毛;花药黄色,长 0.6～0.8mm。颖果纺锤形，长约 2mm。花期 4～5 月，果期 6～7 月。

2. 产地分布

广布中国南北各省，欧洲、亚洲及北美均有分布。

3. 生长习性

喜光，耐阴性也强，可耐 50%～70% 郁闭度，耐旱性较强。在－20℃低温下能顺利越冬，－9℃下仍保持绿色，抗热性较差，在气温达到 25℃ 左右时，逐渐枯萎。对土壤要求不严，耐瘠薄，但不耐水湿。生于平原和丘陵的路旁草地、田野水沟或荫蔽荒坡湿地，海拔 100～4800m。

4. 园林用途

北方草地草坪的最主要草种。可铺建绿化运动场、高尔夫球场、公园、路旁、水坝等。

二、中华结缕草

中华结缕草又名老虎皮草，禾本科、结缕草属。

1. 形态特征

多年生。具横走根茎。秆直立，高 13～30cm，茎部常具宿存枯萎的叶鞘。叶鞘无毛，长于或上部者短于节间，鞘口具长柔毛；叶舌短而不明显；叶片淡绿或灰绿色，背面色较淡，长可达 10cm，宽 1～3mm，无毛，质地稍坚硬，扁平或边缘内卷。总状花序穗形，小穗排列稍疏，长 2～4cm，宽 4～5mm，伸出叶鞘外；小穗披针形或卵状披针形，黄褐色或略带紫色，长 4～5mm，宽 1～1.5mm，具长约 3mm 的小穗柄；颖光滑无毛，侧脉不明显，中脉近顶端与颖分离，延伸成小芒尖；外稃膜质，长约 3mm，具 1 明显的中脉；雄蕊 3 枚，花药长约 2mm；花柱 2 个，柱头帚状。颖果棕褐色，长椭圆形，长约 3mm。花果期 5～10 月。

2. 产地分布

主要产于我国辽宁、河北、山东、江苏、安徽、浙江、福建、江西、广东、台湾。日本也有分布。模式标本采自福建（厦门）。

3. 生长习性

适应能力较强，喜温暖湿润气候。喜阳光，亦耐半阴。喜排水良好的砂质壤土，在微酸性的冲击土壤中亦能生长。耐寒性略次于结缕草与大穗结缕草，返青略早，绿色期比结缕草长 10～15d，在华北地区约为 270d。成都地区绿色期长达 280d。基本适合于黄河流域及以南温暖气候地区。

4. 园林用途

是我国东南沿海地区的优良暖季型草种。应用范围较广，适合于庭园绿地、工矿企业、医疗单位等铺设草坪，还可与假俭草等其他暖季型草种混合铺种草坪运动场及足球场，亦可作为河坡阴湿处的固土护坡植物。

三、多花黑麦草

多花黑麦草又名意大利黑麦草、一年生黑麦草，禾本科、黑麦草属。

1. 形态特征

一年生或越年生，须根密集细弱，叶片长 10～15cm，宽 3～5mm，叶片翠绿、整齐，穗状花序扁平。

2. 产地分布

喜冷凉气候，耐低温，耐干旱，稍耐阴，不择土壤，可在低盐碱地生长，较耐践踏，管理粗放。

3. 生长习性

欧亚温带地区有分布，我国引入栽培。

4. 园林用途

适于长江流域以南地区的庭园、居民小区、城市绿地冬季草坪用草，也可作牲畜饲草。

四、剪股颖

剪股颖别名禾本科，剪股颖属。

1. 形态特征

多年生草本，具细弱的根状茎。秆丛生，直立，柔弱，高 20～50cm，直径 0.6～1mm，常具 2 节。叶鞘松弛，平滑，长于或上部者短于节间；叶舌透明膜质，先端圆形或具细齿，长 1～1.5mm；叶片直立，扁平，长 1.5～10cm，短于秆，宽 1～3mm，微粗糙，上面绿色或灰绿色，分蘖叶片长达 20cm。圆锥花序窄线形，或于开花时开展，绿色，每节具 2～5 枚细长分枝，主枝长达 4cm，直立或有时上升；小穗柄棒状，长 1～2mm，小穗长 1.8～2mm；第一颖稍长于第二颖，先端尖，平滑，脊上微粗糙；外稃无芒，具明显的 5 脉，先端钝，基盘无毛；内稃卵形；花果期 4～7 月。

2. 产地分布

产于中国四川东部、云南、贵州及华中、华东等省区。生于海拔 300～1700m 的草地、山坡林下、路边、田边、溪旁等处。

3. 生长习性

有一定的耐盐碱力，在 pH 值为 3.0 的土壤中能较好地完成生活史，并获得较高的产草量。耐瘠薄，有一定的抗病能力，不耐水淹。春季返青慢，秋季天气变冷时，叶片比草地早熟禾更易变黄。

4. 园林用途

常用于草坪及地被。适时修剪，可形成细致、植株密度高、结构良好的毯状草坪。尤其在冬季需要高水平的养护管理。常被用于绿地、高尔夫球场球盘及其他类型的草坪。

五、野牛草

野牛草为禾本科，野牛草属。

1. 形态特征

多年生低矮草本植物。具匍匐茎。雌雄同株或异株，雄穗状花序 1～3 枚，排列成总状；雄花序成球形，为上部有些膨大的叶鞘所包裹；雄性小穗含 2 小花，无柄，成两列紧密覆瓦状排列于穗之一侧；颖较宽，不等长，具 1 脉；外稃长于颖，白色，先端稍钝，具 3 脉；雌性小穗含 1 小花，常 4～5 枚簇生成头状花序，此种花序又常两个并生于一隐藏在上部叶鞘内的共同短梗上，成熟时自梗上整个脱落；第一颖位于花序内侧，质薄，具小尖头，有时亦可退化；第二颖位于花序外侧，硬革质，背部圆形，下部膨大，上部紧缩，先端有 3 个绿色裂片，边缘内卷，脉不明显；外稃厚膜质，卵状披针形，背腹压扁，具3脉，下部宽而上部窄，亦具3个绿色裂片。野牛草的雄株进入花期后，由于花轴高于株丛，有明显的黄色，雌株不存在这样的问题，野牛草具匍匐生长的特性，匍匐茎发达，有时也有根茎发生。

2. 产地分布

原产于美洲中南部，20世纪40年代，野牛草作为水土保持植物引入中国，在甘肃地区首先试种，后在中国西北、华北及东北地区广泛种植。

3. 生长习性

野牛草可粗放管理，适应性强，可在立地条件较差、土质瘠薄的平地或斜坡栽植。特别是在土质较差的园林建筑物周围，野生草仍能正常生长。

4. 园林用途

应用于低养护的地方，如高速公路旁、机场跑道、高尔夫球场等次级高草区。在园林中的湖边、池旁、堤岸上，栽种野牛草作为覆盖地面材料，既能保持水土，防止冲刷，又能增添绿色景观。

六、假俭草

假俭草又名爬根草。禾本科，蜈蚣草属。

1. 形态特征

叶片线形，长2～5cm，宽1.5～3mm。以5～9月生长最为茂盛，匍匐茎发达，再生力强，蔓延迅速。根系深较耐旱，茎叶冬日常常宿存地面而不脱落，茎叶平铺地面平整美观，柔软而有弹性，耐践踏。花序总状，花矮，绿色，微带紫色，比叶片高，长4～6cm生于茎顶，秋冬抽穗、开花，花穗比其他草多，远望一片棕黄色，非常壮观，种子入冬前成熟。

2. 产地分布

原产广东、广西、福建、台湾、江苏、浙江等地。

3. 生长习性

喜光，耐阴，耐干旱，较耐践踏。厦门地区3月中旬返青，12月底枯黄，绿色期长，喜阳光和疏松的土壤，若能保持土壤湿润，冬季无霜冻，可保持长年绿色。狭叶和匍匐茎平铺地面，能形成紧密而平整的草坪，几乎没有其他杂草侵入。耐修剪，抗二氧化硫等有害气体，吸尘、滞尘性能好。

4. 园林用途

假俭草以低养护管理获得高质量草坪而著称，适用于高速公路绿化美化，是绿化建设的优良草种。是华东、华南诸省较理想的观光草坪植物，被广泛用于园林绿地。与其他草坪植物混合铺设运动草坪，也可用于护岸固堤。

七、矮牵牛

矮牵牛又名喇叭花、大花牵牛。旋花科、牵牛属。

1. 形态特征

一年生缠绕草本，茎高可达3m，全株被粗硬毛。叶互生，近卵状心形，长8～15cm，常呈三浅表裂，叶柄长5～7cm。花序腋生，有花1～2朵，常为1朵。花径可达10cm，甚至超过。花色甚多。花冠漏斗状，顶端 5 浅裂。花期 6～10 月。蒴果球形，成熟时胞背开裂。

2. 产地分布

原产亚非热带，现广泛栽种于全世界，而以日本为栽培中心。

3. 生长习性

不耐寒，宜植于向阳地方，能耐干旱及瘠薄土壤，但在肥沃土中生长特好。具直根性，能自播。

4. 园林用途

最适用于花架，或攀援于篱垣之上，盆栽欣赏，亦别有风趣。

八、金鱼草

金鱼草又名龙头花、狮子花、龙口花、洋彩雀。玄参科、金鱼草属。

1. 形态特征

多年生直立草本，茎基部有时木质化，高可达 80cm。茎基部无毛，中上部被腺毛，基部有时分枝。叶下部的对生，上部的常互生，具短柄；叶片无毛，披针形至矩圆状披针形，长 2～6cm，全缘。总状花序顶生，密被腺毛；花梗长 5～7mm；花萼与花梗近等长，5 深裂，裂片卵形，钝或急尖；花冠颜色多种，从红色、紫色至白色，长 3～5cm，基部在前面下延成兜状，上唇直立，宽大，2 半裂，下唇 3 浅裂，在中部向上唇隆起，封闭喉部，使花冠呈假面状；雄蕊 4 枚，2 强。蒴果卵形，长约 15mm，基部强烈向前延伸，被腺毛，顶端孔裂。

2. 产地分布

原产地中海沿岸地区，北至摩洛哥和葡萄牙，南至法国，东至土耳其和叙利亚。我国广西南宁有引种栽培。

3. 生长习性

喜阳光，也能耐半阴。性较耐寒，不耐酷暑。适生于疏松肥沃、排水良好的土壤，在石灰质土壤中也能正常生长。

4. 园林用途

金鱼草是夏秋开放之花，在中国园林广为栽种，适合群植于花坛、花境，与百日草、矮牵牛、万寿菊、一串红等配置效果尤佳。高性品种可用作背景种植，矮性品种宜植于石间或窗台花池，或边缘种植。此花亦可做切花之用。

九、麦冬

麦冬别名麦门冬、书带草、沿阶草。百合科、沿阶草属。

1. 形态特征

多年生常绿草本。根系长，分枝多，有时具局部膨大呈纺锤形或椭圆形肉质小块根。叶宽线形，长 0.4～0.65m。密集丛生。花葶高 0.45～1m 总状花序可长至 0.4m；花小，4～8 朵簇生在苞片腋内，红紫色或紫色，花期 5～8 月。

2. 产地分布

分布在我国华中、华南、西南等地，日本也有。生于海拔 100～1400m 山地林下或潮湿处。

3. 生长习性

喜温暖和湿润气候，忌阳光直射，较耐寒。宜土质疏松、肥沃、排水良好的壤土和砂质壤土，过砂和过黏的土壤均不适于栽培麦冬。忌连作，轮作要求 3～4 年。

4. 园林用途

麦冬株丛繁茂，终年常绿，为良好的地被植物，也可作花镜、花坛镶边材料。盆栽可作大盆花或组合盆栽的镶边材料。

十、紫叶小檗

紫叶小檗别名红叶小檗。小檗科、小檗属。

1. 形态特征

落叶灌木。幼枝淡红带绿色，无毛，老枝暗红色具条棱；叶菱状卵形，先端钝，基部下延成短柄，全缘，表面黄绿色，背面带灰白色，具细乳突，两面均无毛。花 2～5 朵成具短总梗并近簇生的伞形花序，或无总梗而呈簇生状，花被黄色；小苞片带红色，急尖；外轮萼片卵形，先端近钝，内轮萼片稍大于外轮萼片；花瓣长圆状倒卵形，先端微缺，基部以上腺体靠近；花药先端截形。浆果红色，椭圆体形，稍具光泽。花期 4～6 月，果期 7～10 月。

2. 产地分布

原产日本，产地在中国浙江、安徽、江苏、河南、河北等地。我国各省市广泛栽培，各北部城市基本都有栽植。

3. 生长习性

喜凉爽湿润环境，适应性强，耐寒也耐旱，不耐水涝，喜阳也能耐阴，萌蘖性强，耐修剪，对各种土壤都能适应，在肥沃深厚排水良好的土壤中生长更佳。

4. 园林用途

常用与常绿树种作块面色彩布置，可用来布置花坛、花镜，是园林绿化中色块组合的重要树种。

十一、冬青

冬青又名北寄生、槲寄生、桑寄生、柳寄生或黄寄生。冬青科、冬青属。

1. 形态特征

常绿乔木，高达 13m，枝叶密生，树形整齐。树皮灰青色，平滑。叶薄革质，长椭圆形至披针形，长 5～11cm，先端渐尖，基部楔形，缘疏生浅齿，表面深绿而有光泽，叶柄常为淡紫红色；叶干后呈红褐色。雌雄异株，聚伞花序着生于当年生嫩枝叶腋；花瓣紫红色或淡紫色。果实深红色，椭圆球形，长 8～12mm，具 4～5 分核。花期 5～6 月；果期 9～11 月。

2. 产地分布

产于我国长江流域及其以南各省区，产生于山坡杂木林中；日本亦有分布。

3. 生长习性

喜光，稍耐阴；喜温暖湿润气候，适宜肥沃的酸性土壤，较耐潮湿，不耐寒。深根性，抗风力强，对二氧化硫及烟尘有一定抗性。

4. 园林用途

本树种枝叶茂密，四季常青，入秋又有累累红果，经冬不落，十分美观。宜作园景树及绿篱基础栽培，也可用于盆栽。木材坚韧致密，可做细木用料。

十二、大叶黄杨

1. 形态特征

灌木或小乔木，高 0.6～2.2m，胸径 5cm；小枝四棱形，光滑、无毛。叶革质或薄革质，卵形、椭圆状或长圆状披针形以至披针形，长 4～8cm，宽 1.5～3cm，先端渐尖，顶钝或锐，基部楔形或急尖，边缘下曲，叶面光亮，中脉在两面均凸出，侧脉多条，与中脉成 40°～50°角，通常两面均明显，仅叶面中脉基部及叶柄被微细毛，其余均无毛；叶柄长 2～3mm。花序腋生，花序轴长 5～7mm，有短柔毛或近无毛；苞片阔卵形，先端急尖，背面基部被毛，边缘狭干膜质；雄花 8～10 朵，花梗长约 0.8mm，外萼片阔卵形，长约 2mm，内萼片圆形，长 2～2.5mm，背面均无毛，雄蕊连花药长约 6mm，萼片卵状椭圆形，长约 3mm，无毛；子房长 2～2.5mm，花柱直立，先端微弯曲，柱头倒心形，下延达花柱的 1/3 处。蒴果近球形，长 6～7mm，宿存花柱长约 5mm，斜向挺出。花期 3～4 月，果期 6～7 月。

2. 产地分布

我国华北至华南、西南地区均有种植。

3. 生长习性

喜光，稍耐阴，有一定的耐寒力，在淮河流域可露地自然越冬，华北地区需保护越冬，在东北和西北的大部分地区均作盆栽。对土壤要求不严，在微酸、微碱土壤中均能生长，在肥沃和排水良好的土壤中生长迅速，分枝也多。

4. 园林用途

大叶黄杨是优良的园林绿化树种，可栽植绿篱及背景种植材料，也可单株栽植在花境内，将它们整成低矮的巨大球体，相当美观，更适合用于规则式的对称配植。

参 考 文 献

［1］ 赵岱．园林工程材料应用．南京：江苏人民出版社，2011．

［2］ 吴戈军．园林工程材料及其应用．北京：化学工业出版社，2014．

［3］ 何向玲．园林建筑构造与材料．北京：中国建筑工业出版社，2008．

［4］ 徐德秀．园林建筑材料与构造．重庆：重庆大学出版社，2014．

［5］ 邹原东．园林建筑构造与材料．南京：江苏人民出版社，2012．

［6］ 田建林．园林工程材料应用与识别技巧．北京：机械工业出版社，2011．